Ethnopharmazie und Ethnobotanik

Eine Einführung

Von
Michael Heinrich, London

Mit 20 Abbildungen und 15 Tabellen

Wissenschaftliche Verlagsgesellschaft mbH Stuttgart 2001

Anschrift des Autors

Prof. Dr. Michael Heinrich
Centre for Pharmacognosy and Phytotherapy
The School of Pharmacy
University of London
29–39 Brunswick Square
London, WC1N 1AX
UK (England)
E-Mail: phyto@cua.ulsop.ac.uk

Die Deutsche Bibliothek – CIP Einheitsaufnahme

Heinrich, Michael:
Ethnopharmazie und Ethnobotanik: eine Einführung; mit 15 Tabellen / von Michael Heinrich. –
Stuttgart: Wiss. Verl.-Ges., 2001
    ISBN 3-8047-1775-6

© 2001 Wissenschaftliche Verlagsgesellschaft Stuttgart
Birkenwaldstr. 44, 70191 Stuttgart
Printed in Germany
Satz und Druck: Röck-Medien
Bindung: Großbuchbinderei Weinsberg
Umschlaggestaltung: Atelier Schäfer, Esslingen

Für Bettina, Lila, Susanne, Viola und meinen Vater

Vorwort

In diesem einführenden Buch in die Gebiete der Ethnobotanik, Ethnopharmakologie und Ethnopharmazie werden die wissenschaftlichen Grundlagen dieser Forschungsrichtungen dargestellt. Dieses Buch ist eine Gratwanderung zwischen naturwissenschaftlichen und ethnologischen Fakten und den sie begründenden theoretischen Grundlagen. Ich hoffe Studenten und Studentinnen wie auch Wissenschaftlern und Wissenschaftlerinnen, die ethnologisch-anthropologisch orientiert forschen, die Bedeutung der naturwissenschaftlichen Fragen zu zeigen und umgekehrt die Relevanz kulturwissenschaftlicher Fragen und Konzepte den Naturwissenschaftlern (Pharmazeuten, Biologen, (Phyto-) Chemiker, Pharmakologen) und Medizinern verständlich zu machen. Dieses Buch soll eine multidisziplinäre Einführung sein, in welchem die Ziele, Methoden, und Konzepte dieser Forschungsrichtung, aber auch deren Geschichte aufgezeigt werden soll. Aus der Fülle an Material habe ich das mir relevant erscheinende ausgewählt. Wesentliche Fragestellungen aber auch bedeutende Arzneipflanzen, die auf einer langen ethnobotanischen Tradition beruhen oder auch bedeutende Forscher werden anhand von „Fallbeispielen" vorgestellt.

Besonders dankbar bin ich Prof. O. Sticher (ETH Zürich), an dessen Lehrstuhl ich viele der Kapitel während eines Freisemesters (1998/1999) erarbeiten konnte. Prof. O. Rimpler bin ich für die langjährige vertrauensvolle Zusammenarbeit und die vielen Hilfen sehr dankbar. Jedoch wäre dieses Buch ohne die Erfahrungen und Kenntnisse der verschiedenen Heilerinnen und Heiler, die in den letzten 15 Jahren ihr Wissen mit mir geteilt haben, nie möglich gewesen. Sie sind – unsichtbar, aber doch stets präsent – die ursprünglichen Träger vieler der in diesem Buch vorgestellten Ideen und Aussagen. Sie alle aufzuführen ist nicht möglich. Für die Feldforschungen in Mexiko bin ich u.a. Prof. C. Viesca Trevinõ, Prof. Roberto Campos, den Mitarbeitern und Mitarbeiterinnen des mexikanischen Nationalherbariums und anderer Institutionen dankbar. Wertvolle Hinweise und Anregungen zu einzelnen Kapiteln verdanke ich Dr. A. Ankli und Dr. B. Frei (Zürich), Dr. E. Dürr (Freiburg), Prof. N. Etkin (Hawaii), Prof. K. Finkler (Chapel Hill, NC), Prof. U. Köhler (Freiburg), Prof. D. Moerman (Dearborn, MI), Dr. D. Neuwinger (St. Leon-Rot), C. Schlage, Prof. S. Seitz, F. Waller (alle Freiburg) und Dr. B. Wolters (Braunschweig). Weiterhin bin ich Dr. E. Beha, Dr. P. Bork, Dr. B. Heneka, C. Schlage, Dr. C. Weimann (alle Freiburg) und M. Leonti (Zürich) für viele Hilfen sehr dankbar. Wesentlich war außerdem die Mithilfe verschiedener interessierter Studenten, die in unterschiedlichen Stadien dieses Projektes mitarbeiten: J. Leimkugel beschaffte verschiedene Literaturstellen, arbeitete an der Auswertung der Daten für Kapitel 7 mit und half bei zahlreichen anderen Arbeiten. Gleiches gilt für ihre „Vorgänger" Th. Sporleder und Ph. Linau. Dr. U. Sütterle (Falk), C. Schlage (beide Freiburg), Dra. B. Frei (Zürich & Zernetz), und Dr. P. Cabalion (Strasbourg) bin ich für einzelne Abbildungen sehr dankbar.

Der Ursprung dieses Buches liegt in einem Aufenthalt als „graduate student" am Dept. of Anthropology der Wayne State University, Detroit (MI). Ohne die Ideen meiner akademischen Lehrer dieser Institution – Prof. B. Ortiz de Montellano, Prof. C.

Browner, Prof. J. Hill und andere – wären all die Projekte, die die Grundlage dieses Buches bilden, nie entwickelt worden. Meinen ersten Kontakt mit Mexiko verdanke ich beispielsweise Jane Hill. Sie war 1982 Leiterin (Chair) des Departments und lud mich, als wir beide am Kopierer warteten, spontan ein mit ihr und ihrer Familie im Wohnmobil quer durch die USA bis Mexiko zu fahren und an ihren linguistischen Feldforschungen teilzunehmen. Sie gab mir somit die ersten Möglichkeiten anthropologisch-biologisch relevante Ideen vor Ort zu entwickeln und viele aus heutiger Sicht mitunter sicherlich „dumme" Fragen zu stellen. Diese Fragen führten zu einem von Deutschen Akademischen Austauschdienst finanzierten ethnobotanischen Feldforschungsaufenthalt in Oaxaca, Mexiko, als Teil einer ethnobotanisch-phytochemischen Dissertation und der anschließenden wissenschaftlichen Weiterqualifikation in Freiburg.

Diese Freiheiten, diesen langen Weg gemeinsam mit Kollegen und Freunden zu gehen, waren unabdingbar für dieses Buch und ich hoffe die Faszination, die diese Forschungsrichtung auf mich ausübt (und schon lange ausgeübt hat) springt auch auf möglichst viele Leser über.

London, Frühjahr 2001

Michael Heinrich

Inhalt

1 Einleitung

1.1 Mensch und Nutzpflanzen

1.1.1 Pflanzennutzung

Menschen nutzen Pflanzen auf vielfältige Weise. Die Auswahl von Nutzpflanzen ist ein bewusster Prozess, der im Laufe der menschlichen Entwicklung vielfältige Formen angenommen hat. Auch bei Tieren gibt es viele Beispiele für die gezielte Auswahl von Pflanzen, die als Nahrung genutzt werden. Der Gebrauch von Werkzeugen ist verbreitet. Einzelne Fälle von Arzneipflanzennutzung, insbesondere durch Menschenaffen, wurden beobachtet (Huffman 1997).

Pflanzen bilden und bildeten die wesentliche Grundlage der menschlichen Ernährung. Die Tatsache, dass bestimmte Pflanzen auch heilende und/oder giftige Wirkungen besitzen, wurde vom Menschen schon früh entdeckt. So wurden im Neandertalergrab Shanidar IV (Irak), das auf ein Alter von circa 60 000 Jahren datiert ist, Pollen von 7 mit großer Wahrscheinlichkeit als Arzneimittel genutzten Pflanzenarten entdeckt. Zu diesen gehörten *Centaurea solstitialis* L. (Flockenblume, Asteraceae), *Ephedra altissima Desf.* (Ephedraceae) und Vertreter der Gattungen *Achillea* (Schafgarbe, Asteraceae), *Althea* (Eibisch, Malvaceae), *Muscario* (Traubenhyazinthe) und *Senecio* (Kreuzkraut, Asteraceae) (Leroi-Gourham 1974, Solecki 1975, Lietava 1992, Wolters 1999). Vermutlich bildeten diese Pflanzen eine Art Pflanzenteppich, auf welchen der Tote gelegt wurde. Ob sie von den Neandertalern tatsächlich als Arzneimittel genutzt wurden, bleibt natürlich der Spekulation überlassen. Sicher ist aber, dass die dort gefundenen Pflanzen offensichtlich eine größere kulturelle Bedeutung für diese frühen Jäger und Sammler besessen haben müssen. Die genannten Arten bzw. Vertreter dieser Gattungen spielen auch heute noch in der Phytotherapie Iraks eine Rolle und sind auch aus anderen Kulturtraditionen bekannt. Es sind somit keine speziellen nur für die Neandertaler typischen Pflanzen, sondern Teil einer viele Jahrtausende alten Überlieferung, für die Shanidar den bisher ältesten archäologischen Beleg darstellt.

Ein früher Beleg aus Europa sind die Funde von Arzneipilzen, die der Eismann der Ötztaler Alpen mit sich trug. Unter den Objekten waren auch zwei walnussgroße Gebilde, die als Birkenporlinge (*Piptoporus betulinus* (Bull.) Karst., *Bjerkanderaceae*) identifiziert wurden. Diese Pilzart enthält toxische Inhaltsstoffe und eine der Wirksubstanzen – Agarsäure – ist als stark wirksames Abführmittel bekannt, welches zu kurzzeitigem, starkem Durchfall führt. Auch antibiotische Wirkungen gegen Mykobakterien und toxische Wirkungen auf Vielzeller sind bekannt (Capasso 1998). Da im Darm des Toten auch Eier von Peitschenwürmern (*Trichuris trichiuria*) gefunden wurden und dies vermutlich zu gastrointestinalen Krämpfen und Blutarmut führte, könnte dieser Fund ein direkter Hinweis auf eine Therapie der Erkrankung mittels des Pilzes darstellen. Auch vernarbte Einschnitte auf seiner Haut werden als Hinweise auf die Verwendung von Arzneipflanzen gedeutet.

Mit einem scharfen Gegenstand wurden Einschnitte an den Gelenken, die von Arthrose befallen waren, angebracht. Die Einschnitte wurden mit Kräutern gefüllt und angezündet. Diese Ausbrennungen hatten Tatauierungen zur Folge (Capasso 1998).

Diese beiden Beispiele zeigen wesentliche Forschungsthemen innerhalb der Ethnobotanik (bzw. im zweiten Beispiel Ethnomykologie). Oder allgemeiner formuliert:

> Wesentliche Forschungsziele der Ethnobotanik sind die Untersuchung der Pflanzennutzung, ihrer Bedeutung für eine Soziokultur und der hiermit zusammenhängenden Fragen (z. B. des Schutzes der Biodiversität).

Pflanzen können für ganz unterschiedliche Zwecke eingesetzt werden. Hierzu gehört u. a. Verwendung als:

- Nahrungsmittel
- Färbepflanze
- Konstruktionsmaterial
- Faserpflanze (zur Gewinnung von Stoffen und Schnüren)
- Brennholz
- Arzneimittel
- Bestandteil von Ritualen
- Gift
- Düngemittel
- Zierpflanze
- Grundlage für Ölgewinnung
- Begrenzung des Feldes/Hofes oder als Schattenspender.

1.1.2 Arzneipflanzen

Arzneipflanzen sind nur eines von zahlreichen in dieser Disziplin untersuchten Themen. Jedoch wird dieses einführende Buch häufig auf Medizinalpflanzen Bezug nehmen, da hierzu besonders viele Forschungsergebnisse vorliegen und da sie ein wichtiger Bereich der Ethnobotanik sind (siehe Kapitel 4 und 7). Franz (1999) schätzt, dass 60 % aller Nutzpflanzen der Gruppe der Arzneipflanzen zuzurechnen sind (nach seinen Angaben 12 000 von ca. 20 000 Arten). „Sie zeichnen sich dadurch aus, dass ihre Teile oder Bestandteile bei Erkrankungen des menschlichen oder tierischen Organismus eine lindernde oder heilende Wirkung ausüben und deshalb als Ausgangsmaterial für Arzneimittel dienen" (Franz 1999). Der Begriff wird hierbei nicht nur auf die Arzneipflanzen, die in einer der zahlreichen weltweit rechtsverbindlichen Arzneibücher monographiert worden sind, beschränkt. Unter Heilpflanzen fallen auch alle in den lokal überlieferten (tradierten) heilkundlichen Systemen verwendeten und in pharmakologischer Wirkung bisher nicht oder nur unzureichend untersuchten Arten. Nach Schätzungen aus den achtziger Jahren ist über die Hälfte der Weltbevölkerung auf „nicht-westliche" Medizinsysteme zur Sicherung ihrer Gesundheitsversorgung angewiesen (nach Farnsworth et al. 1985 über 80 %). In der Regel sind Arzneipflanzen ein wesentlicher Bestandteil dieser Medizinsysteme (z. B. Aguilar et al. 1994, Argueta 1994, Berlin und Berlin 1996, Gessler et al. 1995, Heinrich 1989, Heinrich et al. 1998, Milliken et al. 1992, Perry und Metzger 1980). In der Deklaration von Alma Ata (Kasachstan, 1978) fordert die Weltgesundheitsorganisation (WHO) eine „Aufwertung" („upgrading") der traditionellen Medizin und deren Integration in die moderne Medizin (Farnsworth et al. 1985). Voraussetzung hierfür ist jedoch interdisziplinäre Grundlagenforschung zu diesen Pflanzen. Die ethnobotanische Bedeutung, biologisch-pharmakologische Eigenschaften und wirksame Inhaltsstoffe sollten aus diesem Grund mit besonderem Nachdruck erforscht werden (Cox und Balick 1994, Prance et al. 1994). Dies sind Hauptforschungsrichtungen der *Ethnopharmakologie*, die einen weiteren Schwerpunkt dieses Buches bildet. Diese wiederum kann als *Teil der Ethnopharmazie* aufgefasst werden. Zwei wichtige Gruppen von ethnobotanisch untersuchten Nutzpflanzen sind Gifte und Halluzinogene, denen je ein separates Kapitel (Kap. 5 bzw. 6) gewidmet ist.

Eine weitere wichtige Gruppe sind die Gewürzpflanzen. Deren ober- oder unterirdische Teile werden wegen ihres Gehalts an aromatischen und scharfen Bestandteilen als würzende, geschmacksverbessernde Zutaten zur Nahrung verwendet. Eine genaue Abgrenzung zwischen Arznei- und Gewürzpflanzen sowie diesen und Nahrungspflanzen ist nicht immer möglich (Franz 1999). Auf diese und andere in der menschlichen Ernährung verwendete Pflanzen wird in Kapitel 8 eingegangen.

1.1.3 Nutzpflanzen und Biodiversität

Seit Ende der achtziger Jahre des 20. Jahrhunderts wird außerdem die potenzielle Rolle von Nutzpflanzen in der Erhaltung der Biodiversität intensiv diskutiert (Balick und Mendelsohn 1992, Martin 1994).

Oft werden spezialisierte Nutzungen und die ökologische Bedeutung einzelner Nutzpflanzen diskutiert. Hierzu muss man jedoch den relativen Stellenwert der für den Menschen wichtigen Pflanzen insgesamt kennen. Dieser Stellenwert ist nicht direkt ermittelbar. Dagegen kann der Anteil der Pflanzen eines Florengebietes (oder der Welt), welcher tatsächlich vom Menschen genutzt wird, erfasst werden. Eine weitestgehend vollständige Auflistung aller Arzneipflanzen und sonstiger Nutzpflanzen, die in indigenen Kulturen verwendet werden, ist bis jetzt nur für Nordamerika (USA und Kanada) verfügbar. Nach Moerman (1998) wurden oder werden in dieser Region Pflanzen mit folgender Bedeutung genutzt:

- 8,2 % (2582) der insgesamt 31 600 Arten an höheren Pflanzen arzneilich
- 5,2 % (1649) als Nahrungsmittel
- 1,4 % (442) zur Gewinnung von Fasern oder als Konstruktionsmaterial
- 0,7 % (217) als Färbepflanzen.

Grundlage dieser Arbeit ist die Auswertung von über 200 ethnobotanischen Primärquellen in welchen 45 000 Verwendungsberichte (Berichte über die Nutzung einer bestimmten Art für einen bestimmten Zweck bei einer Ethnie) dokumentiert sind. Diese Untersuchung sagt zwar nichts über die relative Bedeutung einer Pflanze bei einer Ethnie aus, jedoch zeigt sie, dass in Nordamerika ein recht großer Anteil der Flora medizinisch genutzt wurde. In Mexiko ist dies ähnlich: Nach Schätzung mexikanischer Ethnobotaniker werden über 15 % (5 000 Arten) der circa 30 000 in Mexiko vorkommenden Arten arzneilich genutzt (Bye 1993). In einer neueren Auswertung (Moerman et al. 1999) konnte gezeigt werden, dass der Anteil an Medizinalpflanzen in verschiedenen Floren von 8 % (eine biologisch vielfältige, kleine Region in Ecuador) bis 63 % (Kaschmir) reicht. Diese Untersuchungen belegen, dass die von C. Franz angegebenen Werte (s. o.) von weltweit 12 000 Arzneipflanzen und insgesamt 20 000 Nutzpflanzen eher als konservative Schätzwerte anzusehen sind. Auf der Grundlage der Untersuchung von Moerman und bei Annahme einer weltweiten Artenzahl an höheren Pflanzen von 240 000 kann man mit weltweit circa 20 000 Arten an Arzneipflanzen rechnen (ohne Berücksichtigung der in mehreren Regionen der Welt vorkommenden Arten), nach den Schätzungen von Bye ergäbe diese Hochrechnung sogar 37 000 Arten.

Eine detaillierte, wissenschaftliche Untersuchung all dieser Arten ist sicherlich nicht möglich. Daher müssen Kriterien für die Auswahl relevanter Pflanzen definiert werden. Dies kann auf der Grundlage der Bedeutung einer Pflanze innerhalb einer Kultur oder der gleichzeitigen Bedeutung in mehreren Kulturen (Heinrich et al. 1998) geschehen.

1.2 Bedeutung der Ethnologie/Anthropologie

1.2.1 Ethnobiologische Feldforschungen

Voraussetzung für die von D. Moerman vorgenommenen Analysen sind einzelne Feldstudien mit Einwohnern einer Region oder Mitgliedern einer Ethnie, die besondere Kenntnisse über einzelne Aspekte der Nutzung von Pflanzen besitzen (indigene Spezialisten). Deren Ergebnis sind ethnobotanische Monographien, die je nach theoretischer Ausrichtung der Autoren unterschiedliche Schwerpunkte setzen. Nach den bei uns verbreiteten Vorstellungen ist die Arbeit eines Ethnobotanikers oder einer Ethnobotanikerin die Erforschung der Kenntnisse von Schamanen und anderen Heilern bei so genannten Naturvölkern. Diese beiden Gruppen werden hierbei mit „Pflanzenkennern" gleichgesetzt und die Nutzung dieser Pflanzen wird als seit vielen Generationen tradiert angesehen. Dies ist in vielen Fällen sicher zutreffend, jedoch werden bei solch einer einseitigen Betrachtung verschiedene Aspekte der Pflanzennutzung durch indigene Gruppen nicht mit berücksichtigt. Die Art und Weise der Behandlung ist in vielen Kulturen von dem Schweregrad der Krankheit und von den – von dem Patienten, dem Heiler oder von Verwandten angegebenen – Gründen für eine Krankheit abhängig. So sind einige Krankheiten nur durch den Kontakt mit übernatürlichen Wesen (Göttern, Geistern und Naturkräften) diagnostizierbar und behandelbar. Pflanzen spielen somit eine untergeordnete Rolle. Das Wissen über Pflanzen in der Mehrzahl der Kulturen ist nicht auf spezialisierte Heiler beschränkt, sondern zahlreichen Personen sind Hausmittel bekannt, die für alltägliche Probleme und kleinere Erkrankungen eingesetzt werden können. Heute sind die meisten der Kulturen durch den Kontakt mit Nachbarkulturen oder häufiger noch durch die dominante Kultur des Landes stark beeinflusst und zahlreiche „nicht-traditionelle" Heilmittel Bestandteil indigener Medizinsysteme geworden. Die Suche nach den spezifischen Vorstellungen, die in einer Soziokultur von Bedeutung sind, ist ein wesentlicher Aspekt ethnobotanischer und vieler kulturwissenschaftlicher Forschungen. Zwar sind die heutigen Kulturen in der Regel vielfältigen externen Einflüssen ausgesetzt. Jedoch tradiert jede Gesellschaft normalerweise bestimmte Vorstellungen, Konzepte und Informationen.

1.2.2 Anthropologisch-ethnologischer Kulturbegriff

In den Sozial- und Kulturwissenschaften werden diese tradierten Vorstellungen als Kultur bezeichnet. Nach einer der umfassendsten Definitionen dieses Begriffes [American Heritage Dictionary (1997)] ist Kultur (oder *culture*):

> „... die Gesamtheit der sozial übermittelten Verhaltensweisen, künstlerischen Produkte, Glaubensvorstellungen, Institutionen und aller anderen Produkte menschlichen Schaffens und Denkens"

Eine dem Sinn nach sehr ähnliche Bezeichnung ist „Ethnie", die insbesondere in der deutschsprachigen Völkerkunde gleichbedeutend mit Kultur verwendet wird.

Kultur kann nicht ein monolithischer und einheitlicher Block sein. Vielmehr gehört es zu den Grunderfahrungen ethnobotanischer (und anderer kulturwissenschaftlicher) Forschungen, dass die Antworten der Informanten widersprüchlich oder zumindest unterschiedlich sind und somit ein sehr komplexes und nur schwer nachvollziehbares Bild einer bestimmten Kultur ermöglichen. Es gehört mit zu den Hauptaufgaben der Feldforscher aus diesem komplexen Gemisch an Informationen die für die Fragestellung relevanten Themen und Konzepte herauszufiltern. Hierbei ist klar, dass nicht jede Feldforscherin und jeder Feldforscher die gleichen „Filter" benutzt, so dass Unterschiede in der Interpretation häufig sind.

Oft wird für fremde Kulturen, die vom Jagen und Sammeln oder vom Ackerbau leben, der Begriff Naturvolk verwendet. Schon aus dem oben angeführten Konzept von Kultur ergibt sich, dass dieser Begriff äußerst problematisch ist. Einerseits wird er von Ethnologen als abwertend abgelehnt, da die Kultur einer Ethnie nicht berücksichtigt wird. Andererseits impliziert der Begriff, dass diese Gruppen die im Westen verbreitet konzeptionelle Trennung (und den Gegensatz) von Natur versus Kultur ebenfalls vollziehen (Ellen und Fukui 1996). Meist sind die Vorstellungen von der Umwelt jedoch nicht durch ein derartiges dichotomes Weltbild geprägt. Und letztendlich impliziert es, dass Ethnobotaniker in einer naturnahen, zivilisationsfernen Umwelt arbeiten. Die Realität sieht aber oft anders aus. So beschreibt Wade Davies (1997) einen der indianischen Orte, der in den vierziger Jahren von R. E. Schultes intensiv untersucht worden war und in welchem er mit einem Kollegen ethnobotanische Feldstudien durchführte:

„Vielleicht dummerweise hatte ich erwartet, dass Sibundoy [ein Ort im Páramo-Hochland von Kolumbien] ein Gebiet sei, in welchem die Zeit stehen geblieben war, und welches wunderbarerweise [in seinem ursprünglichen Zustand] erhalten geblieben sei. ... Die Stadt selber war nicht enttäuschend. Es war nach wie vor ein kleines Dorf und – mit Ausnahme der neuen Straßenlichter – hatte es sich [seit R. E. Schultes Zeiten in den vierziger Jahren] wenig verändert. Die kleinen Geschäfte – einige Läden, Gästehäuser, eine Tankstelle, verschiedene Automechanikerwerkstätten und die indianische Genossenschaft ... lagen an der Straße, die nach Mocoa führt. ... Aber der Ausdruck dieses Platzes hatte sich verändert. Die älteren Frauen, die aus der Kirche kamen, die Arbeiter, die die Wände des Klosters reparierten, und die Schulkinder in ihren schwarzen Schuluniformen, alle waren Mestizos [spanisch sprechende Indianer oder Mischlinge]." (Davies 1996: 166, Übersetzung: M. H.)

Die Konfrontation mit Armut, Kulturzerstörung und Unterdrückung sowie die damit zusammenhängenden Probleme sind leider eine Grunderfahrung der meisten Ethnobotaniker.

1.3 Ethnobotanische und ethnopharmazeutische Forschungen

1.3.1 Kernfragen ethnobotanischer und ethnopharmazeutischer Forschungen

Nach heutigem Verständnis sind folgende Fragen bei ethnobotanischen und ethnopharmazeutischen Forschungen von größerem Interesse:

- Welche Rolle spielen Arzneipflanzen oder andere Nutzpflanzen innerhalb einer Kultur?
- Welche Pflanzen werden für welche Zwecke eingesetzt?
- Wer besitzt innerhalb der Kultur über diese Nutzungen Kenntnisse? Wer nutzt dieses Wissen? Gibt es Unterschiede zwischen Frauen und Männern, zwischen Alten und Jungen?
- Wie ist das Wissen über Pflanzen oder andere natürliche Ressourcen bzw. die Umwelt strukturiert, d. h. wie ist die Klassifikation dieser Ressourcen (kognitive Anthropologie)?
- Welche Wandlungen der Nutzung haben sich in den letzten Jahren oder Jahrzehnten ergeben? Was sind die Ursachen hierfür?

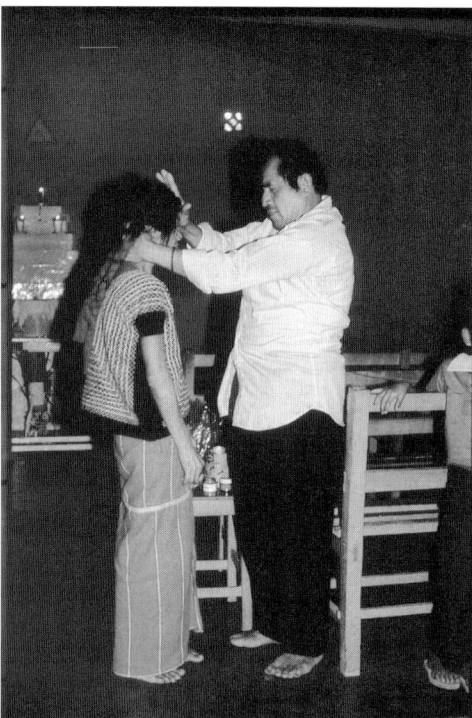

Abb. 1.1: Der Mixe Heiler Abelardo Ascona bei einer „Limpia" (rituellen Reinigung) (Aufnahme M. H. 1988).

Wie werden die Pflanzen zubereitet und dosiert, wie werden die Medikamente appliziert?

Was sind die Vorzüge oder Nachteile der indigen verwendeten Zubereitungsweisen?

Kann das für andere z. B. benachbarte Kulturen von Nutzen sein?

Wie wird die Umwelt von der Bevölkerung wahrgenommen? Welche Bedeutung besitzen Nutzpflanzen für die Umwelt? Handelt es sich um angepasste Nutzungsstrategien oder nicht? Können diese Kenntnisse für den Schutz der Biodiversität eingesetzt werden?

Welche Ergebnisse ergeben sich aus den biologisch-pharmakologischen Untersuchungen für die indigenen Verwendungen der Arzneipflanzen? Welche Inhaltsstoffe sind für die beobachteten Wirkungen verantwortlich?

Welche dieser Pflanzen liefern möglicherweise in der Biomedizin einsetzbare Arzneistoffe?

Welcher Nutzen kann für die „erforschte" Ethnie aus den Forschungen abgeleitet werden?

Viele Laien assoziieren mit Ethnobotanik die Arbeit in tropischen Regionen, jedoch bieten alle Regionen der Welt ethnobotanisch interessante Fragestellungen. Zu diesen Regionen gehören Wüstengebiete mit ihren zahlreichen, speziell an die extreme Trockenheit angepassten Arten, feuchte Hochlandnebelwälder und andere Bergregionen, aber genauso Europa und Nordamerika. Jedoch sind in den beiden zuletzt genannten Regionen die Fragestellungen oft anders als diejenigen, die in armen Regionen der Welt von Bedeutung sind.

Ein Beispiel für neue ethnobotanische Fragestellungen sind die „natürlichen Halluzinogene", die in den letzten Jahren in Europa größere Bedeutung erlangt haben. Diese Rauschdrogen gehen auf das Wissen indianischer Heiler insbesondere in Mexiko zurück. Einige dieser Pflanzen werden inzwischen auch in Europa angebaut, bei anderen wurden einheimische Ersatzdrogen gefunden, die ein ähnliches Wirkungsspektrum besitzen.

Für einen Ethnobotaniker und Ethnopharmakologen interessante Fragen über Halluzinogene in Europa sind:

Welche Halluzinogene werden hier verwendet?

Wie ist die Verbreitung und die soziokulturelle Bedeutung dieser Drogen?

Wer nutzt diese Drogen?

Wie ist der europäische kulturelle Kontext der Pflanzennutzung im Vergleich zur Nutzung in der außereuropäischen Ursprungskultur?

Welche Erwartungen haben die Anwender in Bezug auf ihre Wirkungen?

Welche pharmakologischen Wirkungen haben diese Pflanzen?

Welche toxikologischen Risiken und

welche gesundheitspolitischen Probleme bergen sie?

Dies zeigt deutlich, dass ethnobotanische und ethnopharmakologische Forschungen nicht auf außereuropäische Gebiete und auf die Pflanzennutzung in ländlichen Gebieten beschränkt sind.

1.3.2 Der interdisziplinäre Forschungsansatz

Ethnobotanische Forschungen können auf der Grundlage sehr unterschiedlicher Fachdisziplinen und damit unterschiedlicher theoretisch-methodischer Ansätze durchgeführt werden. Hierzu gehören insbesondere:

- Deskriptive botanische Ansätze (Systematik, Morphologie)
- Medizinische Botanik/Pharmakognosie/ Pharmazeutische Biologie/Ethnopharmazie
- Phytotherapie/Komplementärmedizin
- Ethnoökologie/Biodiversitätsforschung
- Kognitive Anthropologie
- Ethnomedizin/Medizinanthropologie
- Historische Botanik
- Biotechnologie (z. B. Untersuchung zur Domestikation von Nutzpflanzen durch DNA-Analysen).

Ethnobotanik und Ethnopharmazie sind als interdisziplinäre Forschungsansätze von theoretischen Entwicklungen in den diversen Ausgangsdisziplinen beeinflusst. Gleichzeitig bedeutet dies, dass ein Forscher oder eine Forscherin oft einen Hauptteil der Ausbildung in einer der Disziplinen erhalten hat und somit durch die theoretischen Diskussionen in dieser Disziplin besonders stark beeinflusst wurde. Dieses Buch soll eine Einführung in wesentliche Aspekte dieser Diskussion darstellen und einen allgemeinen Überblick geben.

Grundsätzlich sind drei Bereiche unterscheidbar:

- Kultur- und sozialwissenschaftliche Diskussion und entsprechende Forschungsansätze
- Biologisch-nutzpflanzenkundliche bzw. pharmazeutische und pharmakologische Aspekte
- Medizinische Fragestellungen.

Zentrales Forschungsthema der biologisch oder pharmazeutisch orientierten Wissenschaftler ist die Pflanze bzw. die hieraus gewonnene Droge mit ihrer pharmazeutischen Anwendung als ein spezielles Beispiel einer Nutzpflanze. Die Rolle der Pflanze in der indigenen Kultur steht im Hintergrund. Im kulturwissenschaftlichen Diskurs ist dagegen die Rolle von Pflanzen allgemein und von Arzneipflanzen in einer Kultur von besonderer Bedeutung. Hierbei werden dann aber oft die notwendigen naturwissenschaftlichen Hintergrundinformationen nicht mit einbezogen. In der Medizin, als drittem wesentlichen Bereich, ist nun vor allem die Frage nach dem Therapieerfolg zentral. Die Terminologie und die theoretischen Vorstellungen in den drei Bereichen sind unterschiedlich und in vielen Fällen gibt es allein schon deshalb Probleme sich zu verständigen. Letztendlich erfordern Ethnopharmakologie und Ethnobotanik den Brückenschlag zu anderen für einen selbst fachfremden Disziplinen und somit wären interdisziplinäre Teams ideal. Dies ist jedoch nur in ganz wenigen Fällen möglich gewesen.

Zuletzt noch eine Anmerkung zum internationalen Stellenwert dieser Forschungsrichtung und zu ihrer (fehlenden) Bedeutung in den deutschsprachigen Ländern. Derzeit sind insbesondere in englisch- und spanischsprachigen Ländern zahlreiche Forschergruppen auf diesem Gebiet aktiv. Diese Gruppen sind teilweise an Universitätsinstituten (oft in der Biologie oder Anthropologie) angesiedelt, häufig sind es jedoch botanische Gärten, die die Ethnobotanik als einen Teil ihrer Aufgaben ansehen. In diesen Ländern – wie auch in Deutschland – ist das Interesse am Thema in der breiten Bevölkerung sehr groß. Jedoch gibt es in Deutschland keine Arbeitsgruppen, die sich wissenschaftlich mit den Gebieten Ethnobotanik und Ethnopharmakologie beschäftigen. Lediglich einzelne wissenschaftliche Symposien zu diesem Thema fanden hier statt (Schröder 1985). So sind in deutschsprachigen Ländern seit den sechziger Jahren nur wenige Dissertationen zu diesen Themenbereichen geschrieben worden. Hierzu gehören in Deutschland: Sterly (1970), Zepernick (1972), Heinrich (1989) und Weimann (2000) sowie Faust (1989) (Teil eines umfassenderen Dissertationsprojektes); in der Schweiz: Frei (1997), Gessler (1995), Weiß (1997) und Ankli (1999). Auch am Institut für Geschichte der Medizin (Department für Ethnomedizin) der Universität Wien werden interdisziplinäre Forschungen, die indigene (Arznei-)Pflanzennutzungen mit einschließen, durchgeführt (Armin Prinz und MitarbeiterInnen). Dagegen bildeten und bilden ethnobotanische Untersuchungen vielfach die Grundlage für pharmakologisch-biologische und/oder phytochemische Untersuchungen.

Weiterführende Literatur

BALICK, M. J. and Cox, P. A. (1996): Drogen, Kräuter und Kulturen. Spektrum Akademischer Verl. Heidelberg [orig.: Plants, People and Culture] (guter, etwas knapper populärwissenschaftlicher Überblick)

COTTON, C. M. (1996): Ethnobotany. Chichester. Wiley and Sons (sehr detaillierter, interdisziplinärer Überblick)

MARTIN, G. M. (1995): Ethnobotany. London. Chapman and Hall (detaillierter, interdisziplinärer Überblick, mit Schwerpunkt auf Fragen des Naturschutzes und der Biodiversität)

2 Forschungsansätze und deren Entwicklung

Ethnobotanik und Ethnopharmakologie sind zwei Begriffe, die heute oft nebeneinander verwendet werden. Jedoch haben beide Begriffe eine unterschiedliche Geschichte und haben sich unter ganz anderen wissenschaftlichen Rahmenbedingungen entwickelt.

2.1 Ethnobotanik und Arzneipflanzen

2.1.1 Geschichte der Ethnobotanik

Carl von Linnaeus

Ethnobotanik in einem modernen System wurde erst möglich nach der Einführung einer universell gültigen und anerkannten botanischen Nomenklatur. Somit ist Carl von Linnaeus, der von Mai bis September 1732 Lappland bereiste und Untersuchungen über die Nutzung von Pflanzen durch die Sami Lapplands durchführte, nicht nur der Begründer der modernen taxonomisch-botanischen Nomenklatur, sondern zugleich auch der erste moderne Ethnobotaniker (Balick and Cox 1997). Er sammelte Informationen zur Pflanzennutzung dieser Ethnie und Herbarbelege der von ihnen genutzten Pflanzen. So beobachtete er, dass man mit den Blättern des insektenfressenden Fettkrauts (*Pinguiculas* sp.) Milch gerinnen lässt (Balick und Cox 1996).

Alexander von Humboldt und andere Reisende

Ein Beispiel für die durch Forschungsreisenden gemachten Beobachtungen sind die Berichte von Alexander von Humboldt und anderer Reisender in Südamerika (s. Fallbeispiel 2.4 und 2.5). Botanisch besonders erfolgreich waren die vom spanischen König Carlos III. und seinem Nachfolger Carlos IV. Ende des 18. Jahrhunderts veranlassten Expeditionen in die neue Welt. Hipólito Ruiz und J. Pavon verbrachten z. B. 11 Jahre in einer Region, die heute politisch zu Chile und Peru gehört. Eine vollständige englischsprachige Ausgabe der Feldtagebücher ist erst seit 1998 verfügbar (Schultes and Nemry von Thenen 1998). Eine weitere Expedition der Botaniker José Mariana Mociño Suarez L. und Martín de la Sessé y Lacasta hatte Neuspanien, Mexiko und Guatemala zum Ziel (Maldonado Polo 1996). Im 19. Jahrhundert sticht in Bezug auf die Vielfältigkeit der Resultate insbesondere die Expedition von Richard Spruce, einem britischen Botaniker, in das nordwestliche Amazonasgebiet heraus (Schultes 1983).

Entwicklung der Ethnobotanik in Europa und den USA

In Europa befassen sich viele biologisch orientierte Arbeiten mit der Rolle von Pflanzen in „Mythologie, Sitten und Heimatkunde" (Tschirch 1910). Ethnobotanik war Teil einer weitgefassten Medizin und Naturkunde und nicht eine spezialisierte Fachdisziplin. All diese Berichte fußen zwar auf einer genauen Beobachtung der indigenen

Zubereitungs- und Verwendungsweise, hatten aber nicht den Anspruch, eine neue Forschungsdisziplin zu etablieren.

Entscheidend hierfür war die Entwicklung in den letzten Jahrzehnten des 19. Jahrhunderts. S. Powers prägte Mitte der siebziger Jahre den Begriff „Aboriginal Botany", 20 Jahre später wurde der heute allgemein verwendete Begriff Ethnobotanik/Ethnobotany von W. Harshberger geprägt (Powers 1873/75, Harshberger 1896, Fewkes 1896) und setzte sich letztendlich gegen andere Begriffe wie z. B. „Aboriginal Botany" oder Pharmakoethnologie (Tschirsch 1910) durch.

Nach Harshbergers Ansicht:

- Hilft Ethnobotany bei der Bestimmung der kulturellen Position der Stämme, die Pflanzen als Nahrung, Schutz oder Kleidung nutzten
- Zeigt sie die historische Verbreitung von durch den Menschen genutzten Arten und die Handelsrouten für Pflanzen
- Können auf diesem Wege – insbesondere bei Webmaterialien – Hinweise auf potenzielle neue kommerzielle Produkte erhalten werden.

Für all diese Forscher war die Dokumentation von indigenem Wissen, insbesondere in den Fällen, in welchen dieses Wissen mit dem Verlust an lokalen Traditionen einherging, das entscheidende Ziel ihrer Forschungen und zugleich ein für sie wichtiger persönlicher Antrieb. Diesen Traditionen sind nach wie vor viele der neueren ethnobotanischen Arbeiten verpflichtet. Auch sollten – laut Harshberger – bei Museen ethnobotanische Gärten angelegt werden, um die lebenden Pflanzen zusammen mit den Objekten in den Naturkunde- und Völkerkunde-Museen studieren zu können.

Die Wissenschaftsrichtung der „Aboriginal Botany" bzw. „Ethnobotany" ist aus dem intensiven Kulturkontakt zwischen europäischen bzw. unabhängigen amerikanischen Eroberern und der einheimischen Bevölkerung entstanden. Mit dieser Expansion wuchs zugleich die Erkenntniss, dass wertvolle empirische Vorstellungen und kulturelles Wissen allgemein verloren zu gehen drohte. Die Arbeit von Harshberger und anderen frühen Ethnobotanikern in den USA zeigt aber auch, dass Ethnobotanik nicht auf pharmazeutisch relevante Taxa reduziert werden sollte (siehe auch Matthews 1886).

Ein Beispiel für ethnobotanische Studien des 19. Jh. sind die Forschungen von Matilda Coxe Stevenson (1993) bei den Zuni (Zuñi) im Südwesten der USA (s. Fallbeispiel 2.1).

Dokumentation von Wissen über Arzneipflanzen in Asien

Die Idee, das (Arznei)pflanzenwissen einer Region und seiner Bevölkerung festzuhalten, ist jedoch auch in anderen Gebieten der Welt viel älter. Die Traditionen Indiens und Chinas sind seit Jahrtausenden dokumentiert, vor allem von Einheimischen schriftlich niedergelegt und Quelle intensiver Forschungen (cf. Mazar 1998, Waller 1998). Für andere Regionen der Welt (z. B. Afrika, Asien, Nordamerika, nördliches Asien) sind kaum Daten zur historischen Entwicklung der (Arznei)-Pflanzennutzung dokumentiert. Für viele Gebiete sind vor allem Berichte europäischer Reisender bekannt. Auch bei diesen Kontakten wurden Nutzpflanzen und das Wissen darüber ausgetauscht. Dieses Wissen war für die Handlungsreisenden, Missionare, Forscher und später auch für die Kolonialbeamten von äußerster Wichtigkeit, da z. B. die Giftwirkung der Pfeile verschiedener afrikanischer Ethnien mit Recht sehr gefürchtet waren.

Im Falle der Medizinsysteme verschiedener asiatischer Kulturen spielt die Drogenkunde eine große Rolle. In China, Indien und Japan besitzt die schriftliche Weitergabe von Informationen über Arzneipflanzen und ihre Verwendungen eine lange Tradition. In China beispielsweise steht die Drogenkunde insbesondere in der Tradition des Daoismus, deren Anhänger durch Meditation, Diätetik, Arzneidrogennutzung, Gymnastik und sexuelle Praktiken eine Verlängerung des Lebens und teilweise auch Unsterblichkeit erreichen

Matilda Coxe Stevenson – eine frühe Ethnobotanikerin

Die Ethnologin Matilda Coxe Stevenson bereiste zusammen mit ihrem Mann James Stevenson die Region der Zuñi Indianer im heutigen Südwesten der USA (New Mexico). Diese Untersuchungen begannen im Jahre 1879 und wurden im Auftrag des US-amerikanischen „Bureau of American Ethnology" (Washington) durchgeführt. Sie dienten der Erforschung aller Aspekte der Ethnologie dieser Ethnie.

Viele der klassischen Themen und Ziele der Ethnobotanik werden in dieser Monographie angesprochen: „Die Zuñi leben mit ihren Pflanzen, diese sind Teil von ihnen selbst. Der Initierte kann mit den Pflanzen sprechen und die Pflanzen können mit ihm sprechen." Pflanzen sind für die Zuñi heilig, nach ihrer Ansicht wurden sie von den Sternenleuten auf die Erde fallen gelassen; einige (Pflanzen) waren vorher Menschen, andere waren Eigentum der Götter und alle, auch diese vom Himmel, sind Kinder der Mutter Erde, da sie es waren, die den Sternenleuten die Pflanzen gaben, bevor sie die Erde verließen und himmlische Wesen wurden. Die Zuñi lieben ihre Pflanzen (Stevenson 1993 [orig. 1915]).

Neben ihrer Verwendung als Arznei und als Nahrung, werden Pflanzen von den Zuñi zum Weben und Färben, zum Herstellen von Körben, Matten, Besen, Kleidung und Schnüren verschiedener Art und ebenso zum Dekorieren von Töpferwaren, bei der Körperhygiene und in Zeremonien verwendet. Normalerweise haben die Zuñi einen Namen für jede Art einer Pflanzengattung, aber in einigen Fällen wird derselbe Name für verschiedene Gattungen verwendet. Dies liegt nicht an einem Mangel an Kenntnis über die botanische Vielfalt, sondern ist in der Tatsache begründet, dass zwei Pflanzen dieselbe Verwendung oder ähnliche Charakteristika haben (Kap. 4).

Das Ergebnis ihrer Studien ist eine 1915 erstmalig veröffentliche Monographie. Ein Beispiel für eine Pflanzenbeschreibung hieraus:

Atriplex canescens (Pursh) James, Salt-bush (Salzbusch), Chenopodiaceae, Gänsefußgewächse. *Ke'mawe*, Salzkraut (*ke*, Kraut; *ma'we*, Salz).

Die getrockneten Wurzeln und Blüten werden getrennt gemahlen und die beiden Pulver vermischt. Mit Speichel angefeuchtet, wird die Mischung extern zur Heilung von Ameisenbissen verwendet. Sofern das Pulver nicht verfügbar ist, werden frische, zerdrückte Blüten appliziert (Übersetzung: T. A.).

Dies ist somit ein frühes Beispiel für eine detaillierte Beschreibung der Pflanzennutzung einer Ethnie und Teil einer jahrzehntelangen Beschäftigung der Autorin mit unterschiedlichen Bereichen der Kultur der Zuñi (Stevenson 1993, orig. 1915).

---

wollten. Das Heil des Einzelnen liegt im Sich-Zurückziehen, in der Einheit mit der Natur. Das wichtigste Werk dieser Tradition ist der *Shen nong ben cao jing* (Des Göttlichen Landmannes Klassiker der Drogenkunde) und existiert heute nur noch in verschiedenen Kompilationen. In dem vor 2200 Jahren entstandenen Werk sind 365 Drogen charakterisiert, die in ihrer Mehrzahl pflanzlicher Herkunft sind. Zu einer Droge werden jeweils Angaben über die geographische Herkunft, die optimale Erntezeit, therapeutische Eigenschaften, Verarbeitung und Dosierung angegeben (Waller 1998). Grundlage all dieser Beschreibungen waren natürlich nicht die Beobachtung der Pflanzennutzung durch die Bevölkerung oder gar ethnobotanische Befragungen von Heilern, sondern die mündliche Weitergabe gelehrter Traditionen, die innerhalb der daoistischen

Tradition übermittelt wurden. Dies erfolgte von einem Meister auf seine Schüler. Eine durchgehende schriftliche Tradition ist nicht überliefert (siehe Tab. 2.1).

Im 16. Jahrhundert wird in China erstmals eine Drogenkunde verfasst, die das Thema systematisch behandelt und wissenschaftliche Methoden nutzt. In dem Werk *Ben cao gang mu* (nach Monographien und sachlichen Gesichtspunkten gegliederte Drogenkunde) beschreibt Li Shizhen (1518–1593) in 52 Kapiteln 1892 Drogen und in einem Anhang über 11 000 Rezepturen. Die Drogen sind in 16 Kategorien gegliedert (z. B. Kräuter, Kornarten, Gemüse, Früchte). Für jede Droge werden angegeben (Waller 1998):

- Definition des Drogennamens
- Gesammelte Kommentare
- 4 Temperatureigenschaften und 5 Geschmacksrichtungen
- Indikationen (mit ausführlichen Angaben zur Verwendung nach den Kriterien des chinesischen Medizinsystems)
- Berichtigung früherer Fehler
- Methoden der Drogenaufbereitung
- Neuerungen
- Beispielhafte Rezepturen.

Bemerkenswert ist insbesondere das Bewusstsein für die Notwendigkeit, die Nutzung von Arzneidrogen weiterzuentwickeln indem frühere Fehler berichtigt und neuere Informationen mit aufgenommen werden. Auch hier handelt es sich im Wesentlichen um eine gelehrte Tradition, in welche jedoch zahlreiche Informationen und Erfahrungen aus populären Traditionen mit einflossen. Bemerkenswerterweise haben die indigenen Medizinsysteme der zahlreichen Minderheiten in China diese Traditon nicht nachweisbar beeinflusst und werden von der chinesischen Schulmedizin auch heute praktisch nicht wahrgenommen.

Dokumentation von Wissen über Arzneipflanzen in Europa

Der Klassiker der europäischen Traditionen ist Pedanios Dioskurides (1. Jh. nach Chr.), der auf der Grundlage verschiedener klassischer griechischer Gelehrter eine in Europa für über 15 Jahrhunderte gültige Arzneimittellehre entwickelte. Diese beeinflusste auf unterschiedlichen Wegen auch die Medizinsysteme der verschiedenen europäischen Ethnien. In Europa begann die weitere Verbreitung von Informationen über die eigenen

Tab. 2.1: Einige drogenkundliche Werke der chinesischen Traditionen (zusammengestellt nach Waller 1998).

Jahr	Autor	Titel
200 v. Chr.	„Shen Nong"	*Shen nong ben cao jing* (Des Göttlichen Landmannes Klassiker der Drogenkunde)
2. Jh.		*Shang han za bing lun* (Über die verschiedenen durch Kälteschäden hervorgerufenen Krankheiten)
500	Tao Hongjing	*Shen nong ben cao jing fi zhu* (Gesammelte Kommentare zum *Shen nong ben cao jing*)
10. – 12. Jh.		*Ben cao tu jing*
16. Jh.	Li Shizhen	*Ben cao gang mu* (Nach Monographien und sachlichen Gesichtspunkten gegliederte Drogenkunde)
1746		*Jing shi zheng lei bei ji ben cao*

indigenen Arzneipflanzen mit dem Beginn der Kunst des Buchdruckens und somit mit den frühen Kräuterbüchern des 16. Jh., wie Tabelle 2.2 zeigt.

Während in den Jahrhunderten vorher die Übermittlung von Wissen im Wesentlichen mündlich oder in „gelehrten" Kreisen über Handschriften erfolgte, erlangten die in Tabelle 2.2 aufgeführten Bücher eine recht weite Verbreitung und somit letztendlich eine Popularisierung dieser Informationen. Damit änderte sich der Stellenwert der europäischen Medizin:

Aus einer oral tradierten Volksmedizin und einer Medizin der Spezialisten wurde eine schriftlich tradierte Kräuterkunde, die in den folgenden Jahrhunderten eine stürmische Entwicklung nahm. Neben den europäischen Traditionen beeinflussten auch die Entdeckungen und Eroberungen inbesondere der Neuen Welt die europäischen Vorstellungen über Arzneipflanzen und anderer Nutzpflanzen. Aber genauso beeinflussten die europäischen Vorstellungen die amerikanischen Ureinwohner.

Tab. 2.2: Frühe europäische Kräuterbücher und die Jahre ihrer Erstveröffentlichung (aus unterschiedlichen Quellen, insbesondere Leibrock-Plehn, 1992).

Jahr	Autor	Titel	Sprache
1485	–	Hortus Sanitatis	Deutsch
1530–1536	Otto Brunfels	Herbarium vivae eicones ad naturare imitationem	Latein
1530–1574	Nicolás Monardes	*„Historia Medicinal de las Cosas que se traen de nuestras Indias Occidentales que sirven en medicina"*	Spanisch
1532	Otto Brunfels	Contrafayt Kreüterbuch	Deutsch
1533	Eucharius Rösslin/ Adam Lonitzer (l546)	Kreuterbuch von allen Erdtgewächs	Deutsch
1534	Verschiedene Autoren	Ogrod Zdrowia (Der Gesundheitsgarten)	Polnisch
1539	Hieronymus Bock	New Kreutterbuch	Deutsch
1543	Leonhard Fuchs	New Kreütterbuch	Deutsch
1546	Dioskorides	Kreutter Buch (übersetzt von J. Dantzen von Ast)	Deutsch
1551	William Turner	A New Herball	Englisch
1554	Pietro A. Mattioli	Commentarii, in libros sex Pedacii Dioscoridis Anazarbi	Latein/Italienisch
ca.1560	(Pseudo) Albertus Magnus	Ein neuer Albert Magnus	Deutsch
1588	Jakob Theodor (Tabernaemontanus)	Neuw Kreuterbuch	Deutsch
1597	John Gerard	General Historie of Plantes	Englisch
1597	Antoine Constantin	Brief traicté de la pharmacie proviciale	Französisch

Europa und die „Neue Welt"

Die Beurteilung der Bedeutung und des Potenzials ethnobotanischer Forschungen und das Interesse hieran hat in den letzten Jahrhunderten Phasen einer extrem positiven wie auch Phasen einer extrem negativen Einschätzung durchlaufen. Der wechselnde Stellenwert ethnobotanischer Forschungen lässt sich sehr gut am Beispiel Mexikos zeigen (siehe Tabelle 2.3). Nach der Eroberung war das Interesse an Drogen aus der Neuen Welt enorm (Hartwich 1892, Wolters 1996). Viele Drogen galten als Wundermittel z. B. in der Behandlung der Syphilis. Besonders bekannt ist der Brief von Hernan Cortés an Karl V: „Es gibt Straßen der Herbaristen, in welchen alle Sorten von (medizinischen) Wurzeln und Kräutern, die die Erde hergibt, angeboten werden" und „Es gibt Häuser wie diejenigen der Apotheker, in welchen fertige Medikamente verkauft werden, sowohl trinkbare wie Salben und Pflaster." Die Traditionen der Nahua (Azteken) Mexikos wurden in verschiedenen Handschriften festgehalten. Berühmt sind insbesondere der von dem Nahua-Heiler Martin de la Cruz verfasste und von Juan Badiano übersetzte *Codex Cruz-Badiono* (1552) und der *Codex Florentino* des spanischen Gelehrten und Priesters Bernardino de Sahagún (1571). Letzterer verfasste eine ausführliche und ethnographisch sehr reichhaltige Handschrift. Von besonderer Bedeutung für die Verbreitung von Informationen über Arzneipflanzen war auch Nicolás Monardes. Dessen Werk „*Historia Medicinal de las Cosas que se traen de nuestras Indias Occidentales que sirven en medicina*" wurde 1574 als Gesamtausgabe veröffentlicht, nachdem seit ca. 1530 zahlreiche Teile erschienen waren (Ortiz de Montellano 1975, 1990, Viesca T. 1992).

In den folgenden Jahrhunderten nahm der Neuigkeitswert dieser Entdeckungen ab, aber einzelne Drogen wurden pharmazeutisch außerordentlich wichtige Arzneimittel. Im 16. Jahrhundert galt z. B. Guayaco/Pockholz (*Guaiacum sanctum* L., *Zygophyllaceae*) als pharmazeutische und wirtschaftlich bedeutende (wenn auch nach unseren heutigen Erkenntnissen weitgehend unwirksame) Arzneidroge zur Behandlung der Syphilis. Umgekehrt wurden auch viele Drogen von Europa und Afrika aus in die neue Welt gebracht. Zu den wichtigsten Arzneidrogen Mexikos gehört z. B. Aloe [*Aloe vera* (L.) Barm f, *Aloeaceae*] und Raute (*Ruta ssp*).

Die „Kräuterkunde" blieb in all diesen Jahrhunderten fest in der Hand von Spezialisten, die ihr Wissen in der Regel von älteren Verwandten erlangten, fand aber zunehmend die Aufmerksamkeit der Gesundheitsbehörden und verschiedener Forschungsinstitutionen. In den letzten Jahrzehnten hat das Interesse – auch in Mexiko – an den indigenen Arznei- und Nutzpflanzen Mexikos einen wahrhaftigen Boom erfahren. Verschiedene staatliche und private Organisationen setzten sich mit ethnobotanischen Themen auseinander und versuchten insbesondere auch die Weitergabe des traditionellen Wissens zu fördern.

2.1.2 Ethnobotanik im 20. Jahrhundert

Im 20. Jahrhundert stechen vor allem die Arbeiten von Richard Evans Schultes von der Harvard Universität heraus (siehe Fallbeispiel 2.2). Er ist zugleich auch der Begründer der wichtigsten ethnobotanischen „Schule" dieses Jahrhunderts. Zu seinen Schülern gehören viele der in der Bibliographie aufgeführten Autoren: M. Balick, R. Bye, W. Davis, und T. Plowman. Seine Arbeiten in den dreißiger Jahren zur Ethnobotanik verschiedener Indianergruppen Mexikos wurden nur von wenigen Spezialisten beachtet. Mitte der fünfziger und Anfang der sechziger Jahre wurden auf der Grundlage dieser Arbeiten Studien zur Nutzung von Halluzinogenen von G. Wasson und Mitarbeiter/innen gemacht (siehe Kapitel 7). Diese erregten bald das Interesse einer breiten Öffentlichkeit. Der Forschungsschwerpunkt von R. E. Schultes war zu diesem Zeitpunkt allerdings schon der nordöstliche Teil des Amazonasbeckens.

Richard E. Schultes – Ethnobotanik NO-Amazoniens

Richard Evans Schultes (*12. 1. 1915) ist sicherlich einer der bekanntesten und einflussreichsten Ethnobotaniker der zweiten Hälfte des 20. Jahrhunderts. Jahrzehntelang verfolgte er unbeirrt ethnobotanische Feldforschungen, obwohl das nationale und internationale wissenschaftliche Interesse an diesen Themen – sowohl während seines Studiums wie auch später – nur minimal war (siehe aber dann z. B. Schultes 1962).

Sein Ansatz war immer von einer sehr starken botanischen Orientierung geprägt. Sein besonderes Interesse für halluzinogene Pflanzen begann schon während seiner ersten Studienjahre, als er die Nutzung des Peyote-Kaktus durch die Kiowa Indianer Oklahomas untersuchte. Diese Forschungen in Zusammenarbeit mit dem amerikanischen Anthropologen Weston LaBarre zeigten vor allem auch die großen Möglichkeiten interdisziplinärer Ansätze. Im Rahmen der – nie veröffentlichten – Dissertation untersuchte er die Pflanzennutzung der Chinateken, Mixe und anderer Ethnien im Hochland von Oaxaca (Mexiko). Eine der wesentlichen Erkenntnisse dieser Forschungen war die Dokumentation der Nutzung verschiedener Pilze als Halluzinogene und somit die indirekte Identifizierung der altaztekischen Rauschdroge *Teonanacatl*. Er postulierte, dass dieser aztekische Begriff eine generische Bezeichnung für verschiedene halluzinogene Pilze sei. Zugleich wies er damit die Theorie zurück, dass diese einem Vertreter der Kakteen [(*Lophophora williamsii*) (Salm Dyk) J. Coulter, *Cactaceae*] zuzuordnen seien (Schultes 1939). Als erste Wissenschaftler konnten im Jahre 1953 ein Team um G. Wasson an einem Ritual der mexikanischen Mazateken, bei welchem halluzinogene Pize eingenommen wurden, teilnehmen (s. Kap. 6).

Zentrales Forschungsthema von R. E. Schultes wurde jedoch die Arzneipflanzennutzung der Indianer im Nordosten des Amazonasgebietes, bei denen er insgesamt über 14 Jahre verbrachte. Vielfach von ihm selber in Vorträgen berichtet und deshalb recht bekannt sind die Gründe für seinen langjährigen Aufenthalt in dieser Region. Er bereiste 1941 nach Abschluss seiner Dissertation das Amazonasgebiet, als ihn die Nachricht vom Kriegseintritt der USA erreichte. Schultes wandte sich an die Vertretung der USA, um sofort heimzukehren. In der Vertretung teilte man ihm jedoch mit, er solle in den Regenwald zurückkehren und die Kautschukbäume [(*Hevea brasiliensis*) (A. Juss.) Muell.-Arg., *Euphorbiaceae*)] Amazoniens studieren. Die Versorgung der USA mit Kautschuk war zusammengebrochen, da die kautschukliefernden Länder Asiens (Indonesien, Malaysia, Burma) von Japan okkupiert worden waren. Für den Aufbau von Plantagen blieb den Alliierten keine Zeit und deshalb wurde versucht, alternative Quellen aus dem amazonischen Regenwald zu finden.

Jedoch studierte er auf seinen langen Reisen in diesen Jahren nicht nur die Kautschukpflanze, sondern auch die anderen von den Indianern genutzten Pflanzen. Diese Arbeiten mündeten letztendlich in seinem wichtigsten Werk: *The Healing Forest* (zusammen mit dem Chemiker Robert Raffauf), welches erst 1991 veröffentlicht wurde (Schultes und Raffauf 1991). Insgesamt sammelte er in Amazonien über 25 000 Herbarbelege und konnte Angaben zu den indigenen Nutzungen der Pflanzen dokumentieren. Er konnte sehr detaillierte Angaben zu vielen der von der indigenen Bevölkerung verwendeten Pflanzen erhalten. Im Falle der Engelstrompete (*Brugmansia* x *insignis* (Barb.-Rodr.) Lockwood ex Schultes, Solanaceae) beschreibt er z. B. deren Verwendung als Narkotikum und bei Hauterkrankungen durch die Kofán. Auch die Verwendung als Halluzinogen bei anderen Ethnien wird besprochen.

Tab. 2.3: Arzneipflanzen aus „Neuspanien" und Mexiko: einige wesentliche historische Daten der wissenschaftlichen Erforschung und Nutzung (nach Ortiz de M. 1990, Heinrich 1996, u. a.).

15. Jh.	Anlage von botanischen Gärten durch *Nezahualcoyotl I* und *Moctuhzoma Ilhuicamina*
1492	Ende der arabischen Herrschaft auf der Iberischen Halbinsel (Januar) und Entdeckung Amerikas durch Cristóbal Colón (Oktober)
1521	Eroberung von México-Tenochtitlan (und Brief von Hernan Cortés an Karl V.)
1552	*„Libellus de Medicinalibus Indorum Herbis"* des mexikanischen Heilers und Gelehrten Martín de la Cruz (Übersetzer Juan Badiano) wird dem spanischen König Karl V. überreicht
ca. 1570	*„Codex Florentino"* von Bernadino de Sahagún auf der Grundlage jahrelanger Forschungen (mehrere Abschriften und gekürzte Ausgaben in den folgenden Jahrhunderten)
1574	Nicolás Monardes *„Historia Medicinal de las Cosas que se traen de nuestras Indias Occidentales que sirven en medicina"* (Gesamtausgabe), nachdem zahlreiche Teile seit ca. 1530 veröffentlicht wurden
16. Jh.	*Guayaco*/Pockholz (*Guaiacum sanctum*?) als pharmazeutisch und wirtschaftlich bedeutende (wenn auch weitgehend unwirksame) Arzneidroge zur Behandlung der Syphilis
1801	Fray Juan Navarro: *Historia Natural* oder *Jardín Americano*
1846	1. Ausgabe der mexikanischen Pharmakopöe
1874	2. Ausgabe der mexikanischen Pharmakopöe
1925	5. Ausgabe der mexikanischen Pharmakopöe
1952	6. Ausgabe der mexikanischen Pharmakopöe, in welcher erstmalig keine Arzneipflanzen mit aufgenommen wurden
1944	M. Martínez: *Las plantas medicinales de México* (1. Auflage?)
ab 1945	Groß angelegte Sammlungen von *Dioscorea* spp. als Ausgangsstoff zur partialsynthetischen Herstellung von Steroidhormonen
ab. ca. 1950	Groß angelegtes Screening von mexikanischen (Arznei-)Pflanzen durch das NIH (National Institute of Health)/NCI (National Cancer Institute) und zahlreiche Firmen in den USA
1957	R. G. Wasson: Seeking the Magic Mushroom (Bericht über die Einnahme halluzinogener Pilze der Mazateken) Life Magazine
1975	Gründung des IMEPLAN/Instituto Mexicano para el Estudio de las Plantas Medicinales, A. C.
ab ca. 1980	Zunehmendes Interesse am Studium traditionell genutzter Arzneipflanzen durch mexikanische Hochschulinstitute (Nutzung, Inhaltsstoffe)
1981	Gründung des *Centro de Investigación de Medicina Tradicional y Herbolaria* (aufgelöst 1991) des IMSS (Instituto Mexicano del Seguro Social)

Seit Mitte der achtziger Jahre werden ethnobotanische Forschungen wieder in größerem Umfang durchgeführt und von einer breiteren Öffentlichkeit rezipiert. In den letzten Jahren wurden zahlreiche sehr detaillierte ethnobotanische Monographien publiziert, wie in Fallbeispiel 2.3 erwähnt. Dabei ergaben sich zahlreiche neue methodische Möglichkeiten und theoretische Ansätze.

FALLBEISPIEL 2.3

Ethnobotanik im Goldenen Dreieck
– Die Minderheiten Nordwestthailands

Das Gebiet des Goldenen Dreiecks zwischen Burma/Myanmar, Laos und Thailand hat vor allem aufgrund des Anbaus und Handels mit Opium und Heroin weltweit Beachtung gefunden. Es ist aber zugleich eine Region, in welcher zahlreiche Ethnien (ca. ½ Million Menschen) unter ökonomisch und sozial schwierigen Bedingungen leben. Die sechs Hauptgruppen sind die Akha (Kaw, E-Kaw), Karen, Lahu, Lisu, Hmong (Miao, Meo), und Yao (Mien). Die Sprachen der vier erstgenannten Ethnien werden der Sino-ti-beto-burmanischen Sprachfamilie zugerechnet. Dagegen gehören Mien und Hmong zur Gruppe der Austro-Tai-Sprachen (Miao-Yao-Gruppe). Zusätzlich leben in dieser Region noch kleine Gruppen vier weiterer austroasiatischer Ethnien. All diese unterschiedlichen Gruppen werden im Allgemeinen als „Bergvölker" zusammengefasst, wobei jede der Gruppen eine gewisse Präferenz für unterschiedliche Höhenstufen zeigt. So leben die Akha, Hmong, Lahu, Lisu und Mien insbesondere in Bergregionen oberhalb von 1400 m, einer Region in der neben Bergreis und Mais auch Opium angebaut werden kann und wird. Die Akha, Lahu und Yao besiedeln auch die niedereren Bergregionen (800–1400 m), eine Region in der ebenfalls noch der Anbau von Opium möglich ist. Die Karen dagegen bewohnen die tieferliegenden Regionen (400–800 m), eine Region in welcher neben Bergreis und Mais auch Nassreis angebaut werden kann (Anderson 1993). Die Sprachen und andere Elemente der indigenen Kultur dieser Minderheiten werden heute nach und nach von der dominanten Thai-Kultur verdrängt. Auch westliche Medizin und Verbrauchsgüter (insbesondere Kleider und synthetische Farben) haben Einzug gehalten. Buddhismus und Christentum verdrängen die traditionellen indigenen Religionen (Anderson 1993). Gerade auch dieser forcierte Kulturwandel war für den US-amerikanischen Ethnobotaniker Edward F. Anderson ein wesentlicher Grund, das indigene Wissen dieser Bergvölker zu untersuchen.

Seine Arbeit zeigt die Komplexität der Pflanzenkenntnis und -vorstellungen dieser auf Wanderfeldbau angewiesenen Ethnien. Die Nutzung von Pflanzen ist in allen Bereichen der Kultur wichtig. Beispielsweise sind insgesamt 20 Bambus-Arten „von der Wiege bis zum Grab" für die Bergvölker von entscheidender Bedeutung. *Dendrocalamus giganteus* (Riesenbambus), die mit bis zu 30 m Höhe größte Bambusart Nord-Thailands, ist für den Hausbau wesentlich. Jedoch halten sich diese Hauspfosten nur, sofern sie durch ein kleines Loch in der Außenwand regelmäßig gewässert werden. Aber auch für Böden und Wände, als Teil des Daches und zur Herstellung verschiedener Haushaltsgegenstände (Töpfe, Wasserbehälter, Trommeln, etc.) wird diese Art verwendet. Und nicht zuletzt dienen die jungen Triebe als Nahrungsmittel. Ein derartiger Trieb kann mehrere Kilo wiegen und somit eine ganze Familie ernähren.

Für die Bergvölker ist der Wald nach wie vor ein wichtiger Lieferant zahlreicher wichtiger Güter. Teile des Waldes werden – wenn auch widerstrebend – für den Wanderfeldbau (shifting cultivation) gerodet, der Wald liefert zahlreiche Rohstoffe, er verbindet die Bevölkerung zu den Ahnen, die dort „wohnen" und angebetet werden, er liefert Arzneipflanzen.

Mehr als 600 Pflanzenarten werden von den sechs Bergvölkern arzneilich genutzt. Andersons Monographie zeigt beispielhaft den großen wissenschaftlichen Wert einer umfassenden Beschreibung der Strategien zur Pflanzennutzung einer Gruppe von Ethnien und die enorme kulturelle Bedeutung der Pflanzenwelt für eine Ackerbauernkultur.

2.2 Ethnopharmakologie

2.2.1 Ethnopharmakologie als Forschungsansatz

Der Begriff Ethnopharmakologie

Der Begriff Ethnopharmakologie ist im Gegensatz zur Ethnobotanik ein Begriff, der erst 1967 in der wissenschaftlichen Literatur auftaucht (Efron et al. 1970 [orig. 1967]). Diese Autoren gaben ein Buch mit dem Titel „Ethnopharmacologic Search for Psychoactive Drugs" heraus. Der Titel ist ein Produkt der sechziger Jahre und der Faszination für bewusstseinsverändernde Drogen. Jedoch umfasst Ethnopharmakologie nach heutigem Verständnis nicht nur derartige das Bewusstsein verändernde (psychodelische) Drogen. Bruhn und Holmstedt definierten folgende Ziele für die Ethnopharmakologie:

> The observation, identification, description and experimental investigation of the ingredients and the effects of the ingredients and the effects of such indigenous drugs is a truly interdisciplinary field of research which is very important in the study of traditional medicine. Ethnopharmacology is here defined as *the interdisciplinary scientific exploration of biologically active agents traditionally employed or observed by man* (Bruhn and Holmstedt 1981).

Nach diesen Autoren ist der Anspruch der Interdisziplinarität und die Zielsetzung der Suche nach biologisch wirksamen Verbindungen aus Organismen, die in der traditionellen Medizin verwendet werden, zentral für diese Forschungsrichtung.

Ein ähnlicher Ansatz wird von den Herausgebern des „Journal of Ethnopharmacology" postuliert:
Early man, confronted with illness and disease, discovered a wealth of useful therapeutic agents in the plant and animal kingdoms.

The empirical knowledge of these medicinal substances and their toxic potential was passed on by oral tradition and eventually annotated in herbals and texts on materia medica. Many valuable drugs of today (e.g. atropine, ephedrine, tubocurarine, digoxin, reserpine) came into use through the study of folk remedies. Chemists continue to use plant-derived drugs (e.g. morphine, physostigmine, quinidine, theophylline, emetine) as prototypes in their attempts to develop more effective and less toxic medicinals. The search for pharmacologically unique principles from existing indigenous remedies continues and complements the achievements of modern medicine.
The Journal of Ethnopharmacology will publish articles concerned with the observation and experimental investigation of the biological activities of plant and animal substances used in the traditional medicine of past and present cultures (inside front-cover).

Ethnopharmakologie im 19. Jahrhundert

Voraussetzung für ethnopharmakologische Arbeiten war vor allem die Möglichkeit, die Wirkung von Substanzen oder Extrakten auf Modellorganismen zu untersuchen. Somit ist Claude Bernard (1813–1878), der sich intensiv mit der Wirkung von Curare befasste, sicherlich ein wesentlicher Vorläufer ethnopharmakologischer Forschungen, wie die Fallbeispiele 2.4 und 2.5 erläutern. Für Bernard war es ein wichtiges Ziel, die von den Forschern im Feld beobachteten Wirkungen mit experimentellen Methoden zu untersuchen:

„In unserer physiologischen Analyse ist es uns gelungen, die Wirkung des amerikanischen Pfeilgiftes Curare auf das nervöse, motorische Element zu lokalisieren und in der Folge einen zum Tode führenden Mechanismus zu bestimmen, der diesem Giftmit-

tel eigen ist; aber müssen wir hier stehen bleiben und sind wir an der Grenze angelangt, die die heutige Wissenschaft uns zu erreichen erlaubt? Ich glaube nicht. Man müsste nicht nur das aktive Prinzip des Curare von den Fremdstoffen isolieren, mit denen es vermischt ist; man müsste überdies bestimmen, welche physikalische oder chemische Änderung der Giftstoff dem organischen Element aufprägt, um dessen Tätigkeit zu lähmen" (Bernard 1967: 121, orig. 1864).

Claude Bernards Ziel unterscheidet sich somit nicht von den Zielen der modernen (Ethno-)Pharmakologen.

FALLBEISPIEL 2.4

Curare: ethnobotanische Forschungen

„Das Curare ist eine Substanz, deren sich gewisse wilde Völkerstämme in Südafrika bedienen, um ihre Pfeile zu vergiften ...." (Bernard 1966). Dies wurde bereits von vielen Reisenden nach Südamerika beobachtet und detailliert dokumentiert. Berühmt sind die detaillierten Beschreibungen der Curarezubereitung in Esmeralda am Orinoco von Alexander von Humboldt aus dem Jahre 1800. Er traf in Esmeralda auf eine Gruppe von Indianern, die die Rückkehr von einer Exkursion mit einem Fest feierten. Hierbei wurden die Früchte von *Bertholletia excelsa Boupl. (Lecythidaceae)* und die Rohstoffe für die Curare-Zubereitung gesammelt:
„Er [ein alter Indianer] war der Chemiker des Ortes. Wir fanden bei ihm große Siedekessel aus Ton zum Kochen der Pflanzensäfte; flachere Gefäße, welche die Ausdünstung durch die dafür dargebotene weite Oberfläche begünstigten; Bananenblätter, die tütenförmig zusammengerollt, zum Durchseien der mehr oder weniger Fasersubstanz enthaltenden Flüssigkeiten gebraucht wurden. Es herrschte die größte Ordnung und die höchste Reinlichkeit in dieser zum chemischen Laboratorium eingerichteten Hütte" (Humboldt 1997).

Doch auch Alexander von Humboldt schlug sich schon mit den klassischen Problemen ethnobotanischer Feldforschung herum:
„Weil dieser Baum (der den Rohstoff für die Curare-Gewinnung liefert) in sehr großer Entfernung von Esmeralda wächst und sich damals ... ohne Blüten und Früchte fand, sind wir nicht im Stande, ihn botanisch zu bestimmen. Ich habe schon mehrmals von dieser Art Missgeschick gesprochen, das die merkwürdigsten Gewächse der Prüfung des Reisenden entrückt, während andere, deren chemische Eigenschaften uns unbekannt sind (d. h. die nicht genutzt werden), sich tausendfach mit Blüten und Früchten beladen darstellen."
Die Stammpflanzen von Curare konnten in den folgenden Jahrzehnten identifiziert werden. *Chondrodendron tomentosum* Ruiz et Pavon liefert das sogenannte Tubocurare (benannt nach der röhrenförmigen Verpackung in Bambusröhren). Auch andere Menispermaceae (z. B. der Gattungen *Curarea* und *Abuta*) werden zur Curare-Gewinnung eingesetzt, wobei selten nur eine Art zur Gewinnung einer Sorte Curare eingesetzt wurde (Bisset 1991).

Curare: ethnopharmakologische Forschungen

Die wissenschaftliche Beschäftigung mit diesem Gift ist sicherlich eines der interessantesten Beispiele für die Transformation einer von Ethnien genutzten Droge in einen in der modernen Medizin und in der biologischen Forschung wichtigen Naturstoff (Bisset 1991). Die südamerikanischen Pfeilgifte werden im Wesentlichen aus Arten der Loganiaceae (*Strychnos* spp.) und Menispermaceae (*Chondrodendron*, *Curarea* und *Abuta* spp.) gewonnen. Die ersten systematischen physiologisch-pharmakologischen Untersuchungen gehen auf den französischen Physiologen Claude Bernard (1813–1878) zurück. „Wenn Curare mit einem Pfeil oder einem vergifteten Instrument in die lebenden Gewebe eingeführt wird, verursacht es den Tod desto eher, je schneller das Gift in die Blutbahn eindringt. Deshalb kommt der Tod rascher, wenn man gelöstes Curare anstelle des trockenen Giftes verwendet" (Bernard 1966). „Eine der Tatsachen, die allen Leuten, die über Curare berichtet haben, am meisten auffiel, ist die Unschädlichkeit des Giftes in den Verdauungswegen. Die Indianer gebrauchen auch wirklich Curare als Gift unter der Haut und als Heilmittel im Magen" (Bernard 1966).

Auch konnte er z. B. zeigen, dass die Versuchstiere keinerlei Aufregung und keinerlei Ausdruck von Schmerz zeigten, vielmehr ist die die Tiere befallende Lähmung das „haupsächlichste Kennzeichen des Todes durch Curare". Wird durch eine Ligatur (Einschnürung) der Blutfluss vom Hinterbein eines Frosches unterbrochen, ohne die Nervenverbindungen zu den Gliedmaßen zu unterbrechen, und dieser über eine Verletzung im Hinterbein vergiftet, so behält er seine Beweglichkeit und stirbt nicht an Curare-vergiftung (Bernard 1966). Diese Untersuchungen ermöglichten ein genaues naturwissenschaftliches Verständnis der Wirkung von Curare. Es bewirkt letztendlich eine Lähmung der Atemmuskulatur.

Viele der hier vorgestellten Untersuchungen wären heute umstritten, doch sollte nicht vergessen werden, dass diese Arbeiten vor circa 150 Jahren unter ganz anderen ethischen, wissenschaftstheoretischen und methodischen Voraussetzungen stattfanden.

Die wichtigste für diese Wirkungen verantwortliche Verbindung – das Bisbenzylisochinolinalkaloid D-Tubocurarin – konnte 1898 erstmals aus *Chondrodendron tomentosum* isoliert werden und 1947 endgültig in ihrer Struktur aufgeklärt werden (Robbers et al. 1996). In Deutschland steht Curare seit 1949 in größerem Umfang zur Verfügung und ist im DAB (Deutschen Arzneibuch) monographiert. Es wird jedoch aufgrund der beobachteten Nebenwirkungen heute nur noch selten verwendet. In Frankreich wird es jedoch nach wie vor häufiger bei Operationen eingesetzt (Plümper 1998).

D-Tubocurarin

2.2.2 Ethnopharmazie

Der Begriff Ethnopharmakologie verweist spezifisch auf die Untersuchung der pharmakologischen Wirkungen von in indigenen Medizinsystemen genutzten Arzneipflanzen, von Halluzinogenen und Giften. Um auch andere pharmazeutische Aspekte – wie z. B. die Zubereitungsweise (Galenik), die Bioverfügbarkeit und Metabolisierung der wirk-samen Inhaltsstoffe (Biopharmazie), die klassische Drogenkunde (Pharmakognosie) und auch die Bedeutung der isolierten Reinstoffe hervorzuheben, wird in den letzten Jahren außerdem der Begriff Ethnopharmazie verwendet. Hiermit soll – wie dies auch in diesem Buch angestrebt wird – die ganze Breite der pharmazeutischen Forschungen betont werden.

2.3 Anthropologisch-ethnologische Forschungsansätze

Ethnobotanik und Ethnopharmakologie sind interdisziplinäre Forschungsansätze. Sie sind folglich von theoretischen Entwicklungen in den diversen „Ausgangsdisziplinen" beeinflusst (s. o.). Gleichzeitig bedeutet dies, dass ein Forscher oder eine Forscherin oft einen Hauptteil der Ausbildung in einer der Disziplinen erhalten hat und somit durch die theoretischen Diskussionen in dieser Disziplin besonders stark beeinflusst wurde. Bereits in Kapitel 1 wurden die drei wesentlichen Ansätze vorgestellt (ein kultur- und sozialwissenschaftlicher, ein biologisch-nutzpflanzenkundlicher bzw. pharmazeutischer und pharmakologischer und ein medizinischer).

Pharmazeutische und biologische Perspektive

Zentrales Forschungsthema der biologisch oder pharmazeutisch orientierten Wissenschaftler ist die Pflanze bzw. die hieraus gewonnene Droge als ein spezielles Beispiel einer Nutzpflanze. Die Rolle der Pflanze in der indigenen Kultur steht im Hintergrund. Im kulturwissenschaftlichen Diskurs ist dagegen die Rolle von Pflanzen im Allgemeinen und von Arzneipflanzen im Besonderen in einer Kultur von Bedeutung. Hierbei werden aber oft die naturwissenschaftlichen Grundlagen nicht mit einbezogen. In der Medizin als drittem wesentlichem Bereich ist vor allem die Frage nach dem Therapie-erfolg zentral. Letztendlich erfordern Ethnopharmakologie und Ethnobotanik zuerst einmal den Brückenschlag zu anderen, für einen selbst fachfremden Disziplinen und somit wären interdisziplinäre Teams ideal. Dies ist jedoch nur in ganz wenigen Fällen möglich gewesen.

Kognitive Anthropologie

Wesentlich für die Therorieentwicklung der Ethnobotanik und auch der Ethnozoologie sind die kognitive Anthropologie und in geringerem Maße die Medizinanthropologie. Die kognitive Anthropologie untersucht das durch Erziehung erworbene Wissen, das Menschen zur Interpretation von Erfahrung und zum Erzeugen von Verhalten benützen, um im sozialen Verband einer gegebenen Gesellschaft existieren zu können. Wissen dieser Art prägt das gesellschaftsabhängige Denken von Menschen und wird als Kognition bezeichnet und oft mit Kultur gleichgesetzt. Untersuchungen dieser Art werden in erster Linie durch die Analyse von Sprachinhalt auf der Grundlage theorieabhängiger ethnographischer Methoden durchgeführt (Renner 1983). Ein Ziel dieser Untersuchungen im Bereich der Ethnobotanik ist somit die Frage: „Wie werden Pflanzen durch eine Ethnie klassifiziert"? Ein einfaches Beispiel für kognitive Untersuchungen aus dem nicht-medizinischen Bereich ist die Un-

Kognitive Anthropologie: die Klassifikation von Farben

Nach der Vorstellung der kognitiven Anthropologie ist die Aufdeckung der gedanklichen Ordnung der wahrgenommenen Wirklichkeit und die Konstruktion von Modellen dieser Ordnung mit dem Ziel eines möglichst genauen Verstehens einer Kultur und der Entwicklung einer allgemeinen Kulturtheorie das wesentliche Ziel ethnologisch-anthropologischer Forschungen (Kokot 1993, siehe auch Kapitel 1.2.; Goodenough 1957). Wesentliche Grundlage hierfür ist die Rekonstitution der kognitiven Ordnung von Objekten und Objektkategorien, die anhand von ethnolinguistischen Untersuchungen verstanden werden sollten. Schon früh wurden Objekte der natürlichen Umwelt untersucht („Ethnoscience.", Sturtevant 1964). In diesem Sinne sind Ethnobiologie, Ethnobotanik, Ethnozoologie etc. ein Teil der Erforschung der kognitiven Aktivitäten einer Kultur und damit streng kulturwissenschaftlich definiert.

In den frühen Studien zur kognitiven Anthropologie wurde die Klassifikation von Farben als ein idealer Untersuchungsgegenstand erkannt. Um eine Kultur zu verstehen, muss jede Kultur in ihren eigenen Begriffen verstanden werden, ohne dass a priori Theorien vorausgesetzt werden (Berlin und Kay 1969). Voraussetzung hierfür ist es, für möglichst unterschiedliche Kulturen die Benennung von Farben zu dokumentieren und diese mit einer objektiven Methode zu vergleichen. Hierfür bieten sich Farbtafeln an, auf welchen alle Farben in genau abgestuften Tönen wiedergegeben sind. Nach Ansicht von Berlin und Kay unterscheiden alle Kulturen der Welt mindestens zwei Farben (weiß und schwarz) und es gibt maximal 11 in einer Kultur unterschiedene Grundfarben. In vielen Kulturen gibt es jedoch weniger. Die Autoren postulieren nun, dass es universell vorgegebene Gesetzmäßigkeiten für die Abgrenzung der Farben und für die Entwicklung der Benennung während der Kulturgeschichte gibt. So wird – sofern in einer Kultur drei Farben unterschieden werden – immer rot die dritte Farbe sein, die vierte kann als grün oder gelb benannt werden etc. Diese Methode erlaubt es, kognitive Gemeinsamkeiten der Menschheit aufzuzeigen (Berlin und Kay 1969) und genau dies wird auch für ähnliche Ansätze im Bereich der Ethnobotanik postuliert. Jedoch sind die Universalien hier nicht so eindeutig wie im Falle der Farben.

So sind ethnobiologische Klassifikationssysteme im Wesentlichen auf dem von den Menschen wahrgenommenen Grad an Ähnlichkeit zwischen botanisch oder zoologisch unterscheidbaren Taxa aufgebaut und sind von der tatsächlichen oder potentiellen kulturellen Bedeutung dieser Taxa unabhängig. Ein großer Teil der ethnobiologisch unterschiedenen Taxa entspricht nach dem Linnéschen System unterschiedenen Arten oder Gattungen. Hierbei werden einige Arten als prototypisch angesehen und andere Arten im Vergleich mit diesen definiert (z. B. Buche-*Fagus sylvatica* L., *Fagaceae* und Hainbuche – *Carpinus betulus* L., *Betulaceae*). Diese Klassifikationssysteme besitzen eine gewisse Hierarchie. Im Allgemeinen werden in einer Kultur wenige, breit definierte Lebensformtypen (bei Pflanzen z. B. Kraut, Baum, Strauch, bei Tieren: Säuger, Vögel, und eine Gruppe Insekten/Spinnen etc.) unterschieden. (Berlin 1992, siehe auch Friedberg 1999).

terscheidung von Farben (Kay und Berlin 1969) wie im Fallbeispiel 2.6 Kognitive Anthropologie dargestellt.

Medizinanthropologie

Die Medizinanthropologie dagegen ist an der Art und Weise, wie Medizin in einer Gesellschaft praktiziert wird, interessiert. Kernthema dieser Forschungsrichtung ist das Medizinsystem einer Ethnie oder einer durch andere soziokulturelle Kriterien definierten Gruppe von Menschen (z. B. Krebspatienten in einer amerikanischen Großstadt). Hierzu gehören u. a. folgende Themen:

- Verhältnis zwischen Patient und Arzt, Heiler oder Pharmazeut
- Wahrnehmung von Krankheiten durch die Bevölkerung
- Soziale und kulturelle Grundlagen des Medizinsystems
- Wissen von Patienten und Heilern über Krankheiten und Therapie
- Rolle der geschlechtsspezifischen Kenntnisse und Wahrnehmungen von Patienten und Heilern
- Strategien, die Patienten bei der Suche nach Heilung oder Linderung ihrer Krankheit benutzen
- Rolle der unterschiedlichen Therapiemethoden.

Arzneipflanzen sind nur bei dem zuletzt genannten Punkt wesentlich und es ist daher nicht überraschend, dass die Medizinanthropologie weniger Einfluss auf die For-schungsthemen und -richtungen der Ethnobotanik als auf die Forschungsmethodik hatte. So werden heute z. B. Informanten Zeichnungen des Körpers gezeigt und sie werden gebeten die Organe, die ihnen wichtig erscheinen, aufzuzeigen. Hierdurch sollen genauere Aussagen über die von den Informanten angegebenen Krankheiten erhalten werden. Ein Beispiel ist **Me'winik**, wie Abbildung 2.1 zeigt, ein Organ im Bauchraum, welches keiner anatomisch bekannten Struktur entspricht. Dieses Organ ist aber nach Ansicht der Tzeltal und Tzotzil im Hochland von Chiapas für unterschiedliche Erkrankungen, die von der Biomedizin als Erkrankungen der Gallenblase aufgefasst werden, verantwortlich: Diese werden auch mit einer Arzneipflanze behandelt (Berlin et al. 1993).

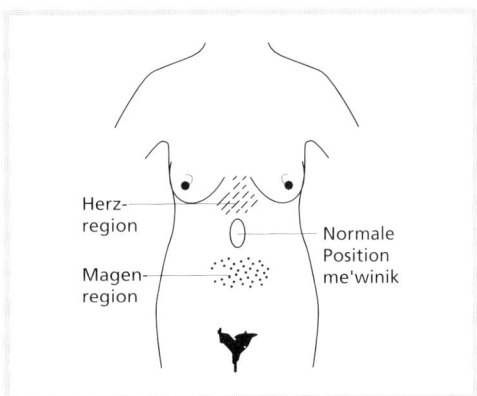

Abb. 2.1: Me'winik, ein nach Ansicht der Tzeltal und Tzotzil wichtiges Organ.

3 Methoden der Ethnobotanik und Ethnologie

Bei erster Annäherung an das Thema „Ethnobotanik" erscheint die Methode einfach: man fliegt irgendwo hin, fragt die Leute und sammelt die Pflanzen. Leider gibt es noch heute populärwissenschaftliche Berichte, die derartig naive Ansätze vertreten. In vielen Fällen scheitert der Erfolg von mit großem Einsatz initiierten ethnobotanischen Projekten an administrativen und technisch-methodischen Problemen, die durch geeignete Vorarbeiten verhinderbar sind. Im Folgenden werden daher die Vorarbeiten und Methoden allgemein und knapp beschrieben. Es ist kaum möglich, detaillierte und zugleich allgemein gültige Angaben zur me-thodischen Vorgehensweise zu machen. Es wird daher auf die allgemeinen Prinzipien, die ethnobotanischen und ethnopharmakologischen Forschungen zu Grunde liegen, eingegangen. Der Erfolg ethnobotanischer Forschungen steht und fällt mit der Fähigkeit der ForscherInnen, Kontakte zu einer Vielzahl von Personen und Institutionen in der Forschungsregion und im Gastland zu entwickeln und eine interdisziplinäre Zusammenarbeit aufzubauen. Dementsprechend ist dieses Kapitel in drei Teile – einen allgemein methodischen, einen ethnographischen und einen botanischen gegliedert.

3.1 Voraussetzungen und allgemeine Methoden der Ethnobotanik

3.1.1 Internationale Konventionen

Nach der Konvention von Rio (§ 3, 15, 16) hat jeder Staat das Recht über seine Ressourcen frei und autonom zu verfügen. Dies ist in Artikel 3 der Konvention festgelegt (siehe Kasten) (BMUNR 1992).

Dieses souveräne Recht wird in folgenden Paragraphen der Konvention in Bezug auf die externe Nutzung spezifiziert. Der „Zugang zu Technologien, die für die Erhaltung und nachhaltige Nutzung der biologischen Vielfalt von Belang sind", oder die Nutzung von „genetischen Ressourcen" ohne der Umwelt erhebliche Schäden zuzufügen soll ermöglicht werden (§ 16; siehe auch Anhang 3). Diese Bestimmungen gelten selbstver-

> Die Staaten haben nach der Charta der Vereinten Nationen und den Grundsätzen des Völkerrechts das souveräne Recht, ihre eigenen Ressourcen gemäß ihrer eigenen Umweltpolitik zu nutzen, sowie die Pflicht, dafür zu sorgen, dass durch Tätigkeiten, die innerhalb ihres Hoheitsbereichs oder unter ihrer Kontrolle ausgeübt werden, der Umwelt in anderen Staaten oder in Gebieten außerhalb der nationalen Hoheitsbereiche kein Schaden zugefügt wird.

ständlich auch für Wissenschaftler, die außerhalb ihres Heimatlandes ethnobotanisch Feldforschungen durchführen wollen.

Hiermit ergibt sich die Verpflichtung die

Bestimmungen des sogenannten Geberlandes zu beachten und die notwendigen Bewilligungen vor Beginn der eigentlichen Feldforschungen einzuholen. Hierzu gehören z. B.:

- Sammelgenehmigung für (Wild-)Pflanzen
- Forschungsgenehmigung für eine Region und/oder einen Ort durch die nationalen Behörden
- Genehmigungen der Behörden oder der Gemeindevertreter (z. B. Ältestenrat) direkt am Ort der Feldforschungen und hoffentlich auch deren Interesse am Forschungsprojekt und ihre Bereitschaft, dieses Projekt zu unterstützen
- Genehmigung für Transport und Ausfuhr von Forschungsmaterial
- Grabungsgenehmigungen bei archäologischen Untersuchungen (z. B. in der Archäobotanik)
- Bescheinigungen über die phytopathologische Unbedenklichkeit und Beachtung von Quarantänebestimmungen nach Sammeln des Pflanzenmaterials
- Notwendige (fremden-)polizeiliche Genehmigungen (z. B. Aufenthaltsgenehmigung).

Hierbei sind die Bestimmungen in jedem Land unterschiedlich und die konkreten Informationen müssen für jedes Land vor Beginn der Feldforschungen eingeholt werden. In einigen Ländern ist es fast unmöglich, die notwendigen Bewilligungen zu erhalten, sodass hier praktisch keine ethnobotanischen Feldstudien durchgeführt werden können. Vielfach vergehen von der Antragsstellung bis zum Erhalt dieser Bewilligungen sechs Monate oder mehr.

3.1.2 Kontakte im Gastland

Die eigene Einbettung in die wissenschaftliche Infrastruktur des Landes sollte ein Teil ethnobotanischen Arbeitens sein. Oft wird dies von „westlichen Wisenschaftlern" wenig ernst genommen oder sogar abgelehnt. Es sollte jedoch für Ethnobotaniker eine Selbstverständlichkeit sein. Auch können durch den Austausch mit den nationalen Fachkollegen viele „triviale" Fehler vermieden werden. So sind die Informationen zur ethnologischen und sozialen Situation, die international verfügbar sind, oft weit veralteter als die Informationen „vor Ort". Auf botanischer Seite ist es wichtig, geeignete Herbarien, in welchen jeweils ein Satz Herbarbelege deponiert wird und an welchen viele der Pflanzen identifiziert werden sollen, zu kontaktieren (siehe Bridson und Forman 1992, Holmgreen et al. 1990). Inzwischen ist die Hinterlegung eines kompletten Satzes an Herbarbelegen im Geberland ein Bestandteil vieler Forschungsbewilligungen und dies sollte eine für Ethnobotaniker selbstverständliche Verpflichtung sein (s. Kap. 9, insbesondere Fallbeispiel 9.4)!

3.2 Ethnologische Methoden

Neben diesen eher formalen Aspekten ist es aber von entscheidender Bedeutung, mit der Bevölkerung der Region ein gegenseitiges Vertrauensverhältnis aufzubauen. Kaum ein Projekt wird ohne das Interesse und die (immaterielle) Unterstützung durch die einheimische Bevölkerung durchführbar sein. Ohne dies werden derartige Feldforschungen fast immer ein Misserfolg. Wesentliche Gründe für die Bedeutung dieses Vertrauensverhältnis sind:

- Der/die Feldforscher/in leben mit der Bevölkerung über einen längeren Zeitraum zusammen.
- Er/sie ist auf die Zusammenarbeit der Bevölkerung angewiesen, die nur auf Vertrauen basieren kann.

- Fehlt das Vertrauen in die Bevölkerung, so wird man auch kaum verlässliche Daten erhalten.
- Ohne gegenseitiges Vertrauen können die erhobenen Daten kaum in anwendungsorientierte Projekte (z. B. den Aufbau von Pflanzengärten) einmünden.

3.2.1 Vorarbeiten

Vor Beginn der Feldforschungen ist ein Einarbeiten in die verfügbare ethnologisch-anthropologische und geographische Literatur unabdingbar. Jedoch ist diese in vielen Fällen kaum oder auch nur in Spezialbibliotheken zugänglich. Wünschenswert, aber oft nicht möglich, ist es, vor dem Beginn des Aufenthaltes zumindest Grundkenntnisse der indigenen Sprache zu besitzen. Nach Ankunft in der Region der Feldforschung sollten der Bevölkerung gleich am Anfang eines Projektes alle wesentlichen Ziele und die Vorgehensweise bei dem Projekt verständlich gemacht werden. Hierfür ist es wiederum wichtig, dies in einer den Informanten verständlichen Sprache und Ausdrucksweise zu vermitteln. So kann es z. B. in der Anfangsphase eines Projektes sinnvoll sein, in den Schulen der Region oder in Gemeindeversammlungen das Projekt vorzustellen und es zu diskutieren. Auch Schautafeln, auf welchen die wesentlichen Aussagen als Cartoon dargestellt werden, können ein sinnvolles Medium sein. Wichtig ist es, vor Ort kulturell adäquate Methoden einzusetzen. Durch diese Involvierung der Bevölkerung können auch viele für den Wissenschaftler und für die Bevölkerung wichtige neue Fragestellungen mit eingebracht werden. Von gleicher Bedeutung sind derartige Methoden bei Projekten, die eine Beteiligung der Bevölkerung bei der Erzielung entwicklungspolitischer Ziele anstreben (RRA – rapid rural assessment u. ä., cf. Antweiler 1998).

Wichtig ist es auch, bereits frühzeitig abzuklären, ob die Informanten und der Ort namentlich genannt werden sollten, oder ob es nicht sinnvoller ist, Pseudonyme (Browner 1991) zu verwenden. Beispielsweise verbanden die Verantwortlichen in der Feldforschungsregion von F. X. Faust in Kolumbien ihre Einwilligung zur Feldforschung mit der Bedingung, dass die Namen der Informanten nicht genannt werden. Hierdurch sollten persönliche Schwierigkeiten mit anderen Gruppenmitgliedern und außenstehenden Personen vermieden werden (Faust 1992, s. Kap. 9). Sofern davon auszugehen ist, dass die Information in Zusammenarbeit mit Firmen weiter genutzt werden soll, muss dies der Bevölkerung mitgeteilt werden (Cotton 1996, Given and Harris 1994, Etkin 1985, Lipp 1989, Martin 1995).

3.2.2 Dokumentation

Die Dokumentation der erhaltenen Information erfolgt üblicherweise zuerst in Feldtagebüchern (siehe Burgess 1982, Bernard 1987, Werner 1988). In diese sollten alle während der Forschung erhaltenen Informationen eingetragen werden. Hierzu gehören alle Angaben, die für die spätere Auswertung von Bedeutung sein können. Neben den erhobenen, allgemeinen ethnologischen und demographischen Daten, sollten auch eigene Beobachtungen z. B. bestimmter Zubereitungsweisen von Pflanzen oder der Behandlung bestimmter Krankheiten möglichst bald nach der Beobachtung und möglichst detailliert festgehalten werden.

Viele Feldtagebücher sind auch reichhaltige Quellen an sehr persönlich gefärbten Berichten über die Erfahrungen während der Feldforschungen: Ängste, Ärger, Freuden und viele mehr.

Die Information wird durch einfache Indizes erschlossen. Bei ethnobotanischen Fragen haben sich Erhebungsbögen (s. Kap. 3.3 und Abb. 3.1) bewährt. Vielfach werden solche Informationen heute oft direkt in Computern archiviert, jedoch erweisen sich diese mitunter als störungsanfällig und sind dem Klima der Forschungsregion, der unregelmäßigen Spannung der Stromversorgung und anderen Widrigkeiten nicht gewachsen.

Indigener Name der Pflanze: _____ Sammelnummer: _____
Name des/der Informanten/in: _____ Datum des Interviews: _____
Ort: _____ Genaue Angaben zum Sammelort: _____
Wuchsform: Baum, Strauch, Halbstrauch, Kraut, Kryptogame/Thallophyt
Angaben zum Wuchsort (Besonderheiten des Bodens und der Vegetation): _____
Vegetationsform: _____
Veränderliche Merkmale: _____

Datum des Sammelns und der Herbarisierung: _____ Sammler: _____
Datum der botanischen Identifizierung: _____ Durch: _____
Wurde Forschungsdroge gesammelt? Ja / Nein;
Wenn ja: Welche Pflanzenteile und wieviel? _____
Wird die Pflanze von der Bevölkerung gemanagt (angebaut, gefördert etc.)? _____
Indigene Verwendung(en) als
☐ Arzneimittel   ☐ Nahrungsmittel   ☐ Färbepflanze
☐ Bestandteil von Ritualen   ☐ Konstruktionsmaterial   ☐ Brennholz
☐ Gift   ☐ Düngemittel   ☐ Zierpflanze
☐ Faserpflanze   ☐ Grundlage f. Ölgewinnung   ☐ Begrenzung
☐ Schattenspender   ☐ sonstige Verwendung; welche? _____

Bei Arzneipflanzen*:
Verwendete Pflanzenteile (Droge): _____
Zubereitung: _____
Dosis: _____
Dauer der Anwendung: _____
Weitere Bestandteile des Arzneimittels: _____
Art, Häufigkeit und Dauer der Applikation: _____
Grund/Gründe für die Verwendung (nach indigenen Kriterien): _____
Eigenschaften der Pflanze/Droge (nach indigenen Kriterien): _____
Sind Nebenwirkungen bekannt, wenn ja welche? _____

* - nur für diese werden beispielhaft die relevanten Fragepunkte aufgeführt

Abb. 3.1: Ethnobotanischer Erhebungsbogen.

Eine häufige Datensicherung ist daher unabdingbar (s. 3.2.3).

3.2.3 Datenbanken

Für den Aufbau einer Datenbank mit ethnobotanischen Daten ist grundsätzlich eine flexible Struktur wichtig, die auch nachträgliche Umstrukturierungen ermöglicht. Wichtig ist es deshalb, möglichst klar umrissene, kleine Untereinheiten und nicht große, allgemeine Untereinheiten zu definieren (siehe Abb. 3.1). Die ethnobotanische Information eines Heilers über eine Pflanze und einer Anwendung ist sinnvollerweise in einem einzelnen Datensatz zusammengefasst. Somit sollte die Datenbank nach ethnobotanischen Kriterien und nicht nach einer botanischen Einteilung nach Arten aufgebaut werden. Dies bedeutet auch, dass zu einer Art mehrere Datensätze existieren, die dann z. B. durch Überbegriffe (z. B. Krankheiten und/oder botanische Arten) ausgewertet werden können. Wesentlich ist die klare Definition der in der Datenbank verwendeten Begriffe (z. B. für Krankheiten). Als geeignet haben sich in unseren Projekten die aktuellen Versionen von File Maker Pro und MS Access erwiesen, wie im Beispiel in Abbildung 3.2. Überlegenswert ist es, die Daten einheitlich in der Sprache einzugeben, in welcher danach die Auswertung erfolgt (d. h. meist auf Englisch) und z. B. nicht gelegentlich Begriffe aus der eigenen Muttersprache und andererseits der indigenen Sprache für eine Krankheit zu verwenden. Auch in Bezug auf die ethnologischen Methoden muss für weitergehende Fragen auf die ethnologische Spezialliteratur verwiesen werden (unter anderem Burgess 1982, Bernard 1987, Werner 1988).

3.2.4 Fotografie/Film/Video

In vielen Kulturen ist es möglich, nach Rückfrage öffentliche Ereignisse und private Aktivitäten fotografisch oder mittels Video zu dokumentieren. Auch hier ist wichtig vorher abzuklären, ob dies von den Betroffenen gewünscht wird. Auch Aufnahmen von Heilpflanzen sind eine gute zusätzliche Möglichkeit der Dokumentation.

3.2.5 Spezialisten oder allgemeine Bevölkerung?

Bei der Befragung kann einerseits eine Gruppe von Spezialisten (z. B. Heiler; Bauern, die bestimmte für die Forschungen relevante Varietäten von Früchten anbauen; die Sammler/innen bestimmter Wildpflanzen) interviewt werden oder es kann eine Befragung eines ausgewählten Prozentsatzes der Gesamtbevölkerung erfolgen. Im ersten Falle ist es wesentlich, die zu dem Untersuchungsthema kenntnisreichen Einwohner zu identifizieren und diese gezielt zu kontaktieren. Im anderen Fall ist es notwendig eine repräsentative Auswahl (z. B. durch ein Zufallsverfahren) zu treffen. Je nach Forschungsthema sollte dies frühzeitig entschieden werden.

3.2.6 Befragung

Für viele Informanten ist die Befragungssituation ungewöhnlich und mitunter schwierig. Daher ist für die Forscherin/den

Abb. 3.2: Plectranthus barbatus – Herbarbeleg (C. Schlage).

Forscher Geduld und Fingerspitzengefühl wichtig. Idealerweise wird man mit den Informanten Ausflüge in die umliegenden Gebiete machen oder die Pflanzen z. B. in den Gärten sammeln und ethnobotanisch erfassen. Oft werden aber auch Informationen zu einer Pflanze erhalten, ohne dass diese direkt verfügbar ist. Somit muss ein Nachsammeln erfolgen, wobei sichergestellt werden muss, dass dies die vom Informanten angegebene Pflanze ist. Selbstverständlich sind diese Befragungen der für die Forschungen entscheidende Teil. Einerseits können Informanten durch (kulturell) falsches Verhalten verärgert werden. Andererseits müssen bei den Untersuchungen unbewusste Beeinflussungen der

1) Daten auf den Herbarbelegen vor der Identifizierung

Sammelnummer: **CS 1** Datum der Sammlung: **10. Dez. 97** indigener Name: **Mzugwa**

Ort der Sammlung: **Tansania, Region Tanga, Soni 1400 m üNN**

Verwendungen (siehe auch Erhebungsbogen): **Malaria und Fieber**

veränderliche Kennzeichen: **Blätter aromatisch, dunkelblaue Blüten**

2) Beispiel für Daten auf den Herbarbelegen nach der Identifizierung und Montage (i. d. R. auf Englisch)

Arzneipflanzen der Region Soni (Usambara Berge, Tansania)

Plectranthus barbatus Andr. leg.: **C. Schlage**

Sammelnummer: **CS 1** Datum der Sammlung: **10.12.1997** indigener Name: **Mzugwa**

Ort der Sammlung: **Tansania, Region Tanga, Soni 1400 m üNN**

Identifizierung (inkl. Datum): **Herr Mabula (TAFORI) und C. Schlage (30.12.1997)**

Verwendungen: **Malaria und Fieber**

Verwendete Pflanzenteile: **Wurzel/Blätter** Zubereitung/Applikation: **roh oder als Tee**

veränderliche Kennzeichen: **Blätter aromatisch, dunkelblaue Blüten**

Belegherbarien: **Bot. Garten und Bot. Museum Berlin (B*)/National Herbarium, Arusha-Tanzania (NHT)/Institute of Traditional Medicine, MUCHS, Dar es Salaam/Herbarium des „Tanzania Forestry Research Institute-Lushoto"-TAFORI (TFD)/Institut für Pharmazeutische Biologie der Universität Freiburg**

Christina Schlage und Michael Heinrich, Institut für Pharmazeutische Biologie, Universität Freiburg, Schänzlestr. 1, 79104 Freiburg, Deutschland

* Die Angaben in Klammern sind die nach dem internationalen botanischen Code gültigen Abkürzung der Herbarien (siehe Holmgreen et al. 1990)

Informanten verhindert werden. Ein einfaches, aber klassisches Beispiel: Wird ein Informant, bevor er über eine Pflanze etwas gesagt hat, gefragt „Wofür wird diese Pflanze verwendet?", so wird diese Person oft Angaben machen, auch wenn sie diese Pflanze unter Umständen gar nicht kennt, bzw. nicht verwendet (s. Abb. 3.3).

Wesentlich ist auch die Unterscheidung zwischen beobachtetem Verhalten und erfragtem Wissen. Vermutlich wird man während der Untersuchungen mitunter auch die Verwendung bestimmter Heilmittel direkt beobachten können. Diese Art Information hat bei der Auswertung einen ganz anderen Stellenwert als die Mitteilung eines Informanten, dass eine Pflanze für einen bestimmten Zweck eingesetzt werden kann oder eingesetzt wird. Weiterhin ist es bei Arzneipflanzen wichtig, das medizinische Begriffssystem und möglichst auch die anatomischen Vorstellungen der Informanten zu verstehen. Viele der Krankheitsangaben sind für uns unverständlich und entsprechen keiner biomedizinisch bekannten Krankheit. In nordsibirischen Kulturen ist z. B. die Krankheit *amok* (eine Art Raserei) eine oft genannte kulturgebundene Krankheit. In vielen Ländern Südamerikas werden regelmäßig durch einen Schreck verursachte Krankheiten genannt (*susto* oder *espanto*). Dieser Schreck kann zu einem Verlust der dem

Abb 3.3: Ethnologische Forschungen des *Fray Bernardino de Sahagún:* Befragung eines Informanten mit Hilfe von Übersetzern (16. Jh.).

Menschen innewohnenden Seele führen. Durch Erfragung der charakteristischen Merkmale dieser kulturgebundenen Krankheiten (der Mediziner würde dies Symptome nennen) kann ein besseres Verständnis dieser Krankheiten erzielt werden (s. Kap. 4).

Im Falle anderer Pflanzennutzungen sollten entsprechend Informationen zu den indigenen Vorstellungen über deren Verwendung gesammelt werden. Auf den Fidschi-Inseln wurden die Boote früher als Auslegerboote aus einer Vielzahl von unterschiedlichen Baum- und Lianenarten gefertigt. Jeder der Holztypen hat als Werkstoff besondere Eigenschaften, so wird für den Rumpf *Intsia bijuan* (Colebr.) O. Kuntze (Caesalpiniaceae) verwendet. Dieses ist ein außerordentlich hartes, schweres und widerstandsfähiges Holz und daher für den Bau des Rumpfes besonders geeignet. Alle anderen Bestandteile dieses Bootes sind aus Materialien gebaut, die – nach den von den Schiffsbauern aufgestellten Kriterien – bestimmte Eigenschaften besitzen müssen. So wird für andere Bereiche des Schiffes eine große Elastizität des Holzes gefordert. Will man solch ein Element der indigenen Kultur beschreiben, so sind detaillierte Untersuchungen zu den Vorstellungen über die Holzeigenschaften (Banack und Cox 1987), wie

auch Untersuchungen über die physiko-chemischen Eigenschaften des Holzes wichtig.

3.2.7 Ethnologische Spezialmethoden

Eine reine Befragung (siehe Abb. 3.4) ist in der Regel nicht ausreichend um die notwendigen Informationen zu erhalten. Oft erweisen sich Diskussionen innerhalb der Gruppen von Spezialisten als ein nützliches Instrument. Wichtig ist hier, den richtigen Ort und Zeitpunkt (z. B. nicht während der Saat- oder Erntezeit in einer Bauernkultur) zu bestimmen. Eine andere Spezialmethode ist das sogenannte reisende Herbarium („travelling herbarium"), bei welchem getrocknete und montierte Herbarbelege, die nicht mit ethnobotanischen Informationen beschriftet sind, den Informanten vorgelegt werden (z. B. Berlin und Berlin 1996). In vielen Fällen erkennen die Informanten die Pflanzen in diesem Zustand wieder und es können so von einer größeren Zahl von Informanten Daten erhalten werden. Diese können beispielsweise bei der Frage, in welcher Altersgruppe, bei welchem Geschlecht oder in welcher sonstigen soziodemographischen Gruppe bestimmte Pflanzen besonders bekannt sind, nützlich sein. Auch wird dies oft bei kognitiv-ethnobotanischen Projekten eingesetzt, da diese Methode es ermöglicht die Variabilität in der Benennung einer Art und die Bezüge zu anderen von der Kultur benannten Taxa aufzuzeigen.

3.2.8 Quantifizierung ethnobotanischer Information

In vielen Fällen ist eine Quantifizierung ethnobotanischer Informationen nützlich (s. Heinrich et al. 1998). Quantitative Auswertungen erlauben z. B. die relative Bekanntheit einer Pflanze in einer Kultur genauer zu erfassen. Je nach thematischer Ausrichtung und je nach Art der erhobenen Daten, werden hierbei unterschiedliche statistische Methoden eingesetzt. Daher sollten die für statistische Auswertungen notwendigen Besonderheiten der Datenerhebung vor Beginn der Feldforschungen mit Statistikern abgesprochen werden (s. Kap. 4).

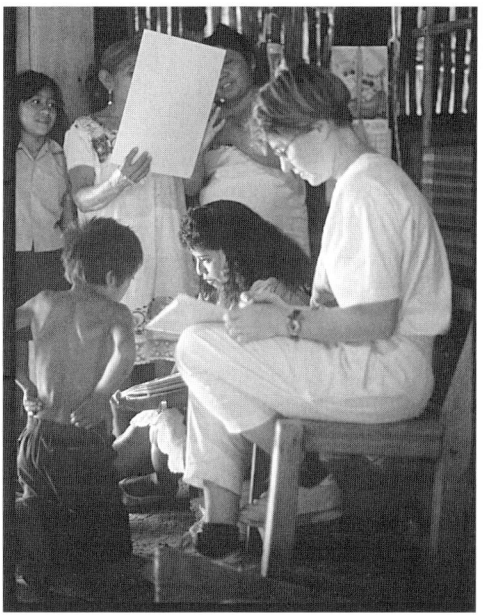

Abb. 3.4: Ethnobotanische Befragung heute (Anita Ankli, ETH Zürich). Interview mit Hilfe einer Übersetzerin bei den yucatekischen Maya.

3.3 Botanische Methoden

3.3.1 Vorarbeiten

Die Pflanzen müssen gesammelt und herbarisiert werden, ggf. muss weiteres Forschungsmaterial getrocknet werden. All dieses Material sollte dann aus der Forschungsregion zu einer zentral gelegenen Institution im Lande transportiert und von dort auf die einzelnen Partnerinstitutionen verteilt werden. Voraussetzung hierzu ist der Aufbau einer Infrastruktur, die die Herbarisierung der notwendigen Herbarbelege ermöglicht. Somit muss man zuerst abschätzen:

- Welche Zahl von Herbarbelegen sind pro Woche zu verarbeiten? Welche Mindestgröße für einen Trockenschrank ergibt sich hieraus?
- Wie kann der Trockenschrank vor Ort beheizt werden (Strom/Glühbirnen, Gas; siehe Bridson und Forman 1992)?
- Wer kann einen derartigen Schrank bauen und welche Materialien hierfür sind in der Region nicht verfügbar? Oder sollte ein solcher Schrank mitgebracht werden (z. B. transportierbare und faltbare Trockenschränke) bzw. aus mitgebrachtem Material (LKW-Planen) selbst gefertigt werden?
- Wo kann das getrocknete Material sicher zwischengelagert werden?
- Gibt es kulturelle Tabus z. B. gegen das Sammeln und somit das Herbarisieren bestimmter (heiliger oder „gefährlicher") Pflanzen?
- Sollten bestimmte Arten aus Sicherheitsgründen nicht herbarisiert werden (z. B.

Halluzinogene wie *Cannabis sativa*, *Erythroxylum coca*).

Ein Beispiel für einen entsprechenden Trockenschrank zeigt Abbildung 3.5. Im Allgemeinen sollten mindestens vier oder fünf Exemplare eines Beleges angefertigt werden, hiervon sollten zwei an international leicht zugänglichen, großen Herbarien und ein oder zwei an den regionalen Herbarien der Forschungsregion hinterlegt werden. Oft wünschen auch Organisationen der indigenen Bevölkerung (z. B. der Heiler oder Bauern) ein speziell auf ihre Interessen abgestimmtes Herbar.

3.3.2 Herbarisierung

Zur Herstellung eines guten Herbarexemplares werden für die Population der Art repräsentative Exemplare ausgewählt (siehe auch Bridson und Forman 1992, Balick und Cox 1996, Elisabetsky et al. 1996). Hierzu sollten bei krautigen Pflanzen grundsätzlich alle Teile gesammelt werden (Stängel mit Blättern, Blüten und/oder Früchten und ggf. Wurzeln). Bei Bäumen werden entsprechend fertile Zweige und ein kleines Rindenstück gesammelt. Wichtig ist das Vorhandensein von generativen Merkmalen (Blüten oder Früchten)! Ein Hinweis für die Größe der zu sammelnden Belege ist die Größe der Herbarbögen, auf welchen diese später befestigt werden. Die in Herbarien üblicherweise verwendeten Bögen haben eine Größe von 42 auf 29 cm (in Europa verbreitet) oder 42 auf 26 cm (Nordamerika). Die Pflanzen werden auf dem Papier ausgebreitet und vorsichtig mit einer weiteren Lage Papier überdeckt. Beim Pressen über das Papier hinausstehende Teile werden vorzugsweise vorsichtig umgeknickt, ohne dass zuviel Pflanzenmaterial übereinander zu liegen kommt und nicht einfach abgeschnitten. Zum Pressen werden die an einem Tag (oder in einigen Stunden gesammelten) Belege in Trockenpapier zwischen starke Metall- oder Holzgitter, die durch geeignete Gurte zusammengedrückt werden, gepresst und in einem Wärmeschrank getrocknet. Informationen zu Spezialfällen (Kakteen und andere Sukkulenten, großbättrige Arten) sind der weiterführenden Literatur zu entnehmen (Bridson und Forman 1992).

In der Regel werden botanische Sammlungen beginnend mit der Nummer 1 aufsteigend durchnummeriert, sodass jedes gesammelte Muster klar identifizierbar ist. Von größter Bedeutung ist es, dass jedes Herbarexemplar von genauen ethnobotanischen und botanisch-deskriptiven Aufzeichnungen begleitet ist und dass die Zuordnung der Herbarbelege zur ethnobotanischen Information (und ggf. zu der gesammelten Forschungs-

Abb. 3.5: Beispiel für einen Feldtrockenschrank (mit Glühbirnen beheizt).

droge) eindeutig und klar gekennzeichnet ist. Aus den botanischen Angaben sollten folgende Angaben hervorgehen:

- Genauer Sammelort (Fundort), inkl. des Landes, der Provinz und des Ortes, einschließlich Angaben zu geographischem Längen- und Breitengrad (GIS-Messungen) und zur Höhe über dem Meeresspiegel (Höhenmesser!)
- Standort (Art der Vegetation)
- Wuchsform (Baum, Strauch, Halbstrauch, Kraut etc.)
- Größe, Form und besondere Kennzeichen der Pflanze (z. B. auch von nicht gesammelten Pflanzenteilen wie Zwiebeln, Knollen oder Wurzeln)
- Angaben zu veränderlichen Merkmalen (Geruch, Farbe)
- Sammeldatum, ggf. Blüte- oder Fruchtzeit.

Neben diesen Daten sind genaue Angaben zur indigenen Verwendung, zur Zubereitung und Art der Anwendung wichtig. Zur Erfassung dieser Informationen haben sich die schon erwähnten standardisierten ethnobotanischen Erhebungsbögen bewährt, in welchen alle wesentlichen Daten zur Nutzung der Pflanze aufgeführt werden (siehe Abb. 3.1).

Die Identifizierung erfolgt anschließend in den Herbarien. Dies kann durch Vergleich mit authentischen Herbarbelegen und/oder durch die Verwendung geeigneter Floren erfolgen. In der Regel ist man hier auf die Mitarbeit von Spezialisten für einzelne Familien oder Gattungen oder für bestimmte Florengebiete angewiesen.

Die Montage der Herbarbelege erfolgt in der Regel in den Herbarien, in welchen diese hinterlegt werden. Bei geeigneter Lagerung und Behandlung behalten die Herbarbelege Jahrzehnte oder Jahrhunderte lang ihren wissenschaftlichen Wert.

3.3.3 Schwierigkeiten

Diese sind in der botanischen Spezialliteratur ausführlich beschrieben. Unter Umständen müssen unerwartete Schwierigkeiten in der Forschungsregion überwunden werden. Der Befall auch der schon getrockneten Belege mit Insekten und Pilzen ist häufig (Bridson und Forman 1992). So gibt es Regionen, in welchen eine entsprechende Herbarisierung über viele Monate des Jahres praktisch unmöglich ist (u. a. in den Flussmündungen der Tropen).

3.4   Schlussfolgerungen

Die methodische Vorgehensweise ist stark von den bearbeiteten Fragestellungen abhängig. So wird bei ökologisch ausgerichteten Projekten die Aufnahme von pflanzensoziologischen, vegetationsgeographischen oder bodenkundlichen Daten ein wesentlicher Bestandteil der Methoden sein. Im Falle von zum Färben genutzten Pflanzen können Färbemuster ein sinnvoller Bestandteil der ethnobotanischen Methodik sein. Bei in der Ernährung eingesetzten Pflanzen ist die Dokumentation der lokalen Zubereitungstechniken ein wichtiger Bestandteil der Methodik.

Die in diesem Kapitel angesprochenen Methoden können nur einen sehr kurzen und knappen Überblick geben. Die im Folgenden aufgeführte allgemeine Literatur soll einen Einstieg in die meisten dieser Themen liefern.

Weiterführende Literatur

ALEXIADES, M. (1996): Selected Guidelines for Ethnobotanical Research: A Field Manual. New York Botanical Garden, Bronx, New York (Advances in Economic Botany 10) (ethnobotanische Methoden)

BERNARD, H. R. (1988): Research Methods in Cultural Anthropology. Sage Publ. New York (anthropologische Methoden)

BURGESS, R. G. (1982): In the Field. An Introduction to Field Research. London. Allen & Unwin. Contemporary Social Research Series No. 8 (anthropologische Methoden)

BRIDSON, D. and FORMAN, L. (1992): The Herbarium Handbook. Royal Botanic Gardens, Kew. Richmond (UK). Revised ed. [1st publ. 1989] (botanische Methoden)

BALICK, M. J. and COX, P. A. (1996): Drogen, Kräuter und Kulturen. Spektrum Akademischer Verl. Heidelberg (orig.: Plants, People and Culture) (Überblick zur Ethnobotanik)

COTTON, C. M. (1996): Ethnobotany. Chichester. Wiley and Sons (Methoden und Prinzipien der Ethnobotanik)

GIVEN, D. R. and HARRIS, W. (1994): Techniques and Methods of Ethnobotany. Commonwealth Secretariat. London (UK) (Vorstellung einzelner ethnobotanischer Methoden)

LIPP, F. (1989): Methods for Ethnopharmacological Field Work. Journal of Ethnopharmacology 25: 139–150 (Diskussion einzelner methodischer Probleme)

MARTIN, G. M. (1995): Ethnobotany. London. Chapman and Hall (Methoden und Prinzipien der Ethnobotanik)

WERNER, O. (1987): Systematic Fieldwork. Vol. I: Foundations of Ethnography and Interviewing; Vol. II Ethnographic Analysis and Data Management. New York. Sage Publ. (anthropologische Methoden)

4 Arzneipflanzen in indigenen Kulturen

4.1 Indigene Heiler und Medizin

Bereits in Kapitel 1 und 2 wurde auf die Erforschung der Arzneipflanzennutzungen in indigenen Medizinsystemen und deren Geschichte eingegangen. Zahlreiche Pflanzen werden in diesen Medizinsystemen eingesetzt.

Die Bedeutung der indigenen Heiler für die Gesundheitsversorgung insbesondere in ländlichen Gebieten wird inzwischen in vielen Entwicklungsländern anerkannt. So gibt es unter anderem in Mexiko, China, Thailand und Nigeria Programme mit dem Ziel, die „traditionelle Medizin", d. h. meist die indigene Phytotherapie, in die nationalen Basisgesundheitsprogramme zu integrieren. Für diese Länder sind somit ethnobotanische Studien eine wesentliche Grundlage für die Weiterentwicklung der indigenen und lokalen Medizinsysteme. Diese Studien ermöglichen primär die Dokumentation indigenen Wissens, welches verloren zu gehen droht. Oder wie es der mexikanische Anthropologe Alvarez Santiago ausdrückte: *„Cada anciano que se muere, es una bibliotheca que se quema"* (Jeder Alte der stirbt, ist wie eine Bibliothek die verbrennt; Weimann und Heinrich 1996). Am Beispiel der indigenen Kulturen der USA lässt sich dies klar zeigen. Hier sind die meisten Kenntnisse nicht mehr an nachfolgende Generationen weitergegeben worden. In den USA und Canada hat dies zur Folge, dass ethnobotanische Quellen des letzten Jahrhunderts und der ersten Hälfte dieses Jahrhunderts heute auch von Vertretern der verschiedenen Indianerstämme konsultiert werden. Ihr Ziel ist es dieses „traditionelle" Wissen wieder zu beleben. Zum Glück ist aber in vielen Regionen das Interesse an den eigenen Traditionen gewachsen, sodass wieder vermehrt die Weitergabe des lokalen Wissens erfolgt. Schwierig wird dies in Situationen, in welchen die nationalen und regionalen Rahmenbedingungen dem zuwiderlaufen. So ist es in vielen Ländern Südamerikas nach wie vor nicht gestattet, als Heiler zu arbeiten. In anderen Ländern werden dagegen inzwischen Fortbildungen von Heilern organisiert, bzw. es werden Treffen der Heiler verschiedener Regionen organisiert, um einen Erfahrungsaustausch zu ermöglichen.

4.2 Medizinsysteme

Der Begriff Medizinsysteme

Pflanzen sind ein wesentlicher Bestandteil aller Medizinsysteme. Diese sind ein Teil jeder Soziokultur. Der Begriff „Medizinsystem" wird verwendet, um die Gesamtheit der Vorstellungen und des Verhaltens einer Gruppe (einer Ethnie, einer Berufs- oder Sozialgruppe oder einer anderen Gruppe von Menschen mit ähnlichen Vorstellungen) in Bezug auf Medizin und Pharmazie zu umschreiben. Jedoch ist die empirische Pflanzennutzung z. B. als Tee nur einer der vielen Teilaspekte der Diagnose und Therapie. Wesentlich für das Verständnis aller Diagnose- und Therapieformen ist ein genaues Studium der Krankheitskonzepte. Zu den hierzu wesentlichen Fragen in Bezug auf die kulturellen Vorstellungen gehören:

- Was für Krankheiten werden in einer Kultur unterschieden?
- Wie werden diese Krankheiten erkannt („diagnostiziert") und wer führt diese Diagnose durch?
- Welche Gruppen von HeilerInnen werden unterschieden? Wie ist ihre soziokulturelle Stellung?
- Ist die Krankheit – nach Ansicht der Informantinnen und Informanten – durch die erkrankte Person, einen nahen Verwandten (z. B. die Mutter), eine/n HeilerIn oder durch einen Arzt/eine Ärztin behandelbar? Welche Gruppe von Personen werden mit der Therapie betraut?
- Welche Personengruppe (HeilerInnen, Mütter, Alte, allgemeine Bevölkerung) kennt welche Aspekte der Krankheiten (Zeichen oder „Symptome", Schweregrad, Therapieformen)?

Ausführlich wird dies in den einführenden Lehrbüchern und Sammelwerken zur Medizinanthropologie behandelt (McElroy und Towsend 1985, Johnson und Sargant 1990, Romanucci-Ross et al. 1997, s. a. Inhorn und Brown 1997).

HeilerInnen

Die Rolle von HeilerInnen variiert innerhalb einer Kultur und interkulturell. Traditionell waren sie meist eine aufgrund ihres Wissens herausgehobene Gruppe innerhalb der Bevölkerung. In vielen Kulturen gibt es eine ambivalente Einstellung gegenüber diesen Spezialisten, da sie neben der Macht zu heilen auch die Macht haben, Krankheit oder sonstiges Übel zu „schicken" (Hexerei). In anderen Kulturen sind dies zwei vollkommen voneinander getrennte Bereiche. Oft

sind spezielle Formen des Lernens, Erfahrens und „Erleidens" des Heiler-Status notwendig, bevor eine Person die Initiation in diese Gruppe erhält. Ein/e HeilerIn besitzt oft die außergewöhnliche Fähigkeit, mit Bereichen außerhalb der alltäglichen Wahrnehmung (Geister, Götter, Unterwelt, u. a.) Kontakt aufzunehmen und ggf. „im Geiste" dorthin zu „reisen" und dort unter anderem die Gründe für eine Krankheit zu erfragen.

Neben diesen HeilerInnen im klassischen Sinne spielen oft auch nicht als HeilerInnen anerkannte Gruppen von Personen eine Rolle. Hierzu gehören z. B. Spezialisten in Hausmitteln (Heinrich 1997) oder Arzneipflanzenkundige (Herbalisten), die – nach Ansicht der Kultur – zwar „therapieren" (d. h. Arzneipflanzen applizieren und andere meist empirische Therapieformen anwen-

Abb. 4.1: Ein Heiler der Isthmus Sierra Zapoteken (Mexiko) bei der Zubereitung eines Gemisches von Arzneipflanzen (Aufnahme Barbara Frei, Zernetz).

den), aber nicht „heilen", da sie weder die Gründe für die Krankheit herausfinden können noch mit übernatürlichen Wesen Kontakt aufnehmen (siehe Abb. 4.1).

Indigene Klassifikation von Krankheiten

Eine medizinisch-anthropologische Kernfrage im Zusammenhang mit Ethnobotanik und Ethnopharmakologie ist insbesondere die nach der indigenen Klassifikation von Krankheiten. Jede Kultur hat ihre eigenen Vorstellungen über Krankheiten und deren Ursachen entwickelt. Eine universell von allen Kulturen akzeptierte Klassifizierung von Krankheiten gibt es nicht. In vielen Fällen ist eine direkte Korrelation von indigenen Vorstellungen mit biomedizinischen Begriffen nicht möglich. Die Diagnose der HeilerInnen orientiert sich meist an gut beobachtbaren Zeichen oder Symptomen wie erhöhte Temperatur, veränderter Puls, erhöhte Anzahl von Stuhlgängen pro Tag. Auch Verhaltensänderungen des Patienten werden genau beobachtet. Unruhe, Weinen, Aggressivität, oder ungewöhnliche Passivität können Zeichen sein, die von den Heilern erkannt werden. In der Entscheidung über eine Therapie werden all diese Änderungen mit einbezogen. Zusätzlich versuchen Heiler in vielen Fällen die Ursache zu erkennen. Eine Vielzahl von wahrgenommenen Ursachen ist denkbar.

Ähnliches gilt für andere kenntnisreiche Einwohner (z. B. Mütter), die je nach dem kulturspezifisch wahrgenommenen Schweregrad der Erkrankung selber eine Therapie einleiten, zum Heiler oder Arzt gehen oder andere Wege der Behandlung suchen.

Vorstellungen über Durchfall und dessen Therapie bei Mestizen und Indigenen in Mexiko

Die bei einer Erkrankung als wesentlich erachteten Symptome variieren beträchtlich. Dies zeigt eine von H. Martínez et al. (1998) durchgeführte Untersuchung in verschiedenen Ortschaften Mexikos. Als Beispiel führt Tabelle 4.1 die Vorstellungen über die wesentlichen Zeichen zum Erkennen von Diarrhö in vier Ortschaften, die von unterschiedlichen Ethnien bewohnt werden, auf.

Tabelle 4.1 zeigt die Variabilität der Information, die in interkulturellen Studien erhalten werden. So wird nur von circa einem Drittel der Zapoteken Ayutlas „flüssiger Stuhl" als ein wesentliches Zeichen für Diarrhö angesehen, während dies von über vier Fünftel der Mestizo-Informantinnen aus Contreras für wichtig erachtet wird. In Contreras sind neben dem flüssigen Stuhl aber auch verstärkter Durst (90 %), Unruhe der Kinder (69 %) und Magenschmerzen (61 %) wesentliche Hinweise für die Mütter. Die Erhöhung der Anzahl der Stuhlgänge pro Tag ist dagegen nur bei den Zapoteken Juchitáns für eine Mehrheit der Informantinnen von Bedeutung, während in den anderen drei Orten dies nur für ein Viertel bis circa ein Drittel der Mütter eine Rolle spielt.

Eine ähnliche Bandbreite von Antworten ergibt sich auch bei den Therapieformen, wie in Tabelle 4.2 aufgeführt. Viele der Mestizos von Contreras setzen die in Basisgesundheitsprogrammen propagierten oralen Rehydratationslösungen (Zucker-Salz-Lösungen) ein. In Juchitán ist die Applikation von Breis bei fast der Hälfte der Mütter eine wesentliche Therapieform. In allen vier Orten appliziert die Mehrheit der Mütter „Kräutertees". Problematisch ist beispielsweise, dass drei Viertel der Mütter in Juchitán sich von der (meist kurzfristigen und medizinisch-pharmazeutisch unkontrollierten) Gabe von Antibiotika einen Therapieerfolg erhoffen.

Neben diesen medizinisch-anthropologischen Fragen sind in Studien wie dieser auch epidemiologische und medizinische Fragen von zentraler Bedeutung:

- Welches sind die wichtigsten (häufigsten) und welches die gefährlichsten Krankheiten in der Region?
- Welche medizinische Infrastruktur steht der Bevölkerung zu welchen Bedingungen zur Verfügung?

Tab. 4.1: Wichtigste Zeichen (Symptome), die von Müttern in Zusammenhang mit Fällen von Diarrhö bei ihren Kindern genannt wurden (Martínez et al. 1998).

Ethnie	Ayutla Zapoteken	Juchitán Zapoteken	Contreras Mestizo	Xochimilco Mestizo
Befragte Informantinnen (Anzahl n)	25	28	29	41
Zeichen („Symptome"):				
Flüssiger Stuhl	36	**68**	**83**	**59**
Vermehrte Zahl von Stuhlgängen/Tag	24	**71**	38	22
Magenschmerzen	44	39	**61**	20
Fieber	40	28	35	37
Unruhe	16	25	**69**	29
„Kinder sind traurig"	4	46	17	22
(Verstärkter) Durst	4	**61**	**90**	56
Erbrechen	16	0	21	24
Stuhl riecht unangenehm	4	57	10	2
Schleim im Stuhl	8	7	14	2
Grüner Stuhl	4	14	3	2
Blutiger Stuhl	4	4	7	7
Aufgeblähter Bauch	4	7	14	0

Die Mütter wurden gebeten die wesentlichen „Zeichen" aufzulisten, die es Ihnen ermöglichen zu erkennen, dass ein Kind Diarrhö hat. In der obersten Zeile ist die Gesamtzahl der befragten Mütter, in allen anderen Zeilen der Anteil dieser Nennungen (in Prozent vom Gesamtwert) angegeben. Mehrfache Nennungen waren möglich. (Fett = kulturell besonders wichtige Zeichen).

Tab. 4.2: Häufigste Therapieformen, die von Müttern im Falle von Diarrhö bei ihren Kindern eingesetzt wurden (Martínez et al. 1998:356).

Ethnie	Ayutla Zapoteken	Juchitán Zapoteken	Contreras Mestizo	Xochimilco Mestizo
Befragte Informantinnen (Anzahl n)	25	28	29	41
Therapieformen:				
Kräutertees	**76**	**57**	**79**	**71**
Orale Rehydratations Lösung (ORS)	20	7	**62**	24
Breie auf der Grundlage von Reis, Mais und Weizen	24	46	35	22
Suppe, Brühe	0	46	35	22
Andere hausgemachte Getränke	8	25	24	22
Wasser	20	25	35	38

	Ayutla	Juchitán	Contreras	Xochimilco
Muttermilch	0	39	7	0
Aussetzen der Milch	40	11	32	32
Kein Aussetzen des Fütterns	37	**64**	45	39
Eigenständige Verschreibung von				
– Antibiotika	12	**75**	38	27
– Antidiarrhoika	0	29	28	34
– Fiebersenkenden Mitteln	0	7	24	12
Medizinisch gefährliche Formen der Selbsttherapie[1]	0	25	17	0
Andere ungefährliche Formen der Selbsttherapie	12	14	14	11
Keine besondere Therapie wird eingesetzt	8	18	0	0
Aufsuchen eines Arztes/Gesundheitszentrums	44	0	7	0

Die Mütter wurden gebeten die wesentlichen Therapieformen und Verhaltensanweisungen aufzulisten, die bei Diarrhö eingesetzt werden. In der ersten Zeile ist die Gesamtzahl der befragten Mütter, in allen anderen Zeilen der Anteil dieser Nennungen (in Prozent vom Gesamtwert) angegeben. Mehrfachangaben waren möglich. (Fett = kulturell besonders wichtige Therapieformen).

[1] Dies bezieht sich auf die verbreitete Verwendung von Abführmitteln („purgativas"), die bei Diarrhö zu einer Verstärkung des Verlustes an Flüssigkeit führen.

Kulturgebundene Krankheiten

In manchen Fällen ist die Nutzung indigener Therapieformen „aus der Not" geboren. Zwar ist die Wertschätzung der eigenen Medizin (bei vielen Therapieformen unbegründeterweise) gering, aber diese ist die einzige verfügbare Ressource. In anderen Fällen werden Heiler insbesondere bei kulturgebundenen Erkrankungen (culture bound syndromes – CBS oder „folk illnesses") konsultiert (Rubel 1960, 1964). CBS bezeichnet Syndrome, für welche es (derzeit noch) keine biomedizinische Entsprechung(en) gibt. Beispiele für diese Krankheiten sind das in Südostasien weit verbreitete „Amok" oder der im nördlichen Südamerika, in Mittelamerika und bei spanischsprachigen Einwanderern Nordamerikas weit verbreitete „Susto".

Der Begriff „Amok" (amuck) stammt aus dem Malaiischen und bezeichnet ein sozial unkontrolliertes Verhalten, welches sich vor allem in Wildheit, unvorhersehbaren Reaktionen und im zwanghaften Bewegungsdrang mit hoher Aggressivität äußert. Das Beispiel „amok" zeigt, dass diese „kulturgebundenen Krankheiten" nicht auf eine Kultur beschränkt sein müssen, sondern kulturspezifische Interpretationen von vermutlich universell bedeutsamen Abweichungen von der Norm sind. Diese werden von den Malaien als Krankheit und bei uns als asoziales und gefährliches Verhalten interpretiert.

Der Begriff „Susto" stammt aus dem Spanischen und bezeichnet einen plötzlichen Schreck. Jedoch sind auch in vielen indigenen Sprachen äquivalente Bezeichnungen dokumentiert worden. Mit dem Begriff wird eine Krankheit bezeichnet, die primär durch einen Schreck verursacht wurde. Sieht man z. B. auf dem Weg zum Feld plötzlich eine (Gift-)Schlange oder ein anderes gefährliches Tier, so kann dies zu einem Susto führen, selbst wenn die Person nicht von dem Tier gebissen wurde. Auch der Schreck, der von einem, plötzlich vor einer Person auftauchenden Betrunkenen verursacht wird, kann diese kulturspezifische Krankheit auslösen. Die Folgen machen sich für den Betroffenen oft erst nach Monaten oder Jahren bemerkbar. Die bei dieser Krankheit zu beobachtenden Zeichen („Symptome") sind vielfältig (siehe z. B. Rubel et al., 1985) und die Krankheit führt in vielen Fällen (insbesondere sofern sie unbehandelt bleibt) zum Tod.

Diese Krankheiten werden mit unterschiedlichen Therapien behandelt. Wesentlicher Teil sind oft religiöse Anrufungen der (lokalen) Götter oder sonstiger Helfer, Opfer, Beschwörungen, oder auch Verwünschungen der Krankheit. In einigen Kulturen spielen bei der Diagnose und Therapie halluzinogen wirkende Taxa eine Rolle (siehe Kapitel 6). Eine Diskussion der vielfältigen nicht auf phytotherapeutische Strategien beruhenden Therapien kann in dieser Einführung nicht

gegeben werden. Zahlreiche Monographien und Überblicksarbeiten sind hierzu verfügbar (z. B. in Romanuci-Ross et al. 1997, Inhorn und Brown 1997).

Weiterführende Spezialliteratur

Für weiterführende Fragen der Medizinanthropologie muss auf die vielfältige Fachliteratur dieser Forschungsrichtung verwiesen werden. Wesentliche Fachzeitschriften sind z. B.

- Social Science and Medicine (Pergamon Press)
- Medical Anthropology Quarterly (Society for Medical Anthropology, USA)
- Medical Anthropology (International Publishers' Distributors) und
- Culture, Medicine and Psychiatry (Klawer Academie Publisher).

4.3   Arzneipflanzennutzung

4.3.1   Arzneipflanzen als Teil der Medizinsysteme

Indigene Nutzungen von Pflanzen dürfen nicht mit indigener Medizin gleichgesetzt werden (siehe z. B. Fallbeispiel 4.4 Mixe). Indigene Medizin umfasst viel mehr. Ohne

Rituale und eine ausgeprägte Symbolik ist indigene Medizin nicht denkbar. Ein reduktionistischer nur auf indigene Phytotherapie beschränkter Forschungsansatz oder ein Ansatz, der nur rituelle Therapieformen berücksichtigt, wird daher dem komplexen Phänomen eines indigenen Medizinsystems nicht

Abb. 4.2:
Ein Arzneipflanzenverkäufer und Heiler in Soni, Nordtansania (Aufnahme Christina Schlage, Freiburg).

Kampo Medizin in Japan

Die Japaner haben heute die Möglichkeit, zwischen verschiedenen medizinischen Richtungen zu wählen. Neben den weit verbreiteten europäischen Therapieformen ist vor allem die auf einer eigenen Philosophie beruhende, ursprünglich aus China stammende, schriftlich fixierte *Kampo*-Medizin von Bedeutung. Die schriftliche Tradierung ist das wesentlichste Unterscheidungsmerkmal zur japanischen Volksmedizin (*Wayaku*), die von Generation zu Generation mündlich weitergegeben wurde. Die *Kampo*-Medizin, bei welcher Arzneipflanzen und andere aus der Natur abgeleitete Arzneistoffe eine große Rolle spielen, wurde vor circa 2000 Jahren in China begründet und in der Nara Periode (710–784 n. Chr.) nach Japan eingeführt. In der als *Koho*-Form bezeichneten älteren Form werden 175 verschiedene Heilmittel verwendet, die in den beiden wichtigsten, um 200 n. Chr. entstandenen Werken (*Shoukan Ron* und *Kinki Youryaku*) aufgeführt sind. Jede dieser Rezepturen besteht in der Regel aus drei bis acht Arzneidrogen und wird traditionell als Abkochung eingesetzt. Die aus späteren Epochen stammende Goshi-Form kennt eine größere Anzahl von Rezepturen und verwendet meist eine größere Anzahl von Pflanzen je Rezeptur. Heute werden diese Rezepturen vom japanischen Gesundheitsministerium evaluiert, wobei bis jetzt 210 als wirksam eingestuft wurden (nach Yazaki 1998).

Das Krankheitskonzept der Kampo-Medizin unterscheidet sich grundlegend von dem der modernen europäisch-nordamerikanisch-australischen Biomedizin. Die Auswahl der als geeignet eingestuften Medikamente erfolgt in Abhängigkeit von der gesamten physischen Konstitution des Patienten einschließlich der Symptomatik sowohl vor als auch nach Ausbruch der Krankheit. Hierbei werden subjektive Symptome oft als wichtiger eingestuft als biomedizinisch-objektivierte Parameter. So ist die Bestimmung des die Krankheit auslösenden Erregers oder die Benennung der Krankheit nicht unbedingt erforderlich. Ziel ist die Wiederherstellung des natürlichen Gleichgewichts. Das populäre Heilmittel Shô-Seiyû-Tô wird z. B. gegen Erkältungen verwendet, die mit Schniefen und Tränen verbunden sind. Es kann aber auch zur Behandlung einer Nephrose verwendet werden, sofern die Patienten ähnliche Symptome zeigen und die gleiche Konstitution besitzen. Neben der Phytotherapie spielen in der Kampo-Medizin außerdem Massagen, Akupunktur und Moxibustion eine große Rolle (nach Yazaki 1998).

Der große Vorteil beim Studium dieser in Japan tradierten Form der Therapie ist die schriftliche Überlieferung der Grundlagen eines auch heute noch praktizierten Medizinsystems. Dieses Beispiel zeigt nicht nur, wie Elemente aus anderen Kulturen in die eigene integriert werden, sondern auch, dass zwei Medizinsysteme in einem modernen Staat nebeneinander existieren können.

gerecht. Dies ist besonders problematisch, sofern durch die Untersuchungen der Eindruck eines rein empirischen Therapiesystems entsteht oder sofern – als anderes Extrem – der therapeutische Wert indigener Behandlungsmethoden aufgrund der „exotischen Rituale" rundweg verneint wird (ein Standpunkt, der in den letzten Jahren immer weniger Fürsprecher gefunden hat). Dass neben einer modernen Biomedizin traditionelle Formen der Therapie fortbestehen können, zeigt das Beispiel Japan. Die dortige Kampo-Medizin ist ein auf der Grundlage der traditionellen chinesischen Medizin ent-

Arzneipflanzen in Tansania

Das ostafrikanische Tansania gehört mit zu den ärmsten Ländern der Welt und besitzt im Vergleich zur Gesamtbevölkerung nach wie vor wenige Ärzte. Die autochthone Medizin wurde während der Kolonialzeit zwar unterdrückt, doch hatten schon die Kolonialmächte Deutschland und das Vereinigte Königreich ein großes Interesse an der Untersuchung der indigenen Heilpflanzen der Region. Verschiedene Monographien zum Thema sind bis zur Mitte diesen Jahrhunderts erschienen (z. B. Bally 1937, 1938). F. Haerdi veröffentlichte 1964 eine detaillierte Untersuchung der Arzneipflanzen des Distriktes Ulanga (Südtansania). Auch für ihn war es ein wesentlicher Antrieb, die traditionellen Kenntnisse zu dokumentieren, bevor die *„alten, überlieferten Stammestraditionen dieser Völker ...."* unrettbar zugrunde gehen (S. 3). Er konnte insgesamt 625 arzneilich genutzte Taxa dokumentieren. Außerdem führte er ein phytochemisches Screening aller Arten durch, um Hinweise auf die in diesen Arten vorkommenden Inhaltsstoffgruppen zu erhalten.

Danach wurden jahrzehntelang nur vereinzelte Untersuchungen durchgeführt. In den achtziger Jahren wuchs das Interesse an der Dokumentation und parasitologisch-pharmakologischen Evaluierung der in den indigenen Medizinsystemen Tansanias genutzten Arzneipflanzen (z. B. Hedberg und Hedberg 1982 und die darauffolgenden Artikel dieser Serie). Derartige Forschungen werden inzwischen auch von tansanischen Regierungsinstitutionen durchgeführt. Eine weitere auf ethnobotanischer Dokumentation aufbauende Untersuchung der Antimalaria-Wirkung von 43 Pflanzen (bzw. 58 Arzneidrogen) belegt, dass viele der eingesetzten Pflanzen pharmakologisch aktiv sind. Zugleich sind viele dieser Pflanzen zytotoxisch oder aber nur schwach wirksam. In vielen Fällen konnte nur eine in vitro Wirkung aber keine deutliche Wirkung in den verwendeten Tiermodellen gezeigt werden (Gessler et al. 1994, Gessler 1995). Von vielen Stoffgruppen ist inzwischen bekannt, dass sie Antimalaria-Wirkung besitzen, jedoch konnten nur in wenigen Fällen neue Therapeutika entwickelt werden (Beha 1999). Außerdem wurden in den letzten Jahren phytochemische Arbeiten über tansanische Taxa, die insbesondere auch in Dar-es-Salaam durchgeführt werden (Prof. Nkunya und MitarbeiterInnen), intensiviert.

Während 15 Monaten Feldforschung 1997/1998 wurden von C. Schlage Heiler und Heilkundige der Usambara Berge Nordtansanias zu den von ihnen genutzten Pflanzen befragt. Insgesamt wurden 2 270 einzelne Nutzungsberichte erhalten (Schlage et al. 2000). Auch hier ist es das Ziel, besonders geeignete und lokal einsetzbare Phytotherapeutika aus den in der indigenen Medizin verwendeten Heilpflanzen zu entwickeln.

In den letzten Jahren hat sich zwar unser Kenntnisstand über die Nutzung, die Inhaltsstoffe und Wirkungen tansanischer Arzneipflanzen sehr verbessert, doch ist auch hier die Umsetzung der Ergebnisse in Projekte, die die lokale Gesundheitsversorgung verbessern, bis jetzt noch kaum erfolgt.

wickeltes Medizinsystem wie in Fallbeispiel 4.1 beschrieben.

Fallbeispiel 4.2 berichtet über die ethnobotanische Untersuchung von Arzneipflanzen in Tansania (siehe Abb. 4.2).

Wesentliche Grundlage des Studiums der indigenen Pflanzennutzung ist ein detailliertes Verständnis der indigenen Terminologie für (Arznei-)Pflanzen und deren Klassifikation (siehe auch Fallbeispiel 2.6). Oft sind

Indigene Phytotherapie der Warao (Venezuela)

Zahlreiche anthropologische und ethnologische Studien befassen sich mit dieser Gruppe im Orinokodelta Venezuelas. Werner Wilbert veröffentlichte 1996 den ersten detaillierten Überblick über die Nutzung von Arzneipflanzen durch diese Ethnie. Etwa 260 Heilmittel, die circa 100 unterschiedliche Arzneipflanzen beinhalten, sind den Warao bekannt. Auch hier sind Pflanzen zur Behandlung der in den armen Zonen der Tropen und Subtropen häufigen Erkrankungen besonders wichtig: Malaria, gastrointestinale Erkrankungen (insbes. Diarrhöe und Darmparasiten), Erkrankungen der Atemwege, gynäkologische Probleme und Hautkrankheiten (einschließlich Wunden, Bissen und Stichen von Gifttieren). Auch bei dieser Ethnie ist es wichtig, zwischen Krankheiten, die insbesondere mit rituellen Methoden therapiert werden und solchen bei welchen empirische Arzneimittel (meist Pflanzen) eingesetzt werden, zu unterscheiden. Die letzte Gruppe wird von W. Wilbert als Phytotherapie der Warao bezeichnet. Dies bedeutet nicht, dass – nach Ansicht der Warao – bei Krankheiten religiös-metaphysische Ursachen keine Rolle spielen. Vielmehr ist die Phytotherapie eine empirische Tradition, die von einem Experten, der jedoch nicht den Kontakt zu übernatürlichen Kräften besitzen muss (d. h. einem Schamanen), angewendet werden kann.

Sehr detailliert wird die Auswahl, Zubereitung und Applikation der pflanzlichen Heilmittel beschrieben. In 29 % aller Zubereitungen werden Blattdrogen als Arzneimittel eingesetzt (oft allerdings in Kombination mit anderen Drogen, z. T. auch derselben Pflanze) (1996). Je nach Medikament kann die Zubereitung in bis zu sieben Schritten erfolgen. Die Arbeit von W. Wilbert ist eine der wenigen, in welcher nicht nur Informationen zur Pflanzennutzung aufgeführt sind, sondern in der auch detailliert die Zubereitungsweisen der Arzneimittel beschrieben wird. Beispielsweise wird *Peperomia pellucida* (L.) Kunth, eine Verwandte des Pfeffers, zur Behandlung von entzündlichen Lebererkrankungen eingesetzt. Die Blätter und der (sehr wasserreiche) Stängel werden zerschnitten, und sie werden in einem Gefäß mit Wasser aus dem Fluss zerkleinert, bis dieses eine grüne Farbe annimmt. Danach lässt man das Ganze circa 20 min stehen. Einige Heiler ziehen es vor, eine Abkochung herzustellen (Wilbert 1996, 2000).

Ein Risiko derartiger detaillierter Beschreibungen könnte sein, dass „ethnobotanische Piraten" dieses Wissen missbrauchen und für eigene ökonomische Interessen nutzen, ohne die ursprünglichen „Erfinder" dieser Therapie zu beteiligen.

---

innerhalb einer Sprache schon die Benennungen der medizinisch verwendeten Taxa unterschiedlich. Diese Schwierigkeit wurde schon von dem US-amerikanischen Anthropologen Edward Sapir im Jahre 1938 angesprochen: Während der Anthropologe (oder in unserem Fall der Ethnobiologe) dazu ausgebildet wurde, „eine Kultur zu untersuchen findet er eine begrenzte und *trotzdem unendliche Anzahl von Menschen, die sich selbst das Privileg geben, sich voneinander zu unterschei-* *den*" (1938: 7, Übersetzung und Hervorhebung durch M. H.). Gleiches könnte auch über Ethnobotanik und Ethnopharmakologie gesagt werden. Einige Mitglieder einer Kultur haben ein großes Interesse an Arzneipflanzen (oder indigener Medizin), andere nicht; einige kennen eine große Anzahl von Pflanzen, andere wiederum nicht; einige Namen von Pflanzen stimmen bei einem Großteil von Informanten überein, bei anderen ist dies nicht der Fall; bei einigen Pflanzen wird eine übereinstimmende Nutzung (z. B. für bestimmte Krankheiten) beschrieben, bei anderen nicht. Die wesentliche Aufgabe ethnobotanischer Forschungen ist es, diese Vielfalt innerhalb einer Kultur zu verstehen und mit geeigneten Methoden zu analysieren. Fallbeispiel 4.3 beschreibt die indigene Phytotherapie der Warao (Venezuela).

Weiterführende Spezialliteratur

Wesentliche Veröffentlichungen zu diesem Thema finden sich z. B. in wissenschaftlichen Periodika wie

- Journal of Ethnopharmacology (International Society for Ethnopharmacology/Elsevier, Ireland)
- Economic Botany (Society for Economic Botany, USA/Allen Press, USA)
- Journal of Ethnobiology (Society for Ethnobiology, USA)
- Angewandte Botanik/Journal of Applied Botany (Gesellschaft für Angewandte Botanik/Blackwell Publishers, Deutschland)
- Fitoterapia (Indena S.A., Italien/Elsevier, Ireland).

4.3.2 Botanische Methodik

Es mag trivial erscheinen, aber entscheidend ist insbesondere eine genaue botanische Dokumentation der verwendeten Arzneidrogen. Der sogenannte „Cachani-Komplex" verdeutlicht dieses Problem (Linares und Bye 1987). Auf mexikanischen Märkten unter dem Name „Cachani" verkauftes Drogenmaterial ist botanisch mindestens vier Arten aus der Familie der Asteraceae oder Korbblütler (*Iostephane madrensis* (S. Watson) Strother, *Liatris punctata Hook*, *Psacalium* sp. und *Roldana sessilifolia* (Hook. and Arn.) H. Robins + Brett und einer Art aus der Familie der Rosaceae (*Potentilla* spp.) zuzuordnen. Alle vier Arten zeichnen sich durch angeschwollene unterirdische Pflanzenorgane aus. Die Droge „Cachani" wird insbesondere verkauft, da sie „gut dafür sei, eine

Familie zu haben" („para tener una familia") und gegen Unterkühlung des Uterus („para el enfriamento de la matriz"). Auch gegen Hämorrhoiden und, um den Körper gegen Erkältungen zu schützen, wird dieser Drogenkomplex eingesetzt. Zum Teil dürfte die Sympathie-Lehre ein Rolle bei der Verwendung dieser Droge zur Steigerung der Fertilität besitzen, aber auch das System der Klassifikation nach den binären Charakteristika „heiß" und „kalt" wird zur Erklärung herangezogen. All diese ethnomedizinischen Einzelheiten sind aber nur im Kontext der botanischen Zuordnung der verwendeten Taxa sinnvoll diskutierbar (Linares und Bye 1987).

4.3.3 Arzneipflanzen in europäischen Kulturen

Europäische Kräuterkunde

Viele der Untersuchungen befassen sich mit außereuropäischen Medizinsystemen, doch spielen Arzneipflanzen auch noch in vielen europäischen Staaten in der populären Medizin eine Rolle. Dies gilt insbesondere für die Staaten des Mittelmeerraumes und für Osteuropa. Diese oft als „Kräuterkunde" bezeichneten Traditionen haben sich aus griechisch-römischen, arabischen und lokalen Traditionen entwickelt. Oft sind diese Traditionen in Lehrbüchern der Pharmakognosie oder in Nachschlagewerken zusammengefasst (z. B. Font Quer 1995, Marzell 1996, (orig. 1938), Schneider 1974, Tschirsch 1910, Bächtold-Stäubli und Hoffmann-Krayer 1927–1942) und stellen heute somit eine vor allem schriftlich tradierte Information dar. Zum Beispiel in Spanien gibt es allerdings nach wie vor durch mündliche Überlieferungen tradierte Formen des Arzneipflanzenwissens. Nach Rivera N. und Obon de C. (1996) waren die des Schreibens und Lesens nicht kundigen Bauern und Schäfer bis vor wenigen Jahrzehnten wesentliche Träger dieses Wissens. Ein intensiver Informationsaustausch über (Arznei-)Pflanzen fand u. a. während der Weizen- und Olivenernte, sowie der Weinlese statt. Diese Aktivitäten ermöglichten Kontakte zwischen Personen verschiedener Regionen und den unterschiedlichen Generationen. Wesentlich war auch der stetige Austausch zwischen der an Hochschulen gelehrten Schulmedizin und -pharmazie und den populären Traditionen. In zahlreichen ethnobotanischen Studien seit den achtziger Jahren wurde dieses Wissen dokumentiert (für einen Überblick siehe Rivera N. und Obon de C. 1996). Besonders oft genannt waren hierbei Vertreter der Lamiaceae (Lippenblütler), Asteraceae (Korbblütler), Rosaceae (Rosengewächse), Fabaceae (Bohnengewächse) und Apiaceae (Doldengewächse).

Bedeutung endemischer Arten

Außerdem sind in vielen Regionen endemische Taxa von Bedeutung. Diese stellen lokal tradierte und natürlich nur in diesen Gebieten verfügbare Ressourcen dar. Einzelne dieser Arten besitzen oft einen großen kulturellen Stellenwert. Andererseits sind in vielen Kulturen Elemente fremder Floren wesentlicher Bestandteil der lokalen Phytotherapie geworden. Im Fall der Inselgruppe der Madeiren 500 km nordwestlich von Afrika, konnte gezeigt werden, dass von den 259 arzneilich verwendeten Arten

- 15 % (39) endemisch in der Region sind
- 58 % (151) mitteleuropäische oder mediterrane Taxa sind
- 27 % (69) aus „überseeischen" (meist tropischen) Gebieten eingeführte Taxa sind (Rivera und Obon 1995).

Der kulturelle Austausch insbesondere mit Europa und der Neuen Welt hat die Vielfalt der verfügbaren Arzneipflanzen stark vergrößert. Zu den aus europäisch-mediterranen Traditionen stammenden Arten gehört z. B. *Daucus carota* L. (Möhre), *Hypericum perforatum* L. (Johanniskraut), *Ruta chalapensis* L. (Raute) und *Salvia officinalis* L. (Salbei). Beispiele für Arzneipflanzen aus der Neuen Welt sind *Brugmansia suaveolens* (Kunth ex Willd.) Bercht. et Presl. (Engels-

trompete), *Passiflora edulis* Sims (Passionsblume), und *Psidium* spp. (Guaven). Viele der Verwendungen zeigen Parallelen zu den Herkunftsregionen auf, jedoch sind auch neuartige Nutzungen dokumentiert worden.

Warum ist eine Pflanze eine Arzneipflanze?

Die meisten der ethnobotanischen Arbeiten sind stark empirisch orientiert und zielen vor allem auf die Dokumentation des indigenen Pflanzenwissens ab. Andere Ansätze versuchen, ein besseres Verständnis der Gründe für die Nutzung bestimmter Arzneipflanzen in einer Kultur zu erforschen. Wesentliche Beiträge hierzu stammen insbesondere von T. Johns (z. B. 1990), N. Etkin (1994), B. und E. A. Berlin (1996), D. Moerman (z. B.

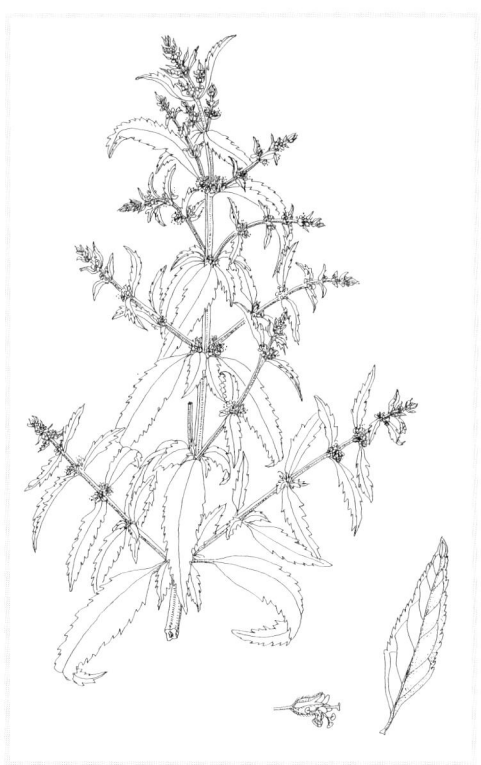

Abb. 4.3: Hyptis verticillata, eine bedeutsame Arzneipflanze der Tieflandmixe (Zeichnung U. Sütterle, Freiburg).

Arzneipflanzen der Tieflandmixe (Mexiko)

Die Tieflandmixe im feucht-heißen Tiefland des mexikanischen Bundesstaates Oaxacas nutzen auch heute noch eine Vielzahl von Arzneipflanzen. Die Mixe sind eine bäuerliche Kultur, deren Lebensgrundlage der Anbau von Mais und anderen Feldfrüchten, sowie von verschiedenen Zitrusfrüchten bzw. (bis Anfang der neunziger Jahre) Kaffee für den Verkauf ist. Die Mixe dieser Region sind vor allem für die Verwendung des vorspanischen rituellen Kalenders bekannt geworden, der auch heute noch bei der Aussaat, dem Neubau eines Hauses und anderen wichtigen Aktivitäten eingesetzt wird, um den geeigneten Termin für die Durchführung von präventiven Ritualen festzulegen.

In der Medizin spielen Riten eine große Rolle. Arzneipflanzen sind jedoch ein wesentlicher Teil der von den Heilern verordneten Therapie und werden als Hausmittel zur Behandlung von als nichtschwerwiegend angesehenen Erkrankungen eingesetzt. Am häufigsten werden Arzneipflanzen zur Behandlung von Erkrankungen der Haut und von gastrointestinalen Problemen ein-

gesetzt (Heinrich 1989). Eine der bedeutendsten Arzneipflanzen zur Behandlung von Durchfall sind die Früchte von *Guazuma ulmifolia* Lam. (Sterculiaceae, Mixe: Ëëk, Spanisch: Caulote), die als Tee eingesetzt werden. Auch die Rinde verschiedener Eichenarten (insbesondere *Quercus perseafolia* Liebm.) wird verwendet. Hierbei ist interessant, dass die verschiedenen Eichenarten unter anderem anhand der Farbe der Rinde unterschieden werden. Die dunkleren und vermutlich gerbstoffreicheren gelten als therapeutisch wirksamer als die helleren Arten (z. B. *Quercus sapotifolia* Liebm.).

Für die Mixe sind der Geschmack und Geruch einer Droge ein wichtiges Kriterium ob eine Pflanze arzneilich verwendet werden kann und für welche Zwecke diese eingesetzt werden können. Adstringierende (tiits) Arten gelten als besonders geeignet zu Behandlung von Durchfall (s. o.), ein Konzept, welches auch in der europäischen Phytotherapie bedeutsam ist. Andererseits gelten bittere Drogen (ta'am, z. B. *Artemisia ludoviciana* ssp. *mexicana*) als beson-

1997), Brett und Heinrich (1998). Die Kernfrage hierfür ist, warum ist eine Pflanze (k)eine Arzneipflanze, d. h. es wird untersucht welche Gründe es für die Auswahl von Arzneipflanzen gibt. Die Arbeit von D. Moerman setzt sich zum Ziel, die Vielfalt der durch die indigenen Kulturen Nordamerikas genutzten Pflanzen zu erfassen und diese Daten als empirische Grundlage für ein besseres Verstehen der interkulturell gültigen Gründe für die Verwendung bestimmter Taxa als Arzneipflanze einzusetzen (s. Kap. 1). Theoretische Vorgabe ist, dass ein besseres Verständnis der Gründe für die Arzneipflanzennutzung durch eine detaillierte

Analyse der in den publizierten Quellen verfügbaren ethnobotanischen Einzelinformationen möglich ist. Hierzu legte er eine Datenbank mit allen Nutzungen aller in ethnobotanischen Quellen über nordamerikanische Indianer dokumentierte Pflanzenarten und ihre Nutzungen an (Moerman 1998, http://www.umd.umich.edu/cgi-bin/herb). So konnte er zeigen, dass ein besonders großer Anteil der Vertreter aus den Familien der Asteraceae (Korbblütler), Rosaceae (Rosengewächse) und Lamiaceae (Lippenblütler) als Arznei verwendet wird. Dagegen werden prozentual relativ wenige Vertreter der Poaceae (Süssgräser) und Juncaceae (Bin-

Lignane
R = CH₃   Podophyllotoxin
R = H   4'-Demethylpodophyllotoxin

Sideritoflavon

Rosmarinsäure

ders nützlich zur Behandlung von Magenschmerzen (Heinrich 1998).

In verschiedenen phytochemisch-pharmakologischen Studien konnten biologisch wirksame Inhaltsstoffe aus einigen dieser Drogen isoliert werden. Im Falle von *Hyptis verticillata* Jacq. (Lamiaceae) – einer von den Mixe bei entzündlichen Hautkrankheiten eingesetzten Pflanze – konnten Kuhnt et al. (1995) zeigen, dass sowohl antibakteriell wie auch antientzündlich wirkende Inhaltsstoffe in dieser Droge vorkommen. Die antibakterielle (und cytotoxische) Wirkung ist insbesondere auf Lignane und die antientzündliche auf Rosmarinsäure und das Flavon Sideritoflavon zurückzuführen.

sengewächse) eingesetzt. Unter anderem belegt dies, dass Arzneipflanzen von den indigenen Kulturen (in diesem Fall Nordamerikas) nicht willkürlich, sondern gezielt ausgewählt werden. Die Indianer Nordamerikas verwenden einen größeren Anteil aus der Gruppe der mehrjährigen Pflanzen. Sechzehn Prozent aller Arten dieser Gruppe werden von mindestens einer der Ethnien verwendet, während nur 8,7 % aller einjährigen Pflanzen eingesetzt werden. Auch konnte er zeigen, dass die holzigen Wuchsformen mit größerer Wahrscheinlichkeit arzneilich genutzt werden (im Vergleich zu krautigen). Weit verbreitete und häufige Arten werden mit größerer Wahrscheinlichkeit als regional endemische und seltene Arten genannt.

Neben diesen Kriterien sind auch die morphologische Auffälligkeit und der Geschmack und/oder Geruch wesentliche Kriterien, die es wahrscheinlich machen, dass ein Taxon arzneilich verwendet wird (Moerman 1996, 1997). Welche phytochemischen Ursachen diese Präferenzen haben, bleibt das Thema weitergehender Forschungen (Ankli et al. 1999). Diese Arbeiten zeigen vor allem, dass es notwendig ist, auch die Gründe für die Nutzung einzelner Arzneipflanzen in einer Kultur detailliert zu erforschen (Brett und Heinrich 1998; siehe Fallbeispiel 4.4).

4.4 Quantitative Methoden zur Beurteilung der Bedeutung von Arzneipflanzen

Interkultureller Vergleich

In der Regel sind die Berichte aus den unterschiedlichen indigenen Medizinsystemen mit unterschiedlichen Methoden durchgeführt, sodass ein direkter Vergleich der Ergebnisse kaum möglich ist. Ein Vergleich der soziokulturellen Bedeutung von Arzneipflanzen ist nur selten möglich. Meist können bestenfalls auf der Grundlage der auf Herbarbelegen dokumentierten Informationen Angaben über die Nutzung eines Taxons in verschiedenen Regionen erhalten werden. Studien, die mit einer ähnlichen Methodik in unterschiedlichen Regionen durchgeführt werden, sind daher von besonderem Interesse in der Ethnobotanik. Eine einfache Möglichkeit ist es die Anzahl der dokumentierten Nutzungsberichte zu erfassen und quantitativ auszuwerten.

Die Nutzungen können von Ethnie zu Ethnie sehr stark variieren (siehe Moerman 1998 und das Fallbeispiel 7.3 Taxol). Umso interessanter sind Fälle in welchen über große Regionen hinweg ähnliche Formen der Verwendung dokumentiert werden konnten.

Vergleich der Arzneipflanzennutzung von sechs indigenen Gruppen Mexikos

In insgesamt fünf voneinander unabhängigen Studien wurden die von sechs Indianergruppen Mexikos genutzten Arzneipflanzen dokumentiert (siehe Tab. 4.3). Diese sechs Gruppen sind die Maya (Yucatán), Mixe und Zapoteken (Oaxaca), Nahua (Veracruz) und Tzeltal/Tzotzil (Chiapas). Drei der Studien bedienen sich einer sehr ähnlichen Methodik (Weimann und Heinrich 1997, Frei et al. 1998, Ankli et al. 1999), während die Studien bei den Mixe (Heinrich 1989) und bei

Tab. 4.3: Wichtigste Taxa zur Behandlung gastrointestinaler Erkrankungen bei den Maya, Nahua und Zapoteken, sowie vergleichende Daten zu Tzeltal/Tzotzil und Mixe (Heinrich et al. 1998). (Erläuterungen im Text).

	Maya	Nahua	Zapoteken	Tzeltal/ Tzotzil	Mixe
Gleichartige Verwendungsberichte über die Art bei **fünf** Ethnien					
Chenopodium ambrosioides	10	6	10	+	+
Psidium guajava	10	7	10	+	+
Gleichartige Verwendungsberichte über die Art bei **vier** Ethnien					
Artemisia ludoviciana ssp. mexicana	9	7	7	−	+
Ruta chalepensis	9	10	10	−	+
Gleichartige Verwendungsberichte über die Art bei **drei** Ethnien					
Byrsonima crassifolia			6	+	+
Cissampelos pareira	9			+	+
Lippia alba	9	9			+
Psidium salutare			8	(+)	(+)
Psidium x hypoglaucum	6			(+)	(+)

den Tzeltal/Tzotzil (Berlin und Berlin 1996) ebenfalls eine Quantifizierung der Daten vornehmen, aber methodisch anders durchgeführt wurden. Während in den drei zuerst genannten Studien mit Heilerinnen und Heilern in einem oder wenigen Orten zusammengearbeitet wurde, arbeiteten Berlin und Berlin (1996) nicht mit Spezialisten, sondern mit Informanten aus der Gesamtbevölkerung im gesamten Hochland von Chiapas. Bis auf die benachbarten Tzeltal/Tzotzil bzw. die Mixe/Zapoteken ist ein direkter Kontakt zwischen den Gruppen kaum möglich. Als Beispiel sind die gastrointestinalen Erkrankungen dargestellt. Die Zahlen unter den jeweiligen Namen der Ethnien geben die Anzahl der Verwendungsberichte an, die in den jeweiligen Regionen zur Verwendung dieser Art für diese Indikationsgruppe dokumentiert wurden. Einige Arten werden bei mehreren der Ethnien insbesondere bei Durchfallerkrankungen eingesetzt, z. B. *Psidium guayava* und andere *Psidium*-Arten. *Byrsonima crassifolia* und andere werden vor allem bei Magen- und Bauchkrämpfen eingesetzt (z. B. *Lippia alba*). *Chenopodium ambrosioides* (*Teloxys ambrosioides*) wird bei Wurminfektionen verwendet. Über die Gründe für diese Parallelität in der Verwendung kann nur spekuliert werden. Grundsätzlich sind drei Möglichkeiten denkbar:

- Zufällige Übereinstimmung der Nutzung
Alle genannten Kulturen besitzen ähnliche Kriterien für die Auswahl von Pflanzen zur Behandlung einer bestimmten Krankheit, sodass sie aufgrund dieser Kriterien die gleichen Pflanzen oder zumindest Pflanzen mit ähnlichen Eigenschaften auswählen
- Die Information über die Nutzung dieser Pflanzen ist über den Umweg anderer Kulturen (in diesem Fall vermutlich der mexikanischen Mestizo-Kultur) zwischen den indigenen Kulturen ausgetauscht worden oder sie ist bereits seit vorspanischer Zeit für diese Verwendungen bekannt.

Die erste der drei genannten Alternativen ist äußerst unwahrscheinlich, jedoch kann noch nicht entschieden werden, welche Bedeutung die beiden anderen möglichen Kriterien besitzen. In jedem Fall zeigt diese Parallelität der Nutzung aber, dass – nach den Vorstellungen der jeweiligen Indianergruppen – die Pflanzen die erwarteten pharmakologischen Wirkungen haben und diese Therapieformen offensichtlich tradiert (d. h. in der Kultur weitergegeben) werden. Dies kann ein sehr guter Hinweis auf das pharmakologisch-klinische Potenzial der genannten Arten und damit eine Grundlage für weitergehende Forschungen sein.

4.5 Biologisch-pharmakologische Wirkungen und klinische Wirksamkeit indigener Arzneipflanzen

Beurteilung der indigenen Anwendungen

Die indigene und populäre Nutzung ist eine von staatlicher Seite oft wenig kontrollierte Form der Therapie und ein wesentlicher Bestandteil der Soziokultur. Die Bewahrung dieser „Traditionen" ist das Anliegen vieler Ethnologen/Anthropologen und Nicht-Regierungs-Organisationen (NGOs). Zugleich stellen sich aber naturwissenschaftliche Fragen zur Sicherheit und Wirksamkeit der einzelnen Therapieformen. Berühmte Beispiele für gefährliche Behandlungen sind aus allen Kulturen bekannt. So werden unter den Chicanos der USA und in vielen Regionen Mexikos Bleioxide zur Therapie verschiedener gastrointestinaler Erkrankungen eingesetzt. Diese Verbindungen wirken u. a. abführend, führen aber primär zu einer massiven Bleivergiftung! Auch der Einsatz von pyrrolizidinalkaloid-reichen Arzneidrogen oder von Aristolochiasäure-haltigen Vertretern der Schlangenwurzgewächse (Aristolochiaceae) bekannte Beispiele (Trotter 1981, Baer und Ackermann 1988).

Kernfrage in diesem Bereich ist: „Welche Informationen sind zur Beurteilung der indigenen Anwendungen einer Arzneipflanze notwendig und wichtig?" Neben Angaben über die Pflanze oder den entsprechenden Pflanzenteil, die hierin vorkommenden Inhaltsstoffe und deren mengenmäßigen Anteil sind auch Angaben über die biologisch-pharmakologischen Wirkungen der Hauptinhaltsstoffe, deren toxikologisches Potenzial (siehe Fallbeispiel 4.5) und deren Pharmakokinetik von großer Bedeutung. Insbesondere über die Pharmakokinetik, d. h. über die Aufnahme eines Medikaments in den Körper, seine Verteilung im Körper, seine Ausscheidung und seine Bioverfügbarkeit, sind praktisch keinerlei Daten verfügbar. Bei in Europa zugelassenen Arzneimitteln ist dies eine Voraussetzung, um diese Zulassung zu erhalten. Auch hat die Art der Zubereitung selbstverständlich einen wesentlichen Einfluss auf die Zusammenstzung der Wirkstoffe des Extraktes. Die in indigenen und populären Medizinsystemen oft eingesetzten „Tees" sind vielfach relativ arm an wirksamen Inhaltsstoffen (z. B. Komponenten des ätherischen Öls). Jedoch sind alternative Herstellungsverfahren oft recht aufwändig. Eine Kontrolle der Qualität von pflanzlichen Arzneimitteln (z. B. auch in Bezug auf den Mindestgehalt an wirksamen Inhaltsstoffen) wird nur in wenigen Staaten gesetzlich gefordert und durchgeführt.

Weiterhin wären im Idealfall klinische Studien zur Wirksamkeit von Arzneipflanzen, d. h. der Vergleich eines nicht näher bekannten Arzneimittels mit einem etablierten Arzneistoff oder mit einem Placebo zu erwarten. Diese sind jedoch praktisch nicht verfügbar und werden aus Kostengründen kaum durchgeführt werden. Auch im Falle vieler in Europa eingesetzter (und zugelassener) Arzneidrogen sind derartige Daten nicht verfügbar.

Als Gegenargument wird hierbei oft angegeben, dass die mitunter jahrhundertelange Verwendung eines Arzneimittels bereits ein ausreichender Beleg für die Wirksamkeit sei. Während dies aber ein sehr wesentliches Argument in der Beurteilung einer Arzneidroge sein kann, ist der lange Gebrauch leider nicht ausreichend um die Wirksamkeit einer Droge zu belegen. Oft sind die historisch belegten Verwendungen von den heutigen sehr verschieden (siehe Fallbeispiel 4.6 Iztauyatl) oder aber es bleibt unklar, was mit den in den Quellen angegebenen Nutzungen gemeint ist.

Arzneipflanzen in der Basisgesundheitsversorgung

Es soll hier nicht die unerfüllbare Forderung nach klinischen Studien der in indigenen Medizinsystemen eingesetzten Arzneipflanzen gestellt werden. Vielmehr zeigt diese Diskussion, dass politisch und wissenschaftlich sinnvolle Ziele in Bezug auf außereuropäische Arzneipflanzen zu definieren sind. Ein solcher Ansatz wird z. B. im Rahmen einer Zusammenarbeit verschiedener karibischer und zentralamerikanischer Staaten angestrebt. Dieses sogenannte Proyecto TRAMIL ist eine Zusammenarbeit von Institutionen dieser Staaten mit dem Ziel, grundlegende Daten über die populäre (und indigene) Nutzung von Arzneipflanzen, deren Inhaltsstoffe und Wirkungen zu erarbeiten (Robineau und Soejarto 1996). Anschließend werden die Pflanzen in drei Gruppen unterteilt:

- Kein größeres toxikologisches Risiko und somit auch in Basisgesundheitsprojekten einsetzbar
- Toxikologisch bedenklich, von einer Verwendung wird abgeraten
- Noch unzureichend erforscht.

Zumindet in den bis jetzt verfügbaren Veröffentlichungen dieses Projektes wird somit

FALLBEISPIEL 4.5

„Samtblatt" (*Cissampelos* spp.)

Cissampelos-Arten (Menispermaceae) gehören mit zu den wichtigsten Arzneipflanzen in vielen Kulturen. Nach Neuwinger (1996) wird die Art *C. mucronata* A. Rich vor allem als Diuretikum, Analgetikum und als Arzneimittel gegen gastrointestinale Probleme, Geschlechtskrankheiten und Würmer eingesetzt. Eine andere weit verbreitete Art ist *C. pareira* L., die für eine Vielfalt von Erkrankungen eingesetzt wird. Die große morphologische Variationsbreite innerhalb der Gattung erschwert eine Abgrenzung der Arten. Neben diesen taxonomisch-systematischen Problemen sind Fragen im Zusammenhang mit dem variablen Inhaltsstoffmuster von Bedeutung. Verschiedene Alkaloide, insbesondere vom Bisbenzylisochinolintyp (z. B. (–)-1-Berberin) aber auch Protoberberinalkaloide (z. B. Cyclanolinchlorid) sind in der Gattung verbreitet.

Zahlreiche Informationen zu biologisch-pharmakologischen Wirkungen verschiedener *Cissampelos* Arten sind verfügbar (für einen Überblick siehe Neuwinger 1998), z. B.:

– Der Rohextrakt ist zytotoxisch.
– Verschiedene alkaloidreiche Fraktionen dieser Medizinalpflanze wurden in Bezug auf ihre akute Toxizität getestet und erwiesen sich als ausgesprochen toxisch. Bei Katzen starben nach i. v. Applikation von Cyclanolinchlorid bereits bei 5 mg/kg die Hälfte der Versuchstiere (= LD_{50}).

Diverse pharmakologische Wirkungen, die teilweise auch mit den indigenen Verwendungen zusammenhängen, wurden untersucht. So erwies sich der Extrakt als in vitro wirksam gegen *Plasmodium falciparum*, einem Malariaerreger beim Menschen und als in vivo wirksam in einem Mausmodell mit *P. berghei*. Weiterhin wurden curareartige, analgetische und entzündungswidrige Wirkungen verschiedener Alkaloide untersucht.

Trotz der beobachteten Wirkungen ist eine direkte Weiterentwicklung zu einem in der Biomedizin einsetzbaren Therapeutikum allein schon aufgrund der enormen Toxizität nicht möglich und sinnvoll. Unklar bleibt nach dem derzeitigen Kenntnisstand, welches toxikologische Risiko die Nutzung dieser Droge in indigenen Medizinsystemen mit sich bringt. Zwar werden hierbei die Drogen meist oral appliziert und dies erniedrigt das toxikologische Risiko, doch hierzu wären weitergehende Studien notwendig. Viele der in den indigenen Medizinsystemen angegebenen therapeutischen Wirkungen dürften in Wirklichkeit auf die beobachteten zytotoxischen Effekte zurückzuführen sein, die gleichzeitig ein wesentlicher Grund für die beobachtete akute Toxizität sind.

(–)-1-Berberin

Iztauyatl (*Artemisia ludoviciana* ssp. *mexicana*)

Artemisia ludoviciana Nutt. ssp. *mexicana* Nutt. ist eine seit Jahrhunderten verwendete mesoamerikanische Arzneipflanze und ist als *Iztauyatl* (Nahuatl) oder *Estafiate* (mexikanisches Spanisch) bekannt. Eine als *Iztauyatl* bezeichnete Pflanze wurde mehrfach im Codex Cruz Badiano (1552) erwähnt. Da jedoch keine Zeichnung der Pflanze beigefügt ist, ist keine sichere botanische Identifizierung möglich. Nach dieser Quelle variieren die Nutzungen von Iztauyatl stark: Schwäche der Hände, schmerzende Füße, gegen Läuse und zur Behandlung der Folgen eines Blitzes (siehe auch Codex Florentino ca. 1570). Juan de Esteyneffer (1664–1716) berichtet insbesondere über die Verwendung als Stomachikum, als Antihelmintikum und bei anderen gastrointestinalen Problemen. Die Nutzung der stark bitter schmeckenden oberirdischen Teile der Pflanze bei gastrointestinalen Problemen ist auch im heutigen Mexiko und in den angrenzenden Staaten weit verbreitet (Heinrich 2001, Heinrich et al. 1998). Die neueren Nutzungen weisen Parallelen mit den europäischen Nutzungen von *Artemisia absinthium* L. auf. Ob die Mexikaner Nutzungen aus Europa übernommen haben oder ob dies unabhängige Entwicklungen sind, kann nach dem derzeitigen Kenntnisstand nicht entschieden werden.

Seit den sechziger Jahren dieses Jahrhunderts wurden detailliertere phytochemische Untersuchungen durchgeführt. Zahlreiche Sesquiterpenlactone und einzelne Flavonoide sind isoliert worden. Die oberirdischen Teile enthalten größere Mengen ätherischen Öls, jedoch wurde diese Unterart noch nicht detailliert untersucht. Bei einer nicht genau spezifizierten Unterart von *A. ludoviciana* wurde unter anderem über das Vorkommen von Kampher, Borneol, und Vanillinalkohol berichtet.

Biologisch-pharmakologische Studien über diese Art wurden bisher kaum durchgeführt. Lediglich Hinweise auf antientzündliche, antibakterielle, fungizide, antiamoebische und (auf der Grundlage von Arbeiten aus dem späten 19. Jahrhundert) antihelmintische Wirkungen des Rohextraktes sind verfügbar. Weder detaillierte Untersuchungen über die biologisch-pharmakologischen Wirkungen der Reinstoffe noch klinische Studien zur Wirksamkeit wurden bis jetzt veröffentlicht (Heinrich 2001).

Obwohl die Art eine der populärmedizinisch wichtigsten Arten in Mexiko ist, ist eine Beurteilung der pharmakologischen Wirkungen dieser indigenen Arzneipflanze heute nur in sehr begrenztem Umfang möglich. Vermutlich sind die bitteren Sesquiterpenlactone und das ätherische Öl für die appetitanregende Wirkung verantwortlich. Für die zuerst genannte Gruppe von Verbindungen sind auch zytotoxische und antientzündliche Wirkungen belegt. Wie bei vielen anderen in indigenen Medizinsystemen genutzten Pflanzen ist unser Wissen sehr begrenzt und es wären weitergehende Studien zur pharmakologischen Wirkung und zur klinischen Wirksamkeit sehr wünschenswert.

nicht der Versuch gemacht, die pharmakologischen Wirkungen und die Wirksamkeit als Entscheidungskriterium zu nutzen. Auch eine analytische Standardisierung der Drogen wird noch nicht durchgeführt, ist aber ebenfalls ein langfristiges Ziel.

Weiterführende Spezialliteratur

Vielfältige Daten zur pharmakologischen Wirkung von außereuropäischen Arzneipflanzen wurden in den letzten Jahren veröffentlicht. Wesentliche Arbeiten finden sich insbesondere in wissenschaftlichen Zeitschriften wie z. B.

- Journal of Ethnopharmacology (International Society for Ethnopharmacology Elsevier, Ireland)
- Phytotherapy Research (Blackwell, UK)
- Planta medica (Gesellschaft für Arzneipflanzenforschung/Thieme, Deutschland
- Journal of Pharmaceutical Biology (Swets, früher „International Journal of Pharmacognosy")
- Fitoterapia (Indena S.A., Italien/Elsevier, Ireland).

Viele dieser Daten sind über international leicht zugängliche (aber häufig teure) Datenbanken erfassbar. Zu den wesentlichsten Datenbanken gehört NAPRalert (Natural Product Alert), welches an der University of Chicago betreut wird, sowie die umfassenderen Datenbanken Biological Abstracts, Medline und Excerpta medica. NAPRalert bietet umfassende Informationen zur indigenen und populären Nutzung, zu Inhaltsstoffen und biologisch-pharmakologischen Wirkungen an, wobei auch weniger bekannte und verbreitete Zeitschriften ausgewertet werden (Farnsworth 1992).

4.6 Schlussfolgerungen

Mehr noch als in den anderen Kapiteln wird in diesem über die indigene Medizin die große Bedeutung der multidisziplinären Zusammenarbeit deutlich. Nur hierdurch können – auch für die einheimische Bevölkerung und für die Entwicklungsländer insgesamt – relevante Informationen erhalten werden. Auch wenn über die bei uns eingesetzten Arzneipflanzen noch viele ungelöste Fragen existieren, zeigt dieses Kapitel, wie extrem begrenzt gerade unser Wissen über die vielfältigen in indigenen Medizinsystemen genutzten Arzneipflanzen ist. Doch auch diese begrenzten Informationen sollten in geeigneter Form den Bewohnern zur Verfügung gestellt werden, die den größten Teil der Menschheit medizinisch versorgen: den Heilerinnen und Heilern, Müttern und Vätern und anderen, die alltäglich mit den ihnen zur Verfügung stehenden Mitteln versuchen zu heilen. Im Rückfluss wissenschaftlicher Ergebnisse liegt nach wie vor die größte ungelöste Herausforderung für die wissenschaftliche Ethnobotanik.

Weiterführende Literatur

ALCORN, J. B. (1984): Huastec Mayan Ethnobotany. Austin Univ. Texas Press (Ethnobotanische Monographie zur Pflanzennutzung einer mexikanischen Indianergruppe und der ökologischen Bedeutung von Nutzpflanzen)

BERLIN, B. and E. A. BERLIN (1996): Medical Ethnobiology of the Highland Maya of Chiapas, Mexico. Princeton University Press, Princeton, NJ. (Ethnobotanische Monographie zur Arzneipflanzennutzung verschiedener mexikanischen Indianergruppen)

ETKIN, NINA L. (1985): Ethnopharmacology: Biobehavioral Approaches in the Anthropological Study of Indigenous Medicines. Annual Review of Anthropology 17: 23–42 (Diskussion der verschiedenen theoretischen und methodischen Ansätze in der Ethnopharmakologie)

ETKIN, N. L., D. R. HARRIS, H. D. V. PRENDERGAST, P. J. HOUGHTON (1998): Plants for Food and Medicine. Richmond (UK), Royal Botanic Gardens, Kew. (Sammlung verschiedener Arbeiten zur Ethnobotanik)

HEINRICH, M., A. ANKLI, B. FREI C. WEIMANN AND O. STICHER (1998): Medicinal Plants in Mexico: Healers' Consensus and Cultural Importance. Social Science and Medicine: 47: 1863–1875. (Beispiel für eine quantitative Auswertung ethnobotanischer Daten)

JOHNS, T., J. O. KOKWAR, E. K. KIMANANI (1990): Herbal remedies of Luo of Siaya District, Kenya: Establishing quantitative criteria for consensus. Economic Botany 44: 369–381. (Beispiel für eine quantitative Auswertung ethnobotanischer Daten)

MOERMAN D. E. (1998): Native American Ethnobotany. Timber Pr. Portland (Or). (Auswertung ethnobotanischer Quellen zur Arzneipflanzennutzung der Indianer Nordamerikas)

SCHULTES RICHARD E. and R. RAFFAUF (1990): The Healing Forest. Medicinal and Toxic Plants of the Northwest Amazonia. Portland (OR). Dioscorides Pr. (Ethnobotanische und ethnopharmakologische Monographie zur Arzneipflanzennutzung im nordwestlichen Amazonasgebiet)

5 Gifte

5.1 Einführung

Giftpflanzen und -tiere wurden von den vielen Kulturen der Welt zu den verschiedensten Zwecken eingesetzt. Zum Teil spielen diese Gifte auch heute noch eine gewisse Rolle. Zahlreiche verschiedene Einsatzmöglichkeiten für Gifte wurden in ethnobotanischen Berichten dokumentiert. Zu den wichtigsten Gruppen gehören:

- Pfeilgifte
- Ordalgifte (giftige Zubereitungen, die zum „Nachweis" der Schuld oder Unschuld einer Person verwendet werden)
- Fischgifte
- Insektizide und Gifte gegen schädliche Säuger.

Daneben werden Gifte auch zu rein kriminellen Zwecken, daher gezielt zur Tötung oder Schädigung eines Opfers eingesetzt. Zu kriminellen Zwecken eingesetzte Gifte pflanzlichen Ursprungs sind laut Neuwinger (pers. Mitt. 1998) insbesondere in Afrika verbreitet und werden Speisen und Getränken als Pulver beigemischt.

Wesentlich sind auch zufällige (unbeabsichtigte) Vergiftungen. In Europa spielte *Claviceps purpurea* (Fries) Tulasne (Clavicipitaceae, Mutterkorn) jahrhundertelang eine große Rolle als (den meisten Menschen nicht bekanntes) Gift. Der auf den Früchten von Getreide (z. B. Roggen) parasitierende Schlauchpilz ist reich an Mutterkornalkaloiden, die stark toxisch wirken. Auch heute noch besitzen diese Alkaloide eine gewisse Bedeutung in der Geburtshilfe. Klinische Symptome einer Mutterkornvergiftung sind feurige Rötungen der Haut mit anschließendem Brandigwerden und Abfallen der betroffenen Glieder (St. Antoniusfeuer, „Ignis sacer", Kriebelkrankheit). Weitergehende Symptome sind Krämpfe, Erblindung und Gedächtnisstörungen. Diese traten im Mittelalter oft epidemieartig auf, da der in der Ernährung genutzte Roggen nicht von den mit Pilz befallenen Roggenkörnern getrennt wurde. Als Verursacher dieser Erkrankung wurden – in Unkenntnis der wahren Ursachen – oft Hexen, Juden oder „Fremde" beschuldigt.

Innerhalb indigener Kulturen waren Giftpflanzen aber vor allem in der Jagd, bei der Verteidigung der Gemeinschaft vor Feinden und als Schutz vor Schadorganismen von Bedeutung.

Insbesondere die letztgenannte Form der Nutzung wurde wissenschaftlich bis jetzt wenig beachtet und hierzu sind nur vergleichsweise wenige Daten verfügbar. So gut wie keine Bedeutung besaßen oder besitzen ethnobotanisch genutzte Giftpflanzen in Nordamerika (Moerman 1998), Europa, Sibirien, Australien und großen Teilen von Ozeanien (Bisset 1989). „Klassische" Giftpflanzen haben – neben den Halluzinogenen – das ganz besondere Interesse der europäischen Eroberer, Missionare und frühen Reisenden gefunden (siehe auch Fallbeispiele 2.4 und 2.5). Dies sicher vor allem, da die vergifteten Pfeile als eine überraschende und mit Recht äußerst gefährlich erachtete Waffe galten.

5. 2   Pfeilgifte

Pfeilgifte sind besonders aus den tropischen Gebieten Afrikas, Amerikas und aus einigen Teilen Asiens bekannt. Abb. 5.1 zeigt die Verbreitung der wichtigsten Pfeilgifte (nach Bisset 1989). Im Falle von Europa ist rezent keine Nutzung bekannt, jedoch wird die Verwendung von Pfeilgiften bis zum Mittelalter für wahrscheinlich gehalten (Lewin 1924).

Zwar sind die für die Wirkung von Pfeilgiften verantwortlichen Inhaltsstoffe heterogen, doch lassen sich bei den Pfeilgiften folgende Hauptwirkstoffgruppen unterscheiden:

- Alkaloide
- Cyanogene Verbindungen
- Nicht-proteinogene Aminosäuren
- Herzwirksame Steroidglykoside (Cardenolide/Bufadienolide), Triterpenglykoside (Saponine).

Im Folgenden werden einige wichtige Pfeilgifte, ihre ethnologische Bedeutung, Geschichte, Wirkung und Inhaltsstoffe besprochen.

Südamerika

In Südamerika sind vor allem die Gattungen *Abuta*, *Chondrodendron*, *Curarea* und *Strychnos* verbreitet. Hauptwirkstoff von Pflanzen der Gattung Strychnos ist Strych-

Europa

① *Aconitum* (Eisenhut)
② *Veratrum* (Germer)

Afrika

③ *Acokanthera* (--)
④ *Strophanthus* (--), *Physostigma* (Calabar-Bohne) & *Erythrophleum* (Rotwasserbaum)
⑤ *Calotropis* (nördliches, tropisches Ostafrika)
⑥ *Parquetina* (Zentralafrika, nördliches, tropisches Ostafrika)
⑦ *Strychnos* (Brechnuss/Strychninbaum) und *Erythrophloeum* (Rotwasserbaum)

Asien

① *Aconitum* (Eisenhut)
⑧ *Strychnos* (Strychninbaum)
⑨ *Antiaris* (Upasbaum)

Amerika

① *Aconitum* (Eisenhut)
⑩ Klapperschlangengift und *Yucca*
⑪ verschiedene Euphorbiaceae
⑫ *Phyllobates* (Frösche), *Naucleopsis*
⑬ *Chondrodendron/Curarea* (Curare-liefernde Menispermaceae)
⑭ *Strychnos* (Brechnuss)

Abb. 5.1: Verbreitung von wichtigen, bekannten Pfeilgiften (nach Bisset 1989).

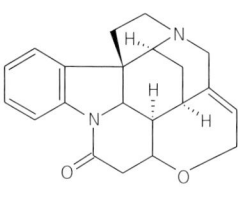
Strychnin

nin. *Chondrodendron tomentosum* Ruiz et Pavon und andere Menispermaceae (z. B. der Gattungen *Curarea* und *Abuta*) werden zur Curare-Gewinnung eingesetzt (siehe Kapitel 2, Bisset 1991). Hauptwirkstoff des aus *Chondrodendron tomentosum* erhaltenen Tubocurare ist das (D)-Tubocurarin (siehe auch Fallbeispiele 4 und 2.5). Daneben sind Pfeilgiftfrösche (z. B. *Phyllobates terribilis*) bedeutende Quellen für Gifte.

D-Tubocurarin

Afrika

Die altweltliche Gattung *Strophanthus* aus der Familie der Hundsgiftgewächse (Apocynaceae) ist eine der berühmtesten pfeilgiftliefernden Gattungen Afrikas. Die Europäer machten erstmalig 1446 mit diesem Gift Bekanntschaft, als der Portugiese Nuno Tristan mitsamt vieler seiner Begleiter an der Küste Gambias getötet wurde. Doch erst während der Expedition von Livingston Mitte des 19. Jahrhunderts konnte einer seiner Begleiter den Nachweis erbringen, dass die Gattung *Strophanthus* für diesen Zweck eingesetzt wird. Inzwischen sind mindestens ein Viertel der 31 bekannten afrikanischen Arten dieser Gattung ethnobotanisch als Pfeilgift dokumentiert.

Liane

Die in Afrika meist eingesetzte Art ist *S. hispidus*. In der Regel werden Samen oder seltener die Wurzel verwendet. Die Gewinnung des Giftes erfolgt stets über einen Kochprozess. Der erhaltene Extrakt wird zu einen Sirup eingedickt. Das stärkste Gift liefert *S. gratus*. Nach Neuwinger (1996) werden die ölreichen Samen gemahlen und der mehr oder weniger klebrige Pflanzensaft wird direkt auf die Spitzen aufgetragen. In anderen Fällen wird auch die Rinde oder Wurzel dieser Liane verwendet. Die phytochemischen Forschungen über diese Art begannen schon Ende letzten Jahrhunderts. Arnaud konnte 1888 eine kristalline Substanz isolieren, bei der sich zeigte, dass sie mit dem kurz vorher aus *Acokanthera schimperi* isolierten Ouabain (oder g-Strophanthin) identisch war (s. Abb. 5.2). Diese Verbindung gehört zu den herzwirksamen Glykosiden. Alle Herzglykoside sind Inhibitoren der Na^+/K^+-ATPase und besitzen eine positiv inotrope Wirkung (Verstärkung der Kontraktionskraft des Herzmuskels). Bei gesunden Personen führt die Verbindung zu einer Verstärkung, bei Patienten mit einer koronaren Herzkrankheit zu einer Verlangsamung der Schlagfrequenz. Verschiedene strukturell ähnliche Verbindungen spielen in der Therapie der chronischen Herzinsuffizienz und beim sogenannten Vorhofflimmern eine große Rolle, besitzen jedoch nur eine geringe therapeutische Breite (siehe Kapitel 7). Diese pharmakologische Wirkung wird seit Jahrzehnten therapeutisch ausgenutzt (z. B. Digitoxin aus *Digitalis* spp).

Reserpin

Ouabain (g-Strophanthin)

Aconitin

Acokanthera schimperi
blühender Zweig, Blüte, Frucht

Abb. 5.2: Acokanthera schimperi, eine verschiedene Herzglykoside liefernde ostafrikanische Giftpflanze (aus Neuwinger 1998).

G-Strophanthin ist bei i. v. Applikation für Katzen bereits in einer Dosis von 0,1 mg/kg Körpergewicht tödlich (MLD, Neuwinger 1996). *S. gratus* ist aufgrund der pharmakologischen Wirkung der Inhaltsstoffe das ideale Pfeilgift: es ist hochtoxisch, die giftigen Verbindungen sind in relativ hohen Konzentrationen in den Samen verfügbar (Ouabain 4–5 (–8) %), es zeigt eine schnelle und sichere Wirkung, ist leicht wasserlöslich und somit leicht extrahierbar und – aufgrund der geringen Resorption (1–2 %) im Gastrointestinaltrakt – oral wenig toxisch (Neuwinger 1996).

Asien

Ein Beispiel für ein in Asien weit verbreitetes Pfeil- und Waffengift ist die Gattung *Aconitum* aus der Familie Ranunculaceae, die in China als Arzneimittel wie auch als Jagdgift verwendet wurde. Wichtigster Vertreter dieser in China circa 170 Arten umfassenden Gattung ist *Aconitum carmichaelii*. Ob die Art z. B. im 1. Jh. nach Christus auch als Gift für Kriegswaffen eingesetzt wurde, ist unsicher. Eine als *wu t'ou* und *fu tzu* bezeichnete Art wurde bereits im Shen nong ben cao jing fi zhu des Tao Hongjing (6. Jh.)

erwähnt. Im 8. und 9. Jh. war diese Droge Teil der Tributleistungen (Bisset 1979). Hauptwirkstoff ist in diesem Fall das Aconitin.

Tiere als Giftlieferanten

Neben den in Tabelle 5.1 aufgeführten pflanzlichen Drogen sind auch verschiedene Tiere als Giftlieferanten wichtig. In vielen Fällen sind dies jedoch Nebenbestandteile der eingesetzten Giftmischung (Bisset 1989). Die ethnologisch wichtigsten sind die sehr farbenfrohen, südamerikanischen Giftfrösche der Gattung *Phyllobates*, die bei den Chocó Indianern Kolumbiens bedeutsam waren. *P. terribilis* enthält in seiner Haut 0,9–1,7 mg Batrachotoxin/Homobatrachotoxin. Dies ist nach Schätzungen das 5 bis 10-fache der für einen 68 kg schweren Menschen tödlichen Dosis und damit eines der stärksten natürlichen Gifte. Diese Gifte können über die menschliche Haut aufgenommen werden und sind ungewöhnliche Alkaloide mit einem Steroidgrundgerüst und verursachen eine irreversible Öffnung der Ionenkanäle der elektrogenen Membranen der

Batrachotoxin   R = CH$_3$
Homobatrachotoxin   R = C$_2$H$_5$

Nerven und Muskeln, welche zu einem Anstieg der Permeabilität für Na^+-Ionen führt. Dies führt in vitro zu einer Depolarisation der motorischen Endplatte und zu starken Muskelkontraktionen. Letztendlich ist eine Blockade der neuro-muskulären Präsynapse (Bisset 1989) und damit eine Muskellähmung auch des Herzmuskels die Folge.

Tab. 5.1: Wichtige und vergleichsweise weit verbreitete pflanzliche Drogen, die als Gift eingesetzt werden/wurden.

Botanische Bezeichnung	Deutsche Namen	Verwendung	Regionale/ ethnische Verbreitung	Relevante Inhaltsstoffe	Quellen
Acokanthera schimperi (A.DC.) Schweinf. und *A.* spp. (Apocynaceae)	–	P	Ostafrika (Kenya, Äthiopien, Somalia, Tansania u.a.)	Herzglykoside z. B. Ouabain	4
Aconitum carmichaelii Debeaux und *A.* spp. (Ranunculaceae)	Chinesischer Eisenhut	P	China (Han u.a.), Indien (?)	insbes. Aconitin u. a. Diterpenalkaloid-Ester	1, 3
Adenium obesum (Forssk.) Roemer et Schultes und *A.* spp. (Apocynaceae)	–	P, J	tropische und subtropische Regionen Afrikas	Cardenolide (z. B. Hongheloside)	4
Antiaris toxicaria Lesch. (Moraceae)	Upasbaum	P	Südostasien, Südwest- und Westchinesische Minderheiten	Cardenolide	4, 6
Calotropis procera (Willd.) Ait. (Asclepiadaceae)	–	P	nördliche Tropen und Subtropen Afrikas bis Indien	Cardenolide	4
Chondrodendron tomentosum Ruiz et Pavon (Menispermaceae)	–	P	tropisches Südamerika	Bibenzylisochinolinalkaloide, z. B. (+)-Tubocurarin	2
Cissampelos mucronata A. Richard und *C.* spp. (Menispermaceae)	–	P, F	Tropen der alten und neuen Welt	tertiäre und quartäre Bisbenzylisochinolinalkaloide, z. B. Berberin	4, 6
Curarea toxicofera (Wedd.) Barneby et Krukoff und *C.* spp. (Menispermaceae)	–	P	tropisches Südamerika	Isochinolinalkaloide	6
Erythrophleum suaveolens (Guill. et Perr.) Brenan, E. spp. (Caesalpiniaceae)	Rotwasserbaum	O, P	tropisches Afrika	trizyklische Diterpenalkaloide, z. B. Cassain	4, 5
Parquetina nigrescens (Afzelius) Bullock (Perioplocaceae/ Asclepiadaceae)	–	P	Zentralafrika	Herzglykoside z. B. Strophantidin und Deriv.	4
Physostigma venenosum Balfour (Fabaceae s.str.)	Calabar-Bohne	O	tropisches Westafrika (Sierra Leone – Zaire)	Physostigmin (siehe Kapitel 7)	5

Botanische Bezeichnung	Deutsche Namen	Verwendung	Regionale/ ethnische Verbreitung	Relevante Inhaltsstoffe	Quellen
Rauvolfia vomitora Afzelius (Apocynaceae)	Rauwolfie	P	Zentralafrika	Reserpin u. andere Indolalkaloide	5
Strophanthus kombe Oliver und *S.* spp., (Apocynaceae)	–	P	Ostafrika (Kenya, Tansania) u.a.	Herzglykoside z. B. Strophanthidin in *S. kombe*	1, 4
Strophanthus hispidus A. DC, *S. sarmentosus* A. DC. und *S.* spp. (Apocynaceae)	–	P	tropisches Westafrika	Herzglykoside, z. B. Strophanthidin in *S. hispidus*, Sarmentogenin in *S. sarmentosus*	1, 5
Strychnos toxifera Benth. und *St.* spp. (Loganiaceae)	Brechnuss-baum	P	Amazonas-Becken und Mato Grosso (Brasilien)	Bis-quarternäre dimere Indolalka-loide, z. B. Dihydrotoxiferin	1
Strychnos nux-vomica L. (Loganiaceae)	Strychnin-baum	P (?)	Südostasien	Indolalkaloide, insbes. Strychnin	1
Strychnos icaja L. und *St.* spp. (Loganiaceae)	Brechnuss-baum	P, O	Zentralafrika	Indolalkaloide, insbes. Strychnin	4

F – Fischgift, J – Jagdgift (allgemein), P – Pfeilgift, O – Ordealgift

Lit.: 1 – Bisset 1989, 2 – Bisset 1991, 3 – Bisset 1984, 4 – Neuwinger 1996, 5 – Neuwinger 1998, 6 – Hegnauer 1962–1996

5.3 Ordale

Gottesurteile

Eine ethnobotanisch ganz anders zu beurteilende Gruppe sind die „Ordale" oder „Gifte für Gottesurteile" (Neuwinger 1998). Hierzu werden von einer beschuldigten Person und z. T. auch von anderen beteiligten Personen ein stark wirkendes Gift eingenommen und je nach Reaktion wird über Schuld und Unschuld der Person entschieden. Für die Bevölkerung eines Ortes stellt dies in erster Linie eine Möglichkeit dar, über einen nicht mehr zu klärenden Sachverhalt und über die hierfür „verantwortlichen" Personen zu entscheiden. Es gibt z. B. bei den Ovimbundu (Angola) ein Sprichwort „Was man mit dem Auge gesehen hat, ist dem Gifttest überlegen". Somit stellt der Einsatz des Giftordales innerhalb der Gesellschaft eine extreme Ausnahmesituation dar (Neuwinger 1998) und

es wird nur selten eingesetzt. Die Interpretation des Ergebnisses der Urteile ist selbstverständlich kulturspezifisch. Das Auslösen von Erbrechen gilt überall in Afrika als reinigend und bedeutet die Unschuld des/der Verdächtigten: Man sieht im Gift ein an sich indifferentes Instrument, dessen sich die Götter bedienen, um herauszufinden, wer schuldig ist und wer nicht. Das Gift ist in diesem Fall nach den indigenen Vorstellungen keine tödliche Substanz, sondern wird erst durch Schuld dazu (Neuwinger 1998).

Trink- und Augen-Ordale

Es werden zwei Arten von Gift-Gottesurteilen unterschieden: die Trink- und die Augen-Ordale. Allerdings sind die Trinkordale sehr viel häufiger. Im Allgemeinen muss die beschuldigte Person (und mitunter auch ihr Ankläger) eine mehr oder weniger große Menge an Pflanzenextrakt (Mazerat oder Dekokt) trinken. Die am weitesten verbreiteten Drogen stammen aus der Gattung *Erythrophleum* (Caesalpiniaceae): *E. suaveolens* (Guill. et Perr.) Brenan, *E. ivorense* A. Chevalier und *E. africanum* (Benth.) Harms (alle drei als Rotwasserbaum oder Ordalbaum bezeichnet). Sie liefern das berüchtige Rotwasser. Die trizyklischen Diterpen-Alkaloide aus *Erythrophleum* spp. besitzen eine den herzwirksamen Steroidglykosiden vergleichbare räumliche Struktur und wirken ähnlich wie diese. Auch in afrikanischen Ordal-Ritualen eingesetzt wurde die Calabarbohne (*Physostigma venenosum*), die das im Kapitel 7 diskutierte Physostigmin liefert.

5. 4   Fischgifte

Vor allem aus verschiedenen Kulturen des Amazonasgebietes ist die Verwendung von Fischgiften belegt. Meist werden die zerstoßenen Pflanzenteile in langsam fließenden Bereichen von Flüssen oder in kleineren Seen direkt in das Wasser gegeben. Vertreter der Gattung *Phyllanthus* (*P. piscatorum* Kunth und *P. pseudocanami* Muell.-Arg.) werden oft zu diesem Zwecke eingesetzt. Ein anderes Beispiel ist ist *Phytolacca rivinoides* Kunth et Bouché. Die Kofán mischen die Blätter dieser Art mit denjenigen von *Phyllanthus*. In der Regel werden die verwendeten Pflanzenteile zerkleinert, zerrieben, zusammen mit dem austretenden Saft direkt in das Wasser gegeben, und die betäubten Fische werden abgesammelt. Viele der für diesen Zweck eingesetzten Drogen (z. B. *Phytolacca rivinoides*) enthalten große Mengen an Saponinen und wurden daher auch als Seife verwendet.

5. 5   Insektizide und Repellentien

Eine weitere Gruppe bilden die Pflanzen zur Behandlung von Ektoparasiten (auf oder dicht unter der Körperoberfläche sitzende Parasiten, meist Insekten) und Repellentien zur Abwehr von saugenden und stechenden Insekten und Spinnenartigen. Die traditionell eingesetzten Insektizide wurden seit den fünfziger Jahren durch stark und lang wirkende synthetische Insektizide weitestgehend verdrängt. Nach den Insektiziden der ersten Generation (vor allem dem DDT) wurde inzwischen eine Vielzahl weiterer Präparate auf dem Markt eingeführt. Nicht zuletzt aber aufgrund der Sekundärwirkungen insbesondere des schon lange weltweit verbotenen DDT und seiner Anreicherung in der Nahrungskette wurde die Suche nach Alternativen verstärkt.

Biogene Insektizide

Verschiedene zur Abtötung oder zum Abweisen von Insekten eingesetzte Pflanzenextrakte und aus Pflanzen isolierte Reinstoffe haben in den letzten Jahren größeres wissenschaftliches Interesse gefunden. Hierzu gehört vor allem der Nembaum (*Antelaea azadirachta*, siehe Fallbeispiel 5.1), aber auch der verwandte Zedrachbaum (*Melia azedarach* L., syn.: *M. japonica* G.Don.). Beide wurden und werden in der Medizin Indiens bzw. Chinas zur Abwehr lästiger In-

Antelaea azadirachta (Meliaceae): Der Nembaum – ein indisches Insektizid

Antelaea azadirachta (L.) Adelbert (syn.: *Azadirachta indica* A. Juss, *Melia azadirachta* L.) wird in Indien seit Jahrhunderten für eine Vielfalt von Zwecken eingesetzt. Die Pflanze gehört mit zu den bedeutendsten indischen Nutzpflanzen (Mazar 1998) und wird z. B. heute in Indien in Zahnpasten und lokal bei Entzündungen verwendet (Lewis und Elvin-Lewis 1977) sowie als Insektenrepellentium (Samen und Blätter) eingesetzt. Bekannt sind auch die Beobachtungen, dass die Nembäume von Wanderheuschrecken gemieden und nicht abgefressen werden. Seit den dreißiger Jahren dieses Jahrhunderts wurde die Wirkung von Blatt-, Samen- und Fruchtextrakten als Insektizid bzw. als Repellentium durch systematische Untersuchungen bestätigt. Die Struktur des Hauptwirkstoffs – des Limonoids Azadirachtin – wurde 1972 aufgeklärt. Die Verbindung wirkt gegen eine Vielzahl von Insekten (Broughton et al. 1986).

Hier beginnt der zweite, konfliktreichere Teil. Seit 1992 wurden von der US-Firma W. R. Grace Patente zur einfachen Extraktion der Samen des Nembaumes angemeldet. Hierbei wird die Droge statt mit den in Indien üblichen wässrigen Extraktionsmitteln mit einem apolaren (d. h. nicht wässrigem) Extraktionsmittel z. B. Diethylether extrahiert. Dies erhöht insbesondere auch die Haltbarkeit des erhaltenen Produktes, die beim wässrigen Extrakt einige Tage und beim Etherextrakt zwei Jahre beträgt. Umstritten ist hierbei jetzt, ob dies tatsächlich eine Innovation darstellt, oder nicht. Nach Ansicht indischer Organisationen besteht der Neuheitscharakter dieser Erfindung bestenfalls in der „Neuigkeit" dieser indischen Erfindung für den Westen. Das amerikanische Patentrecht anerkennt mündlich überlieferte, ausländische Kenntnisse, Nutzungen und Erfindungen nicht. Lediglich Patente und andere schriftlich fixierte Formen des Wissens spielen für die Beurteilung des Neuheitscharakters eine Rolle. Hierdurch würden indische Firmen durch dieses amerikanische Patent vom weltweit wichtigsten Markt ausgeschlossen und somit läge die Vermarktung dieses indischen Produktes ausschließlich in den Händen der amerikanischen Firma (Kadidal 1998). Inzwischen hatten Widersprüche gegen diese Patente teilweise Erfolg.

Dieses Beispiel zeigt deutlich die Risiken des Missbrauches ethnobotanischer Information, insbesondere sofern keine rechtlich gültigen Verträge zwischen den „Geberländern" und Industrieunternehmen der Nehmerländer existieren.

Azadirachtin

H CH₂

CH_3

H
H

O
O
O

H_3CO

H_3CO

H
O

Rotenon

N

CH_3

N

Nicotin

kurzlebiges Insektizid eingesetzt wird (Lewis und Elvin-Lewis 1977). *L. urucu* wird im Amazonasgebiet als Mittel zum Abtöten von Blattschneiderameisen eingesetzt. Von den Waorani wird die Wurzel als Fischgift verwendet. Die Wurzeln von *L. nicou* werden von den Siona und Tikuna im nordwestlichen Amazonastiefland als Fischgift und von den Shuar und Ketchwas als Pfeilgift eingesetzt (Schultes und Raffauf 1990).

Ätherisch-Öl Drogen

Eine wichtige Gruppe von auf Insekten wirkende Pflanzen sind die Ätherisch-Öl Drogen. Wichtig ist hier unter anderem die Gattung *Ocimum* (Basilikum) und andere Vertreter der Lamiaceae, sowie Verbenaceae, verschiedene Vertreter der Gattung *Eucalyptus* (*E. citriodora* Hook., Myrtaceae) und die Gattung *Cymbopogon* (Poaceae). Zur erstgenannten Gattung gehört *O. sanctum* L., *O. gratissimum* L. (syn.: *O. suave* Willd) und *O. kilemandscharicum* Gurke, zur zuletzt genannten vor allem *C. nardus* (L.) Rendle (Zitronellgras) und *C. citratus* (DC.) Stapf, beide aus Indien. Ganz allgemein scheint das Potenzial der Familie der Süßgräser in Bezug auf insektizide Wirkung noch kaum ausgeschöpft. Ein derzeit intensiver untersuchter Vertreter dieser Familie ist *Mellinis minutiflora* Pal. Diese Art wird in Kenya in der Landwirtschaft bei Befall des Mais mit stengelbohrenden Insekten (sogenannte Maisbohrer, *Busseola fusca* Fuller, Lepidoptera, Noctuidae und *Chilo pratellus*, Lepidoptera, Pyralidae) verwendet (Barbara Frei, pers. Mitt. Januar 1999). Auch andere der hier aufgeführten Drogen oder Reinstoffe werden bei mit Insekten oder spinnenartigen (Blattläuse, Milben) befallenen Nutzpflanzen eingesetzt.

sekten und als Insektizid eingesetzt. Sie enthalten stark wirksame Kontaktinsektizide, die bei direktem Kontakt mit dem Insekt in den Körper eindringen und diesen schwächen oder töten. Beispiele für andere weit verbreitete Kontaktinsektizide sind Vertreter der Gattung *Nicotiana* (Tabak, Solanaceae). Hierbei ist vor allem der Bauerntabak *N. rustica* L. (vermutlich ursprünglich aus Nordamerika) und der eigentliche Tabak *N. tabacum* L. (vermutlich ursprünglich aus Südamerika) wichtig. Hauptwirkstoff hierbei ist das Nicotin, welches als Nervengift wirkt. Weitere wichtige Insektizide liefert die Gattung *Chysanthemum* zum Beispiel mit der Dalmatischen Insektenblume (*Ch. cineraiifolium* (Trevir.) Vis., syn.: *Tanacetum cineraiifolium* (Trevir.) Schultz Bip.), von welcher das heute weit vertriebene Pyrethrum kommt, sowie Vertreter der Gattungen *Derris* (*D. elliptica* Sweet Benth. aus Südostasien) und *Lonchocarpus* (*L. nicou* Aubl. DC. und *L. urucu* Kill. et A.C. Sm. aus Südamerika). Die beiden zuletzt genannten Gattungen liefern das Rotenon, welches als

5.6 Schlussfolgerungen

Gifte haben westliche Wissenschaftler und Reisende schon lange besonders fasziniert. Dieses Forschungsthema ist weit älter als die sehr junge Forschungsrichtung der Ethnopharmakologie oder auch der Ethnobotanik. Zugleich war dieses Thema ein wesentlicher Stimulus für die Entwicklung beider Richtungen in diesem Jahrhundert. In der Biomedizin wesentliche Arzneistoffe wie Digitoxin, Curare und Physostigmin konnten aus Giftpflanzen entwickelt werden. Während bis jetzt Ordal- und Pfeilgifte besondere Bedeutung besaßen, wird in der Zukunft die Entwicklung von biogenen Repellentien und Insektiziden verstärkte Aufmerksamkeit und Forschungsaktivitäten innerhalb der Ethnobotanik und Ethnopharmakologie erfordern.

Weiterführende Literatur

Bernard, C. (1966): Physiologische Untersuchungen über einige amerikanische Gifte. Das Curare. Bernard, C. und N. Mani (Übs.) Ausgewählte physiologische Schriften. Huber Verlag. Bern. S. 84–133 (Neuausgabe einer Publikation aus dem 19. Jh.)

Bisset, N. G. (1989): Arrow and dart poisons. Journal of Ethnopharmacology 25: 1–41 (Überblick zu Giften weltweit)

Bisset, N. G. (1991): One man's poison, another man's medicine. Journal of Ethnopharmacology 32: 71–81 (Überblick zu Giften weltweit)

Bisset, N. G. (1992: War and Hunting Poisons of the World. Pt. 1. Notes on the Early History of Curare. Journal of Ethnopharmacology 36: 1–26 (Überblick zu Giften weltweit)

Neuwinger, H. D. (1998): Afrikanische Arzneipflanzen und Jagdgifte. (2. dt. Aufl.) Wissenschaftliche Verlagsgesellschaft Stuttgart. (Schwerpunkt: afrikanische Giftpflanzen)

6 Halluzinogene und andere psychoaktive Pflanzen

6.1 Einleitung

Halluzinogene sind noch vor den Giften die Gruppe von Nutzpflanzen, die am stärksten mit der Forschungsrichtung der Ethnobotanik und Ethnopharmakologie in Verbindung gebracht werden. Viele Drogen galten auch in der europäischen und mediterranen Tradition als bewusstseinsverändernde Drogen. Sie faszinieren viele Menschen (Schultes und Hoffmann 1980, Schultes 1993b, Rätsch 1998), sind aber auch ein teilweise nur subjektiv empfundenes, zum Teil aber sehr reelles Risiko.

Aufgrund der Faszination ist dieser Bereich der am genauesten erforschte der Ethnobotanik und Ethnopharmakologie. Zugleich wird viel Spekulatives und wissenschaftlich nicht Belegbares zu diesen Themen publiziert. Sicherlich sind alle weiter verbreiteten Halluzinogene inzwischen wissenschaftlich dokumentiert und vielfach sehr genau phytochemisch und pharmakologisch untersucht (Schultes und Hoffmann 1980). Jedoch haben viele der Pflanzen, denen halluzinogene Wirkungen zugesprochen werden, keine pharmakologisch nachweisbare psychotrope Aktivität. Dies wurde von Gils und Cox (1994) am Beispiel der „Muskatnuss" (im botanischen Sinne ein Samen) gezeigt. Grundlage hierfür waren auch frühere Selbstversuche von R. E. Schultes und A. Hoffmann. *Myristica fragrans* Houtt. (Myristicaceae) liefert das weit verbreitete Gewürz „Muskatnuss". Schon im 16. Jahrhundert wurde von delirium-artigen Zuständen nach der Einnahme von 10–12 Muskatnüssen berichtet. Im 20. Jahrhundert verbreitete sich dieses Gerücht z. B. in amerikanischen Gefängnissen. In ihrer Herkunftsregion – den Banda Inseln Indonesiens – und auch im angrenzenden Java, sind laut van Gils und Cox keine Belege für die Nutzung dieser Droge als Halluzinogen auffindbar. Pharmakologisch ist die Wirkung wohl eher auf eine allgemein toxische Wirkung dieser Droge in höheren Dosierungen zurückzuführen.

Trotz dieser kritischen Vorbemerkung gibt es viele Beispiele für halluzinogene Drogen, die in indigenen Kulturen verwendet werden. In diesem Kapitel wird die Erforschung dieser Drogen diskutiert und es werden ausgewählte Beispiele aus dieser Gruppe vorgestellt. In der Regel werden halluzinogene Drogen in einem stark ritualisierten Kontext eingenommen, der auch zu einer enormen sozialen (Selbst-)Kontrolle der Ereignisse führt. Dieses besondere Setting ermöglicht auch den gezielten Einsatz z. B. in der Diagnose bestimmter Krankheiten oder bei der Suche nach deren Ursachen. Nach psychologischen Konzepten ist dieses direkt mit dem Set (d. h. den Erwartungen, Intentionen, der Stimmung und der Persönlichkeit) des Heilers und der anderen die Droge zu sich nehmenden Personen abhängig.

In den traditionellen Formen der Nutzung von Halluzinogenen spielen in fast allen Fällen schamanistische Glaubensvorstellungen eine große Rolle. Unter Schamanismus versteht man eine Form der Religion, die sich durch den Glauben an eine vom Körper lösbare Seele auszeichnet. Bei schamanistischen Ritualen verlässt die Seele des Heilers oder der Heilerin den Körper, um sich auf die Suche nach der Krankheitsursache oder der verlorenen Seele des Kranken zu machen (rituelle Ekstase). Die Seele (Alter Ego) des Heilers reist hierbei durch verschiedene kosmische Sphären, die mit wohl- oder übelwollenden Wesen bevölkert sind. Um die rituelle Ekstase zu erreichen, können verschiedene Techniken (z. B. Trommeln) eingesetzt werden. Hierzu gehört auch der Einsatz von halluzinogen wirkenden Drogen (siehe Tab. 6.1). Nicht in einem derartigen Kontext eingesetzte Drogen sind sicherlich Opium (als Opiumpfeife, *Papaver somniferum*), Rauschpfeffer (*Piper methysticum*) und Khat (*Catha edulis*) – drei Rauschdrogen, die vor allem auch der Entspannung dienen sollen.

Naturwissenschaftlich betrachtet sind „Halluzinogene" Teil einer chemisch heterogenen Gruppe von Substanzen, die zentral auf das Nervensystem wirken und die Stimmung, intellektuelle Leistung, und/oder das Verhalten von Menschen und Tieren beeinflussen können und insgesamt als Psychopharmaka bezeichnet werden. Zu diesen Psychopharmaka gehören auch die Antidepressiva, Neuroleptika und Beruhigungsmittel (Ataraktika). Für den Begriff „Halluzinogene" wurde früher auch der Ausdruck „Phantastika" (z. B. von L. Lewin, 1924) und heute „Psychosomimetika" benutzt. Ein weiterer vorgeschlagener Begriff, der häufiger in der ethnologischen Literatur verwendet wird, ist Enthogene („das Göttliche hervorrufend"). Derartige Stoffe rufen bei gesunden Personen Wahrnehmungen hervor, die diese Personen normalerweise nicht haben. Im Folgenden werden die Wirkungen dieser Drogen an einigen Beispielen beschrieben.

6.2   Zur Geschichte der Erforschung der Halluzinogene

Die meisten heute bekannten Halluzinogene stammen aus der „Neuen Welt" und hierbei insbesondere aus dem Hochland von Mexiko und dem Amazonasgebiet (siehe Tabelle 6.1 Furst 1982). Die „Alte Welt" hat dagegen einige wenige, aber außerordentlich weit verbreitete Drogen hervorgebracht: *Cannabis* und Opium. Viele der Erkenntnisse zu den neuweltlichen Drogen stammen von Forschungen, die seit etwa 1940 durchgeführt wurden. Frühe systematische interdisziplinäre Forschungen zu Halluzinogenen stammen von dem deutschen Toxikologen Louis Lewin. Er veröffentlichte 1924 sein Werk „Phantastica – die betäubenden und erregenden Genussmittel" in welchen er pharmakognostische, pharmakologische und ethnobotanische Fragen behandelte.

Arbeiten von R. E. Schultes und R. G. Wasson

Die heute viel diskutierten Forschungen über Halluzinogene begannen mit den Arbeiten von Richard E. Schultes und vor allem Gordon R. Wasson. Deren Arbeiten sind sicherlich eines der spannendsten Beispiele für interdisziplinäre ethnobotanische und ethnopharmakologische Forschungen. Schultes sammelte zahllose Informationen zu Arznei-, Gift- und Rauschpflanzen, die von der indigenen Bevölkerung Nordwestamazoniens verwendet werden (Wasson 1957, Schultes 1993, Schultes und Raffauf 1991).

Wasson und seine Frau begannen im Jahre 1953 mit einer Serie von gut organisierten Expeditionen in verschiedene Indianerregionen Oaxacas (Mexiko). Hierbei setzte er von Anfang an auf einen interdisziplinären Ansatz und versicherte sich der Unterstützung von Anthropologen, Linguisten, Chemikern, Botanikern, Mykologen und Musikologen. Schon in den dreißiger Jahren hatte Schultes die Theorie aufgestellt, dass in dieser Region halluzinogen wirkende Pilze verwendet werden. Die Arbeiten von Wasson und Mitarbeitern führten zu einem genauen Verständnis der kulturellen Bedeutung dieser Halluzinogene und zu deren mykologischer Identifizierung. Wichtigstes Halluzinogen ist ein Pilz, der als Teonanancatl (Nahuatl: teotl – Gott, nanacatl – Pilz) bekannt ist. Verschiedene Arten insbesondere der Gattung *Psilocybe* werden in diesen Ritualen eingesetzt. Wichtigster halluzinogen wirkender Vertreter ist *P. mexicana* Heim (Fam. Strophariaceae, Basidomycetes).

Wasson und Mitarbeiter konnten nach Überwindung zahlreicher Schwierigkeiten in der Nacht vom 29. auf den 30. Juni 1955 an einer Velada (dt.: Nachtwache) der mazatekischen Heilerin Maria Sabina in der Ortschaft Huautla de Jimenez teilnehmen (Wasson 1957, Schultes 1993, siehe auch Fallbeispiel 6.1). Eine Velada wird immer auf Wunsch einer Patientin oder eines Patienten durchgeführt. Nach den Vorstellungen der Mazateken ist sie ein Teil eines komplexen Geschehens, welches zur Diagnose und/oder Heilung eines Kranken dient. Voraussetzung hierfür sind u. a. sexuelle Abstinenz in der Zeit vor der Velada. Die Zeremonie wird immer nachts durchgeführt und dauerte in diesem Fall die ganze Nacht. Um ein Uhr nahmen alle Teilnehmer bis auf ein oder zwei Personen, die das Ganze überwachten, eine genau vorgegebene Anzahl von frischen Pilzen ein. Nach 20 Minuten hatten die Teilnehmer/innen die ersten Visionen. Bis 4 Uhr morgens schlief niemand. Die nicht-mazatekischen Teilnehmer waren von den sie befallenden Halluzinationen fasziniert:

„… es war als ob meine eigene Seele aus dem Körper herausgeschaufelt worden wäre und an einem Punkt des umgebenden Raumes hing … Unsere Körper lagen dort während unsere Seelen aufstiegen, … wir sahen Visionen, … zuerst geometrische Figuren, rechteckig nicht rund, in den verschiedensten Farben. … Dann wuchsen die Figuren zu architektonische Strukturen an. … Wir waren in der Mitte unserer Existenz geteilt. Auf der einen Ebene war der Raum für uns ausgelöscht und trotzdem reisten wir schnell durch unsere visionären Welten.“

Nach dem Auslöschen der letzten Kerze begann Maria Sabina zu stöhnen, zuerst leise, dann immer lauter. Danach endete das Brummen und sie begann einzelne Silben zu sprechen, jede Silbe bestand aus einem Konsonanten auf den ein Vokal folgte. Diese Silben kamen aus ihrem Mund in rascher Reihenfolge gesprungen, sie wurden gesprochen nicht gesungen. Nach einiger Zeit verschmolzen die Silben zu etwas, das die Teilnehmer für Wörter hielten und die „Señora" (Maria Sabina) begann zu singen. Das Singen hielt von kürzeren Unterbrechungen abgesehen, die ganze Nacht an. Neben diesen Gesängen und dem Sprechen von Silben wurden die Autoren auch Zeugen von mehrstündigen Tänzen, von Gebeten vor dem Hausaltar (Wasson und Wasson 1957).

Die Beobachtungen wurden in verschiedenen Büchern und Fachzeitschriften veröffentlicht und fanden vor allem durch eine Veröffentlichung in dem Magazin „Life" (Wasson 1957) eine weite populäre Beachtung.

Doch hiermit war erst ein Teil des wissenschaftlichen Rätsels gelöst. Die chemischen Untersuchungen von Albert Hoffmann, der auch Selbstversuche über die Wirkung durchführte, führten zu zwei Alkaloiden, die als Hauptwirkstoffe der Droge gelten: Psilocybin und Psilocin. Somit war auch die chemische Seite des Rätsels geklärt. Trotz anfänglich recht großer Erwartungen spielen diese Verbindungen in der westlichen Pharmakotherapie keine Rolle.

Psilocybin

Psilocin

FALLBEISPIEL 6.1

R. Gordon Wasson (22. 9. 1898 – 23. 12. 1986)
Ethnomykologie und die Suche nach halluzinogenen Pilzen

R. G. Wasson war weder Botaniker oder Mykologe noch Anthropologe von Beruf. Seine Ausbildung zum Journalisten wurde durch 14 Monate Militärdienst in Frankreich während des ersten Weltkrieges jäh beendet. Kurz nach dem Krieg schloss er sein Studium mit einem BA (Bachelor of Arts) in Literatur ab und begann – nach verschiedenen kurzzeitigen Anstellungen als Dozent und Journalist – 1928 bei einer Bank zu arbeiten. Im Jahre 1934 trat er bei J. P. Morgan & Company ein. Bei dieser Firma blieb er bis zu seiner Pensionierung 1963, die letzten 20 Jahre als Vizepräsident. Sein Interesse an der Ethnobotanik und insbesondere an halluzinogenen Pilzen wurde vor allem von seiner Frau Valentina Pavlovna Guercken geweckt. Durch eine Veröffentlichung von R. E. Schultes (1939) wurden sie auf die mögliche Bedeutung von halluzinogenen Pilzen in Oaxaca aufmerksam gemacht. Berichte über die Verwendung von halluzinogenen Pilzen waren schon seit längerem bekannt, jedoch war R. G. Wasson der erste „Fremde" der an einer eine ganze Nacht dauernden „Velada" (Nachtwache) in dem mexikanischen Ort Huautla de Jimenez teilnehmen konnte. Schon in den beiden Jahren vorher hatten sie mehrere Wochen in der Region verbracht und Informationen über die Bedeutung der Pilze gesammelt.

Die Berichte, die dieser Erfahrung folgten, fanden sofort ein breites Echo in der US-amerikanischen und europäischen Öffentlichkeit. Ein Artikel in *Life* (1957) bildete den Höhepunkt dieses Interesses. Folge dieser Forschungen war unter anderem, dass zahlreiche Pilzsuchende zuerst in die Region der Mazateken um Huautla de Jimenez und später auch in zahlreiche andere Regionen der Welt strömten. Für seine Hauptinformantin hatte dies einerseits große Probleme (einschließlich der Verhaftung durch die mexikanische Polizei) aber auch internationale Berühmtheit und – Jahrzehnte später – nationale Anerkennung zur Folge. Für die Mazateken als Gruppe führten diese Entwicklungen zu einer drastischen Veränderung in ihren Vorstellungen über die „Kleinen, die hervorspringen" (*Psilocybe* spp.).

6.3 Halluzinogene, die Strukturanaloga des Serotonins enthalten

Indolalkaloide

Viele der Pflanzen, die halluzinogene Wirkungen besitzen, zeichnen sich durch das Vorkommen von Indolalkaloiden aus. Die Grundstruktur dieser Stoffgruppe ist auf Seite 68 dargestellt. Indolalkaloide ähneln in ihrer Struktur dem Serotonin, einem wichtigen Neurotransmitter (einer Überträgersubstanz der Synapsen der Nervenzellen). Zu den indolalkaloid-haltigen Drogen gehören die in diesem Kapitel diskutierte Iboga (*Tabernanthe iboga*), die Kahlköpfe (*Psilocybe* spp., s.o.), Ayahuasca (*Banisteriopsis caapi*), Rauschwinde (*Turbina corymbosa*) und Peyote (*Lophophora williamsii*). Diese Drogen zeichnen sich somit durch Inhaltsstoffe aus, die eine strukturelle Ähnlichkeit mit Serotonin besitzen. Dagegen besitzt *E. coca*

Alkaloide eines grundsätzlich anderen Strukturtypes (den Coca-Alkaloiden), auch im Falle des Schlafmohns (Papaver somniferum) und von Cannabis sativa werden andere Inhaltsstoffgruppen für die Wirkung verantwortlich gemacht (siehe Kapitel 6.4). Wichtige und verbreitete halluzinogene Drogen sind in Tabelle 6.1 aufgeführt.

Im Folgenden werden die indolalkaloidhaltigen Drogen diskutiert.

Indol (Grundgerüst)

Die Wirkung der Indolalkaloide wird mit der Bindung an Serotonin- (oder 5-HT$_2$)-Rezeptoren des Gehirns erklärt. Serotonin ist eine im Körper natürlich vorkommende stickstoffhaltige Verbindung (Amin). Es wirkt vielfältig sowohl peripher (insbesondere auf die glatte Muskulatur) wie auch zentral. Diese Wirkung wird über die o. g. Serotonin-Rezeptoren vermittelt. Sie nehmen durch komplexe Projektionen Einfluss auf Stimmung, Schlaf-Wach-Rhythmus, Nahrungsaufnahme, Schmerzwahrnehmung und Körpertemperatur. Inzwischen werden eine Vielzahl von Subtypen unterschieden, die zu unterschiedlichen Effekten von Serotonin und seinen Derivaten führen.

Aufgrund der strukturellen Vielfalt innerhalb der Gruppe der Indolalkaloide, aufgrund der Begleitsubstanzen, der in den Pflanzen auftretenden Mengen an aktiven Verbindungen und nicht zuletzt aufgrund der unterschiedlichen Beimischungen anderer Pflanzenarten zeigen sich Variationen in der Wirkung dieser Drogen. Die Unterscheidung ob eine beschriebene Wirkung stärker von den sekundären Pflanzeninhaltsstoffen oder vom „Setting", der Erfahrung und der Erwartung der Konsumenten sowie der individuellen Empfindlichkeit beeinflusst sind, ist nur außerordentlich schwer zu treffen.

Tabernanthe iboga (Ibogawurzel)

Tabernanthe iboga Baillon (Ibogawurzel, Apocynaceae) ist eine der wenigen afrikanischen Halluzinogene. In der Mitte des 19. Jh. berichteten Forschungsreisende aus Gabun über das Wachhalte- und Kräftigungsmittel „Iboga". Auch wurde über deren

Tab. 6.1: Wichtige und vergleichsweise weit verbreitete Drogen (Auswahl), denen in indigenen Medizinsystemen halluzinogene Wirkungen zugesprochen werden: Pilze und Pflanzen.

Botanische Bezeichnung	Deutsche/ indigene Namen	Regionale und ethnische Verbreitung	Relevante Inhaltsstoffe	Quellen
Amanita muscaria (L. ex. Fr.) Pers. (Amanitaceae)	Fliegenpilz [„Soma" (?)]	Sibirien, Europa	Ibutensäure/Muskazon (Aminosäurederivate) Muscacimol (ein Amin)	1
Banisteriopsis caapi (Spruce ex Griesebach) Morton (Malpighiaceae)	Ayahuasca, Kaapi	Quechua und Nachbargruppen	Harmin, Harmalin, Tetrahydroharmin	2, 6
Brugmansia x candida Persoon und *B.* spp. (Solanaceae)	Engelstrompete	nördliches Südamerika (Tieflagen der Anden bis ca. 2000 m)	Scopolamin, Hyoscyamin u.a.Tropanalkaloide	6
Cannabis sativa L. ssp.. *indica* (Lam.) Small & Cronq	Hanf	ssp. indica: Nordteil des indischen Subkontinents	Cannabinoide	6, 5
C. sativa L. ssp. *sativa* (Moraceae/ Cannabaceae)		ssp. sativa: heute praktisch weltweit verbreitete Kulturpflanze	–	

Botanische Bezeichnung	Deutsche/ indigene Namen	Regionale und ethnische Verbreitung	Relevante Inhaltsstoffe	Quellen
Catha edulis (Vahl) Forssk. ex. Endl.	Khat/ Betelnuss	Jemen, Äthiopien und angrenzende Gebiete	*(S)*-(–)-Cathinon	7
Claviceps purpurea (Fries) et Tulasn (Clavicipitaceae, Fungi)	Mutterkorn	schon in der Antike im Mittelmeergebiet bekannt, heute in gemäßigten Zonen weltweit	Mutterkornalkaloide	6
Datura inoxia Miller (Solanaceae)	Amerikanischer Stechapfel	Südwesten der USA (Zuñi, Yumans)	versch.Tropan-Alkaloide (Scopolamin, Hyoscyamin)	5
Datura stramonium L. (Solanaceae)	Gemeiner Stechapfel/ Toloache (Nahua/ Mexikanisch)	Nordamerika inkl. Mexiko	versch.Tropan-Alkaloide (Scopolamin, Hyoscyamin)	5
Erythroxylum coca Lam. & *E. novogranatense* (D. Morris) Hieron (Erythroxylaceae)	Cocastrauch	Anden/Amazonasgebiet	Cocain u.a. Alkaloide	5, 6
Hyoscyamus niger L. (Solanaceae)	Bilsenkraut	Europa	versch. Tropan-Alkaloide (Scopolamin, Hyoscyamin)	6
Lophophora williamsii (Lem.) J. Coulter (Cactaceae)	Peyote/Peyotl (Nahua)	Nordstaaten Mexikos (vor allem Huichol)	Mescalin (Protoalkaloide)	3
Nicotiana rusticum L. und *N. tabacum* L. (Solanaceae)	Bauerntabak/ Echter T.	Südliches Nordamerika bis nördliches Südamerika	Alkaloide	9
Papaver somniferum L. Papaveraceae	Schlafmohn	Ursprünglich im östlichen Mittelmeerraum, historisch vor allem in Asien (China, Goldenes Dreieck, heute weltweit in gemäßigten bis tropischen Regionen)	Morphin u. a. Opiumalkaloide	6, 5
Piper methysticum G. Forst.	Kava-Kava/ Rauschpfeffer	Polynesien	Kava-Lactone (?)	6
Psilocybe mexicana Heim und *P.* spp.(Strophariaceae, Fungi)	Teonanacatl (Nahua)/ Kahlköpfe	Historisches und modernes Mexiko z. B. Mazateken	Psilocybin, Psilocin	4, 5
Tabernanthe iboga Baill. (Apocynaceae)	Iboga	tropisches Westafrika	Iboga-Alkaloide	8
Trichocereus pachanoi Britton ex Rose (Cactaceae)	San Pedro-Kaktus	peruanische Anden (ca. 2000 m)	Mescalin	5
Turbina corymbosa (L.) Raf.	Ololiuqui (Nahua)	tropische Regionen Mexikos	Lysergsäureamid (u. a.)	5
Virola elongata (Benth.) Warb. (*V. theiodora*) und *spp.*	Epená/Parikabaum	Amazonasregion	Indolalkaloide (Tryptaminderivate)	6, 10
Withania somnifera (L.) Dunal (Solanaceae)	Schlafbeere	Nordafrika	C_{28}-Steroide (?)	5

1 – Wasson und Wasson (1957), 2 – Dobkin de Rios (1990), 3 – Anderson (1996), 4 – Wasson (1983), 5 – Schultes (1993), 6 – Hänsel, Sticher + Steinegger (1999), 7 – Pallenbach (1996), 8 – Neuwinger (1998a), 9 – Wilbert (1987), 10 – Mabberly (1990)

aphrodisierende Wirkungen berichtet. Heute wird die Droge vor allem in Äquatorial Guinea und Gabun verwendet. Bedeutsam sind insbesondere Verwendungen in Geheimbünden und bei messianisch-prophetischen Gruppen. Die Droge wirkt zentral stark stimulierend, jedoch sind auch hier zahlreiche weitere (oft auch unerwünschte oder toxische) Wirkungen z. B. auf das kardiovaskuläre System bekannt. Wesentlich für die Wirkung sind verschiedene Indolalkaloide. Hierzu gehört des Hauptalkaloid Ibogain,

Ibogain

welches ein Cholinesterase-Inhibitor ist und somit die zentrale Wirkung des Acetylcholins verlängert und in die Übertragung von Nervenimpulsen eingreift. Dies kann zu einer Vielzahl von physiologischen Folgen führen. Andere Verbindungen führen zu Muskeltremor (unkontrollierten Muskelkontraktionen) und zu einen Abfall der Herzfrequenz (Bradykardie) (Neuwinger 1998). Somit scheint die Droge „Iboga" eine ganze Reihe von sehr starken Nebenwirkungen zu besitzen. Die von Informanten auch angegebene aphrodisierende Wirkung konnte naturwissenschaftlich oder klinisch nicht belegt werden (Neuwinger 1996, 1998a).

Lophophora williamsii (Peyotekaktus)

Ein wichtiges Beispiel aus Nordamerika ist der Peyotekaktus *Lophophora williamsii* (La Barre 1975). Dieser Vertreter der Cactaceae (Kakteen) wird von verschiedenen Ethnien im Norden Mexikos eingesetzt und ist heute ein wesentliches rituelles Element der „Native American Church". Die Pflanze wächst in Nordmexiko, in Teilen von Texas, sowie im Rio-Grande-Tal. Zur Gewinnung der Drogen werden die oberen grünen Teile von der Wurzel und dem Haarschopf abgetrennt. Die in ca. ½ cm dicke Scheiben geschnitte-

nen Sprossstücke werden auch als „Mescalbuttons" bezeichnet.

Die ersten archäologischen Belege des Peyotekaktus sind circa 8000 Jahre alt und stammen aus Höhlen im nördlichen Hochland von Mexiko. Der erste schriftliche Beleg für die Verwendung von Peyote stammt aus dem Bericht des Mönchs Bernardino de Sahagún in seiner *Historia general de las cosas de Nueva España*. Er führte um das Jahr 1560 herum sehr gründliche Feldforschungen in Tlatelolco bei Tenochtitlan (heute Mexiko-Stadt) durch. Hierbei befragte er Heiler, Priester und andere kenntnisreiche Einwohner über zahlreiche Aspekte des aztekischen Lebens vor der Eroberung. Zu Peyote schrieb er: „Es gibt ein anderes Kraut, ähnlich den einheimischen Tunas (Feigen, Kaktus), es wird *peyotl* genannt; es ist weiß und wächst in der Nordregion. Diejenigen, die es essen oder trinken, sehen entweder schreckliche oder fröhliche Visionen; die Vergiftung (sic) dauert zwei oder drei Tage und verschwindet dann. Es ist eine gewöhnliche Nahrung der Chichimeken, denn es hält sie aufrecht und gibt ihnen Mut zu kämpfen und weder Hunger noch Durst zu fühlen; und sie sagen „es schütze sie vor allen Gefahren" (nach Wolters 1996). Ein besonders interessantes Beispiel liefern die Raramuri oder Tarahumara. In ihren Peyote Riten (*hikuri ba*) werden vergleichsweise niedrige Dosen eingesetzt, sodass hier nicht die pharmakologische Wirkung der Droge sondern der rituelle Kontext wesentlich für die Erklärung der Nutzung als Halluzinogen sein dürfte (Anderson 1996, Deimel 1996, Wolters 1996).

Peyote wird in den Zeremonien der „Native American Church" verwendet („Peyote-Religion"). In dieser Religion verschmelzen indianische und christliche Glaubensvorstellungen. Etwa 1870 wurde von den Kiowa und Comanche der bis dahin nicht mit christlich-religiösen Konzepten in Verbindung gebrachte Kaktus in die religiösen Zeremonien integriert. Die Einnahme von Peyote ist in dieser Religion ein Teil des Sakramentes. Wegen der unsicheren rechtlichen Situation

(Religionsfreiheit vs. Drogengesetze) schlossen sich die Anhänger dieser Religion im Jahre 1918 zur „Native American Church" zusammen. Im Jahre 1990 entschied allerdings der US Supreme Court, dass die Verfassung die Nutzung dieser Rauschdroge in religiösen Zeremonien nicht schützt, da die Drogengesetze kein Versuch seien, auf den religiösen Glauben Einfluss zu nehmen. Dies führte im Jahre 1993 zum „Religious Freedom Restoration Act", der die Nutzung von Peyote durch die „Native American Church" sicherstellte.

Wirksamkeitsbestimmende Inhaltsstoffe sind das Mescalin und seine Derivate. Oft

Mescalin

kommt es bei der Einnahme vor dem Auftreten der Halluzinationen zu Erbrechen. Die psychodelischen Wirkungen setzen nach ein bis zwei Stunden ein und halten die ganze Nacht (6–9 Stunden) an. Sie wird auch hier mit der Bindung an Serotonin-Rezeptoren des Gehirns erklärt.

Turbina corymbosa (Ololiuqui)

Turbina corymbosa (syn.: *Rivea corymbosa* (L.) Hall. f., Windengewächse – Convolvulaceae, aztekisch Ololiuqui) ist eine andere im heutigen Mexiko verbreitete halluzinogen wirkende Pflanze. In diesem Fall werden die Samen der im Deutschen als Rauschwinde oder auch Ololiuquiwinde bezeichneten Pflanze verwendet. Auch diese Droge wurde schon in vorspanischer und in der Kolonialzeit verwendet. Heute wird sie noch bei den Mixe, Mixteken, Mazateken und Zapoteken in einigen Gebieten Oaxacas traditionell und in gleicher Form wie die dort eingesetzten halluzinogenen Pilze verwendet. Wesentlich für die Wirkung sind Lysergsäurederivate

insbes. das Lysergsäureamid, welches auch im Mutterkorn vorkommt.

Banisteriopsis caapi (Ayahuasca)

Banisteriopsis caapi ist ein Beispiel für eine in Südamerika bedeutsame Droge. *B. caapi* (siehe Abb. 6.1) ist auch unter dem Namen Quetchua Namen „Ayahuasca" (Seelenranke) oder der Tupi-Bezeichnung „Kaapi" bekannt. Der aus der Rinde zubereitete halluzinogen wirkende Trank ist auch heute noch im Amazonasgebiet weit verbreitet (Schultes und Raffauf 1990, siehe Kapitel 2). Für die Wirkung des Ayahuasca verantwortlich sind eine Gruppe von Alkaloiden, die β-Carbolinalkaloide, zu welchen insbesondere Harmin, Harmalin und Tetrahydroharmin gehören und die ebenfalls ein Indolgrundgerüst besitzen. Die Droge hat vor allem regionale Bedeutung und ist in den nördlichen Ländern kaum als halluzinogen bekannt.

Abb. 6.1: Ayahuasca (*Banisteriopsis caapi*), ein bedeutsames südamerikanisches Halluzinogen (aus Schultes und Raffauf 1991).

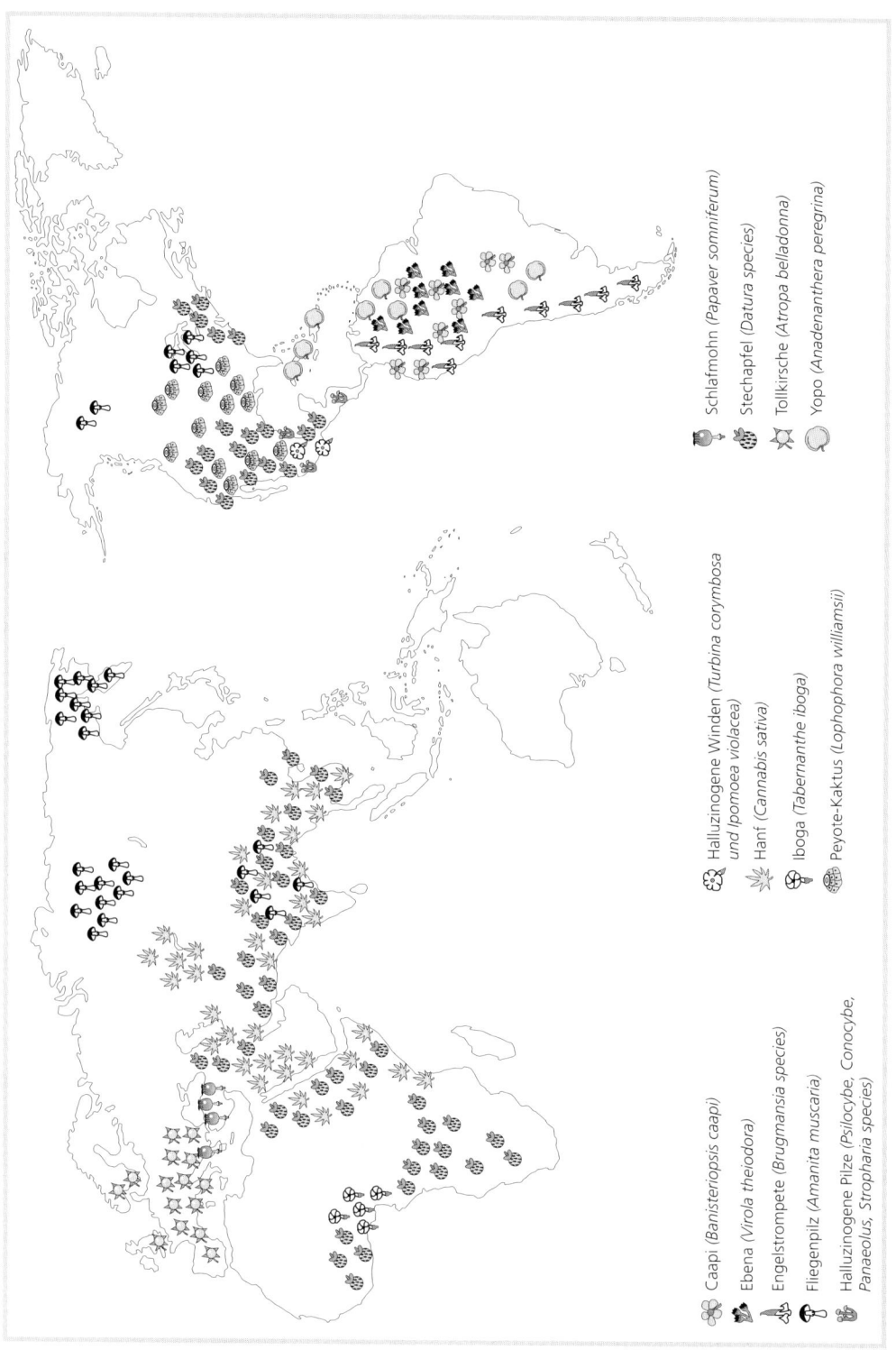

Abb. 6.1: Verbreitung wichtiger Halluzinogene (verändert nach Balick und Cox 1996, S. 156–157).

6.4   Weitere Halluzinogene

Aus der Vielzahl der anderen verwendeten Halluzinogene werden im Folgenden drei Beispiele ausgewählt, die besonders weit verbreitet sind: Haschisch (*Cannabis sativa*), Schlafmohn (*Papaver somniferum*) und der Coca-Strauch (*Erythroxylon coca*). Die ersten beiden sind altweltliche „Drogen", die seit Jahrtausenden umstrittener Bestandteil dieser Kulturen sind, während der aus Südamerika stammende Coca-Strauch als Quelle des Cocains traurige Berühmtheit erlangt hat und gleichzeitig ein wesentlicher und wertvoller Teil der indigenen südamerikanischen Traditionen ist.

Papaver somniferum (Schlafmohn)

Der Schlafmohn (*Papaver somniferum*) ist nur als Kulturform bekannt. Diese Pflanze scheint im östlichen Mittelmeerraum in Kultur genommen worden zu sein. Eine circa 3500 Jahre alte weibliche Tonfigur aus Knossos (Kreta) ist ein früher Beleg für die kulturelle Bedeutung des Schlafmohns. Als Teil des Kopfschmuckes dieser Figur sind drei Mohnkapseln dargestellt, die Figur wirkt entspannt oder sogar schlafend. Auch der etwa gleich alte ägyptische Papyrus Eber ist ein früher Beleg für die Bedeutung des Schlafmohns. Hier wird Mohn als ein Mittel zur Behandlung von Kopfschmerzen und als Beruhigungsmittel genannt. Heute wird Mohn legal oder illegal in vielen Regionen der Welt angebaut. Besonders bekannt ist das „Goldene Dreieck" zwischen Burma/Myanmar, Laos und Thailand aus welchem ein Großteil des illegal produzierten Opiums kommt. Inzwischen werden auch viele Varietäten kultiviert, von welchen die bei uns verbreiteten Gartenformen extrem arm an den wirksamen Inhaltsstoffen sind.

Die Rauschdroge wird durch Anritzen der halbreifen Mohnkapsel gewonnen, indem die austretende weiße Flüssigkeit mit einem abgerundeten Kratzmesser abgeschabt wird. Der eingetrocknete Milchsaft wird als

Opium (von griechisch „opion" – Mohnsaft) bezeichnet und liefert eine Vielzahl von biologisch wirksamen Inhaltsstoffen. Diese werden zusammenfassend als Opiumalkaloide bezeichnet und nach ihren chemischen Grundstrukturen in zwei Gruppen aufgeteilt:

Morphinanreihe (z. B. Morphin, Codein)
Benzyltetrahydroisochinolinalkaloide
(z. B. Noscapin, Papaverin).

Insgesamt machen diese Alkaloide bis zu einem Viertel der getrockneten Droge aus.

Abb. 6.3: Kapseln des Schlafmohns auf einer kretischen Tonfigur (ca. 1500 v. Chr., minoisch).

Morphin

Codein

Noscapin

Papaverin

Heroin

Die Hauptverbindung ist das Morphin (6–15 %). Weitere wichtige Verbindungen sind das Noscapin (5 %), Papaverin (1 %) und Codein (0,3–3 %). Die Gesamtwirkung dieses Gemisches ergibt sich aus den sich gegenseitig ergänzenden Wirkungen der Einzelverbindungen („Synergismus"). Oral eingenommen führt Opium insbesondere zu einer Ruhestellung des Darms und wird daher als Antidiarrhoikum eingesetzt. Weiterhin wirkt es als Schmerzmittel (heute therapeutisch obsolet, da es geeignetere Medikamente z. B. den sehr stark wirksamen Reinstoff Morphin gibt)! Und nicht zuletzt wirkt Opium halluzinogen.

Opium wurde im arabischen, asiatischen und europäischen Raum in einer Vielzahl von Zeremonien verwendet. Hierbei ist es wichtig zwischen der Inhalation (z. B. über Wasserpfeifen) und oraler Einnahme als Trank zu unterscheiden. Die Verbindungen greifen direkt an einer Gruppe von körpereigenen (endogenen) Rezeptoren, die zusammenfassend als Opioid-Rezeptoren bezeichnet werden, an. Je nachdem, welche dieser Rezeptoren stärker beeinflusst werden, kann eine Verbindung ein anderes Wirkungsprofil haben. Morphin wirkt vor allem über die μ-Rezeptoren. Dies hat eine Vielzahl von körperlicher Reaktion zur Folge, zu denen u. a. Schmerzlinderung, Beruhigung und Euphorisierung, Lähmung der glatten Muskulatur (s. o., Wirkung auf den Darm) und die Dämpfung des Atemzentrums gehören. Der Kreislauf wird kaum beeinflusst (Hardman und Limbird 1996).

Die anderen Einzelverbindungen haben z. T. ein pharmakologisch deutlich anderes Wirkungsprofil. So werden Codein und Noscapin als Hustenmittel verwendet, während Papaverin als krampflösendes Mittel (Spasmolytikum), welches direkt an der glatten Muskulatur angreift, eingesetzt wird. Das strukturell dem Morphin sehr ähnliche Heroin (siehe Formelabbildung) wird durch chemische Umwandlung des Morphins erhalten und ist eines der gefährlichsten Rauschgifte. Es unterscheidet sich vom Morphin lediglich durch das Vorkommen von

zwei Acetylgruppen. Jedoch soll eine Diskussion der Wirkungen dieser semisynthe-
tischen Verbindungen nicht Bestandteil
dieses auf Ethnobotanik und Ethnopharmakologie ausgerichteten Werkes sein.

Cannabis sativa (Hanf)

Hanf oder *Cannabis sativa* ist eine inzwischen in vielen gemäßigten und warmen
Regionen der Welt angebaute Droge. Die Art
wird mit dem Hopfen *Humulus lupulus L.* in
eine eigene Familie (Cannabaceae/Canna-
binaceae) gestellt. Die Art ist zweihäusig,
d. h. die Staubblattblüten und die Fruchtblatt-
blüten befinden sich auf getrennten Pflanzen.
Die Unterart *indica* gilt als die für halluzinogene Verwendungen geeignetere während die
Unterart *sativa* vor allem zur Gewinnung von
Fasern eingesetzt wird. Haschisch ist der getrocknete und zerkleinerte Harz, den die
oberirdischen Teile der (fruchtblatttragen-
den) Hanfpflanzen produzieren.

Archäologische und botanische Belege
lassen es als wahrscheinlich erscheinen, dass
Cannabis ursprünglich im heutigen Afghanis-
tan heimisch war und von dort aus bereits im
Neolithicum (vor ca. 6000 Jahren) nach
China gelangte. Die Nutzung in der Textil-
herstellung lässt sich archäologisch gut belegen und ist aus vielen Regionen Asiens bekannt. Nach einer mündlichen Überlieferung, die erst später schriftlich niedergelegt
wurde, empfahl im Jahre 2737 v. Chr. Kaiser
Shen-Nung erstmalig das Harz von Cannabis
als Heilmittel bei Beriberi, Verstopfung,
Frauenkrankheiten, Gicht, Malaria, Rheumatismus und Geistesabwesenheit. Außerdem
wurde die Pflanze eingesetzt, um die Kon-
zentration beim Lesen geistiger Texte zu er-
höhen (Emboden 1982). Auch im arabischen
Raum wurde und wird die Pflanze häufig
genutzt. Dabei wird nicht nur das Harz, sondern auch die zerschnittenen oberirdischen
Teile der Pflanze (arab. *bang*) eingesetzt.
Aus Letzteren wurden und werden Getränke
hergestellt, auch wenn heute die häufigste
Verwendung das Rauchen (Inhalation) aus
der Wasserpfeife ist. Verschiedene Zuberei-

tungen werden heute in vielen Gebieten der
Welt genutzt und ihr medizinisches Potential
wie auch Risiko ist umstritten.

Der wichtigste wirksamkeitsbestimmende
Inhaltsstoff ist das Δ^9-Tetrahydrocannabinol
(= Δ^1-Tetrahydrocannabinol).

Δ^9-Tetrahydrocannabinol

Pharmakologische Wirkungen: Δ^9-Tetra-
hydrocannabinol hat insbesondere Wirkungen auf das Zentralnervensystem und das
Herz-Kreislauf-System. Niedrige Dosen rufen eine milde Sedation (Beruhigung) und
Euphorie hervor. Eine subjektiv gesteigerte
Gefühlsintensität in verschiedenen Sinnes-
modalitäten und ein verlangsamtes Zeitemp-
finden sind typische Effekte. Verhaltensänderungen und Halluzinationen sind von der
Art der Applikation, der Dosis, dem „Setting", der Erfahrung und der Erwartung der
Konsumenten sowie der individuellen
Empfindlichkeit gegenüber psychotropen
Substanzen abhängig. Im Allgemeinen führt
die Droge zu einem Wohlgefühl oder zu Euphorie. Eine Erhöhung der Herzschlagfre-
quenz wird regelmäßig beobachtet (siehe
Hardman und Limbird 1996, Evans 1997).
Die pharmakologischen Wirkungen und die
psychosozialen Konsequenzen des Cannabiskonsums sind – nach Kleiber und Kovar
(1998) als „weit weniger dramatisch und gefährlich" einzuschätzen, „als dies überwiegend noch angenommen wird". Hinzuweisen
sei vor allem auf die Risiken eines chronischen Cannabiskonsums (Beeinträchtigung
der Bronchialfunktion und der Gedächtnis-
leistung, sowie das cancerogene Potential
des verwendeten Tabaks). Akut ist das Fahr-
vermögen beeinträchtigt. Die psychische Gesundheit wird nicht nachweisbar beeinträchtigt (Kleiber und Kovar 1998).

Bonbons
Kekse, Tee } aus Peru

Erythroxylum coca (Coca-Strauch)

Auch das letzte Beispiel – der Coca-Strauch (*Erythroxylum coca* siehe Abb. 6.4) liefert heute weltweit verfügbare Rauschmittel und -gifte. Neben dieser Art wird auch *E. novogranatense* (D. Morris) Hieron verwendet. In den Ursprungsmythen vieler Indianergruppen des Amazonasgebietes spielt *E. coca* eine große Rolle. Für die Tukonoa Indianer des Kolumbianischen Vaupés entstand diese Pflanze aus dem Finger einer Tochter des „Meisters der jagdbaren Tiere". Diese wurde schwanger, bekam enorme Schmerzen und eine alte Frau kam um ihr zu helfen. Sie brach einen Finger ab (d. h. opferte ihn), pflanzte ihn und aus diesem Finger wuchs der erste Coca-Strauch. Die Zubereitung dieser Droge unterscheidet sich im Hoch- und Tiefland. Im Tiefland werden die Blätter über dem Feuer geröstet, gemahlen, mit der Asche bestimmter zusätzlicher Pflanzen vermischt und für die entsprechenden Gelegen-

heiten aufbewahrt. Eine kleinere Menge dieses Gemisches wird in den Mund genommen, langsam angefeuchtet und im Mund nach und nach aufgelöst. Es sollte nicht schnell geschluckt werden. Im Hochland dagegen werden die frischen Coca-Blätter mit Kalk gemischt und gekaut. Der Kalk dient der Lösung der Alkaloide aus dem pflanzlichen Gewebe. In beiden Fällen wird ein wesentlicher Anteil der Wirkstoffe über die Mundschleimhaut in den Körper aufgenommen. Es ist bekannt, dass bei peroraler Gabe (d. h. direkter Applikation als Tee) die Wirkung deutlich schwächer ist. Die indigene Zubereitung ermöglicht somit eine effektive Aufnahme der Wirksubstanzen. Die Droge wirkt anregend, unterdrückt den Hunger und das Schlafbedürfnis.

Verschiedene Typen von Alkaloiden sind aus dieser Droge bekannt. Wichtig ist vor allem das weltweit gehandelte Cocain, welches mit bis zu 1 % der Hauptbestandteil ist.

Abb. 6.4: Der Coca-Strauch (aus Schultes und Raffauf 1990).

Cocain

Cocain wird medizinisch selten als Lokalanästhetikum verwendet und ist ein verbreitetes Rauschgift, welches gespritzt, geschnupft oder geraucht wird. Die Verbindung wirkt u. a. schmerzstillend und zeigt eine Vielzahl von Wirkungen auf das Zentralnervensystem (Euphorisierung, Appetithemmung, Leistungssteigerung, bei höheren Dosen Halluzinationen Erregung, Schwindel, Lähmungen). Bei Überdosierung tritt der Tod durch Atemlähmung ein. Die appetithemmende und leistungssteigernde Wirkung besitzt besondere Bedeutung beim traditionellen Einsatz in Südamerika – dem Kauen der mit Kalk vermischten Blätter, welcher vor allem auch schwere Arbeiten erleichtern soll. Das Suchtpotenzial dieser Verbindung ist enorm hoch (Cocainismus).

6.5 Der Entspannung dienende Drogen

Diese sind nicht Halluzinogene im eigentlichen Sinne. Vielmehr wird durch sie die Stimmung der Personen beeinflusst. Ziel ist es oft, eine angenehmes „Gemeinschaftsgefühl" zu erreichen. Der Übergang zu den (im Kapitel 8 – Nahrungspflanzen) angesprochenen Genussmitteln ist fließend.

Zwei Beispiele für solche vor allem der „Entspannung" dienende Drogen, bei welchen vor allem mild euphorisierende Wirkungen jedoch kaum halluzinogene Wirkungen eine Rolle spielen sind Khat und Rauschpfeffer.

Catha edulis (Khat)

Die Blätter und Zweigspitzen von *Catha edulis* werden in großen Teilen der arabischen Welt gekaut. Herkunftsregion dieser Droge ist vermutlich das Hochland von Äthiopien. Die Pflanze wird heute vor allem im Jemen angebaut. Die Einnahme geschieht oft in gemeinsamen Sitzungen, bei welchen die alltäglichen Dinge und Probleme des Ortes diskutiert werden. Bereits aus dem 13. Jh. sind von dem arabischen Gelehrten Nagib al Din schriftliche Überlieferungen bekannt, in welchen Khat als ein Mittel gegen Hunger, Müdigkeit und Verstimmung angegeben wird. Bis ins 17. Jh. blieb die Droge den islamischen Gelehrten vorbehalten und die Nutzung dehnte sich in der Folgezeit auf die männliche Bevölkerung innerhalb der Händler und Kaufleute aus. Erst der Beginn des 20. Jh. brachte eine breitere Akzeptanz der Droge. Mit somalischen Flüchtlingen kam die Verwendung dieser Droge z. B. auch nach England (London) (Griffiths et al. 1997).

Cathinon

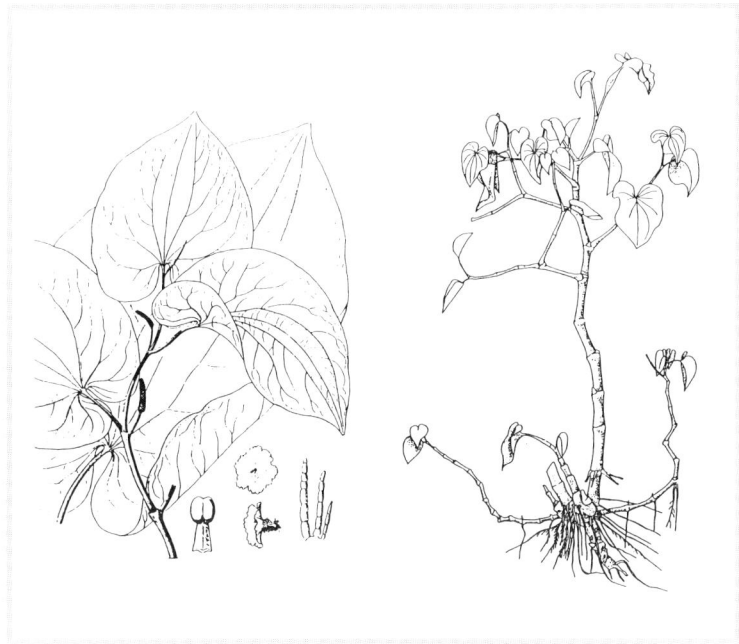

Abb. 6.5: Kava-Kava (*Piper methysticum*) – der polynesische Rauschpfeffer.

Sie wirkt stimmungssteigernd, macht gesprächig, steigert die Wahrnehmung und stillt den Hunger. Über Halluzinationen (Trugwahrnehmungen) wird kaum berichtet.

Wesentlich für diese Effekte ist ein einfaches Amid – das Cathinon, welches eine Vielzahl von pharmakologischen Wirkungen besitzt. Hervorzuheben ist insbesondere die Verringerung des Hungergefühls, ein Anstieg der Herzfrequenz (Tachykardie), eine Erhöhung der Körpertemperatur, Zunahme der Atemfrequenz, Schmerzlinderung (Analgesie), ein Anstieg des Blutdruckes und eine Erweiterung der Pupillen. Diese pharmakologischen Daten stimmen mit den Beobachtungen über die Folgen des Khat-Konsums beim Menschen überein (Pallenbach 1996).

Piper methysticum (Rauschpfeffer)

Piper methysticum (Kava-Kava oder Rauschpfeffer) ist eine auf vielen Inseln Ozeaniens genutzte die Stimmung beeinflussende Droge. Sie ist keine stark wirkende Rauschdroge. Sie wird heute z. B. in Zeremonien zur Begrüßung von Besuchern und Neuankömmlingen getrunken. Der Trank wird aus den Wurzelstöcken von *Piper methysticum* hergestellt. Nach Balick und Cox (1996) ist Kava-Kava das ideale Getränk, wenn strittige Fragen – beispielsweise der Landverteilung – erörtert werden müssen oder wenn besorgniserregende Ereignisse, wie das Auftauchen von Fremden, stattfinden.

Die Art wird heute vielfach in der westlichen Pharmazie als mild wirkendes Psychopharmakon eingesetzt (Rimpler 1999, Hänsel et al 1999).

6.6   Schlussfolgerungen: Soziokulturelle Fragen

Viele der hier diskutierten Drogen werden in stark ritualisiertem Kontext eingenommen. Genaue Informationen über die Zubereitung, Dosis und Anwendung waren oft ein Geheimwissen von Spezialisten. Dies ermöglicht eine soziale Kontrolle der Halluzinogene und betonte zugleich den besonderen Stellenwert bewusstseinserweiternder Drogen. Leider ist dieser soziale Kontext traditioneller Nutzungen meist zwar gut erforscht, wird jedoch in den Diskussionen über Halluzinogene kaum beachtet. Andererseits wird das enorme Suchtpotential vieler der hier angesprochenen Drogen mitunter massiv verharmlost (Rätsch 1998). Eine Diskussion über die Stellung dieser Drogen in unseren westlichen Gesellschaften kann hier nicht geführt werden. Das Fallbeispiel 6.2

„Psilocybe in Europa" zeigt einerseits, dass diese Drogen bei uns oft unkritisch und ohne ein Verständnis für deren Bedeutung in indigenen Kulturen verwendet werden. Hier ergeben sich für die Ethnobotanik und Ethnopharmakologie neue und wichtige Aufgaben in unserer eigenen Gesellschaft. Es ist von wissenschaftlichem Interesse, die „Karrieren" dieser Drogen in Europa (und Nordamerika) aus einer interdisziplinären Perspektive heraus genauer zu untersuchen. Sicher könnten Ethnobotanikerinnen und Ethnobotaniker auch an der sozialen und politischen Umsetzung dieser Ergebnisse mitarbeiten. Bis jetzt sind Wissenschaftler in diesem Bereich aber noch kaum aktiv geworden.

FALLBEISPIEL 6.2

Psilocybe in Europa: eine Droge der Alternativkultur

Hanfläden und „Smartshops", in denen vorwiegend „ethnobotanische Spezialitäten" angeboten werden, florieren seit einigen Jahren in Holland und in der Schweiz. Diese „Spezialitäten" sind vor allem in indigenen Kulturen verwendete Halluzinogene wie z. B. *Salvia divinorum*, Arten der Gattungen *Ipomoea, Sida, Ephedra, Paullinia* und *Cola*, Kakteen der Gattungen *Trichocereus* und *Lophophora* und halluzinogene Pilze (vornehmlich *Stropharia cubensis*). Unter anderem werden als „Pillen" konfektionierte Einzeldrogen und deren Mischungen angeboten. Genaues über die Käufer und deren Motivationen sind nicht bekannt. Die Drogen erfreuen sich anscheinend stark steigender Beliebtheit. Die Information über die Drogen und deren Gebrauch scheinen vor allem von anderen Nutzern und zum Teil aus populärwissenschaftlichen Büchern zu stammen (Marco Leonti, pers. Mitt.). Bücher und Hefte über halluzinogene Pilze, über ihr Sammeln, ihren Anbau, den sicheren Konsum vermehren sich wie die Pilze selbst!

Auch selbst gesammelte Pilze spielen eine Rolle. Die in diesem Kapitel besprochenen Forschungen über halluzinogene Pilze in Mexiko fanden auch in Deutschland ein interessiertes Leserpublikum. Da nur wenige nach Mexiko fahren konnten, um die halluzinogenen Pilze zu sich zu nehmen, wurde nach Ersatzdrogen gesucht. Hier boten sich die europäischen Vertreter der Gattung *Psilocybe* und verwandte Gattungen an (cf. Eul und Harrach 1998, Rätsch 1998). In den letzten Jahren haben derartige in Europa wild wachsende halluzinogene Arten eine zunehmende Bedeutung als alternative Rauschdroge erlangt. „Zauberpilze bei uns" werden seit fünfzehn Jahren immer mehr beachtet und wegen ihrer psychedelischen (die Psyche beeinflussenden) Wirkung gesammelt. Diese „Psilos" oder „magic mushrooms" (z. B. *Psilocybe semilanceata* und *Inocybe spp.*) sind inzwischen ein für viele selbstverständlicher Teil alternativen Lebens und werden als eine Wiederentdeckung alten Wissens gefeiert. Jedoch scheinen die Nutzer sehr wenig über die indigenen Nutzungen z. B. in Mexiko zu wissen. Nach einer Literaturstelle (Eul und Harrach 1998, Original aus Focus 1996/25) sollen bereits 15 % aller 20- bis 24-jährigen jungen Briten Erfahrung mit halluzinogenen Pilzen gemacht haben und 30 % der Besucher von Diskotheken in Holland in den Wochen vor der Umfrage ein- oder mehrmals solche Pilze konsumiert haben (sic). Sie sind seit Februar 1998 nach dem Betäubungsmittelgesetz als illegal eingestuft, nachdem bereits seit 1971 der Reinstoff Psilocybin als ein illegales Betäubungsmittel gilt.

Noch nicht genauer untersucht ist, wie, auf welchen Kommunikationswegen und aus welchen Gründen es zu einer solch schnellen Verbreitung dieser Nutzung kam. Hier eröffnen sich der wissenschaftlichen Ethnobotanik ganz neue, spannende und in verschiedener Hinsicht heikle Forschungsthemen. Dieses Fallbeispiel wirft mehr Fragen auf als es zum jetzigen Zeitpunkt beantworten kann.

Weiterführende Literatur

Anderson, E. F. (1996): Peyote: The Divine Cactus. 2nd ed. Univ. Arizona Pr. Tucson. (Interdisziplinärer Überblick über den Peyotekaktus)

Estrada, A. (1981): María Sabina. Her Life and Chants. Ross-Ericson Inc. Santa Barbara (CA) 1980. Maria Sabina: Botin der heiligen Pilze (Vorw. von Albert Hofmann) München: Trikont-Verlag (Beschreibung des Lebens der Hauptinformantin von G. Wasson in Oaxaca)

Iversen, Leslie L. (2000): The Science of Marijuana. Oxford. Oxford Univ. Pr. (detaillierter und allgemeinverständlicher Überblick über naturwissenschaftliche Aspekte dieses Halluzinogens)

Riedlinger, T. J., ed (1990): The Sacred Mushroom Seeker.

Essays for R. Gordon Wasson. Dioscorides Pr. Portland, OR. (einzelne Beiträge zum Leben von G. Wasson)

KLEIBER, D., Kovar, K.-A. (1998): Auswirkungen des Cannabiskonsums. Wissenschaftliche Verlagsgesellschaft Stuttgart. (im Auftrag der deutschen Bundesregierung erstellte Expertise zu Cannabis)

PRANCE, Gh. (1999): The Poisons and Narcotics of the Amazonian Indians. Royal College of Physicians of London, Journal 33 (4): 348–376. (Verwendung verschiedener Halluzinogene durch Ethnien im Amazonasgebiet)

SMET, PETER A. G. M. (1985): Ritual Enemas and Snuffs in the Americas. Amsterdam. CEDLA (Centrum voor Studie en Documentatie van Latijns Amerika) Latin America Studies No 33. (Überblick über die Verwendung von rektal applizierten Rauschdrogen in Südamerika)

VÖLGER, GISELA und KARIN VON WELCK, Hrsg. (1982): Rausch und Realität. Drogen im Kulturvergleich. Reinbek bei Hamburg. Rowohlt 3 Bände. (Begleitband zu einer Ausstellung in welchem vielfältige Aspekte der Nutzung von Drogen in indigenen Kulturen wie auch in Europa diskutiert werden)

WILBERT, JOHANNES (1987): Tobacco and Shamanism in South America. New Haven and London. Yale University Press. (Psychoactive Plants of the World Series) (Rolle von Tabak im südamerikanischen Schamanismus)

7 Bedeutung von Arzneipflanzen in der Biomedizin

7.1 Arzneimittel in Industrieländern

In diesem Kapitel werden die in der Bundesrepublik und in anderen Industrieländern eingesetzten pflanzlichen Arzneimittel besprochen. Ziel ist es hierbei nicht, diese Arzneidrogen einzeln in Bezug auf ihre Inhaltsstoffe, Wirkungen, Analytik und Wirksamkeit zu diskutieren. Hierfür sind zahlreiche umfassende Lehrbücher auf dem Markt (siehe z. B. Rimpler 1999 und Hänsel et al. 1999).

Das Ziel ist es vielmehr, die Bedeutung von Arzneipflanzen, die in indigenen Medizinsystemen verwendet werden, für die Pharmazie in Industrieländern herauszuarbeiten. Ein bekanntes Beispiel einer Arzneipflanze aus der europäischen Tradition ist die Weidenrinde und die hieraus isolierte Salicylsäure. Weidenrinde wurde bereits bei Hippokrates und Dioscorides erwähnt. Dioscorides (1. Jh. n. Chr.) riet zur Verwendung der Rinde einer Weidenart (*S.* sp) bei Gicht und Rheuma, der Schriftsteller und Flottenkommandant Plinius d. Ä. beschrieb die Verwendung als Schmerzmittel. Mit dem Aufkommen der Chinarinde im 17. Jahrhundert und des hieraus isolierten Chinins wurde die Weidenrinde verdrängt (siehe Fallbeispiel 7.1).

Ein erneutes Aufleben des Interesses an diesem Schmerz- und Fiebermittel begann in England mit der Seeblockade Napoleons am Anfang des 19. Jh., die die Versorgung mit Chinarinde zum Erliegen brachte (Eiden 1998, 1999). In den folgenden Jahrzehnten wurde die Hauptwirksubstanz der Weidenrinde isoliert, in ihrer Struktur aufgeklärt und es wurden semisynthetische Derivate hergestellt. Bereits in den sechziger Jahren des 19. Jh. war die großtechnische Herstellung von Salicylsäure möglich, sodass die Weidenrinde ihre Bedeutung als Arzneistofflieferant verlor. 1897 wurde dann das Acetylderivat der Salicylsäure erstmalig synthetisiert und als Aspirin auf dem Markt eingeführt. Auch heute noch spielen einige Weidenrindenpräparate bei chronischen Schmerzerkrankungen eine gewisse Rolle in der Therapie.

7.2 Wirtschaftliche Bedeutung von Arzneipflanzen

Aus ethnobotanischer und ethnopharmakologischer Sicht ist unter anderem das wirtschaftliche Potential von Arzneipflanzen von Interesse. Die in der Bundesrepublik Deutschland in den Verkehr gebrachten Arzneimittel werden zum Großteil in der jährlich erscheinenden „Roten Liste" aufgeführt.

Die dort verzeichneten 8082 Fertigarzneimittel entsprechen circa 95 % des Gesamtwertes der in der BRD abgegebenen Fertigarzneimittel (Stand 1994). Nach einer von Lange (1996) vorgenommenen Auswertung enthalten 6.1 % aller in der Roten Liste aufgenommen Arzneimittel eine oder mehrere

Cinchona-Arten und die Entdeckung des Chinins

Ob die in tropischen Gebieten Südamerikas heimischen Vertreter der Gattung *Cinchona* ("Chinarindenbaum", Rubiaceae) im 17. Jh. von der dortigen autochthonen Bevölkerung als Arzneimittel genutzt wurden, ist nicht gesichert. Nach Tschirsch (1910) und Schneider (1974) ist die Rinde nicht allgemein medizinisch verwendet worden, lediglich in einem begrenzten Gebiet (Loxa) scheint die Droge als ein nur Spezialisten bekanntes Fiebermittel genutzt worden zu sein. Da es nach wie vor sehr zweifelhaft ist, ob in Amerika Malaria vor der Eroberung vorkam, wäre diese Rinde vermutlich auch gar nicht für diese (heutige) Hauptindikation benötigt worden. Die Rinde wurde vor allem durch die Jesuiten verbreitet ("Jesuitenpulver") und seit 1687 ist sie in verschiedenen Arzneitaxen (zuerst in der Arzneitaxe von Frankfurt/M.) erwähnt. Die Nutzung als Fiebermittel und insbesondere bei Malaria breitete sich schnell über ganz Europa aus (Schneider 1974). Mitte des letzten Jahrhunderts wurde von den Holländern *Cinchona* in Java eingeführt und dort in Plantagen angebaut.

Bis zur Erforschung der parasitologischen Ursachen des Sumpffiebers und der Entdeckung der Erreger dieser Krankheit – verschiedener *Plasmodium*-Arten – im Jahre 1880 durch LaVeran, galt die Droge und das hieraus isolierte Chinin als ein Mittel gegen verschiedene Formen von Fieber. Im Jahre 1897/98 konnte zusätzlich noch der Zyklus von der Anopheles-Mücke auf den Menschen und wiederum auf die Mücke von Ronald Ross und Battista Grassi aufgeklärt werden. Erst diese Erkenntnisse ermöglichten ein Verständnis der Wirkungen des Jesuitenpulvers und somit eine im modernen Sinne rationale Therapie.

Aus der Rinde der verschiedenen Arten wurden verschiedene Chinolinalkaloide isoliert. Das Bedeutsamste hiervon ist das Chinin, das erstmalig in den zwanziger Jahren des 18. Jh. isoliert wurde und z. B. aus der Rinde von *C. pubescens* Vahl in großen Mengen erhalten werden kann. Der Gesamtalkaloidgehalt beträgt bei der Rinde dieser Art 4 – 9 %. Eine weitere wichtige Verbindung ist das Chinidin, ein Stereosiomer des Chinins. Der Reinstoff Chinin ist seit seiner erstmaligen Isolierung ein wesentliches Mittel zur Therapie des Sumpffiebers/der Malaria. Chinidin ist dagegen ein klassisches Antiarrhythmikum (Mittel bei Herzrhythmusstörungen). Die Struktur des Chinins konnte 1951 endgültig aufgeklärt werden (Stereochemie), nachdem der Aufbau des Grundkörpers bereits Anfang des 20. Jh. verstanden worden war (Paul Rabe 1909).

Chinin

Verschiedene Abwandlungen des Grundkörpers führten zu einer ganzen Gruppe von stark wirksamen synthetischen Anti-Malariaverbindungen, von welchen das Chloroquin nach wie vor das wichtigste ist. Weitere Beispiele sind das Mefloquin und Primaquin.

Somit zeigt dieses Beispiel den langen Weg von einem ethnobotanisch dokumentierten Arzneimittel zu den wirksamkeitsbestimmenden Reinstoffen und zu in der Biomedizin eingesetzten Arzneimitteln (einschließlich synthetischer Derivate).

Tab. 7.1: Import- und Exportmengen (in 1000 Tonnen) und deren Wert (in Millionen EUR) für die Jahre 1991 und 1994 für Drogen (nach Lange 1996).

	1994				1991			
	Import		Export		Import		Export	
	Menge	Wert	Menge	Wert	Menge	Wert	Menge	Wert
Drogen[1]	43.86	76	14.67	54	38.05	80	14.54	55
Pflanzensäfte[2]	0.80	36	0.86	32	1.10	31	0.68	26

[1] verschiedene in der pharmazeutischen und verwandten Industrien eingesetzte Drogen u. a. Minzeblätter, Ginsengwurzelstock, Süßholzwurzel
[2] für medizinische Zwecke

Wirksubstanzen, die direkt aus Pflanzen erhalten werden. Im Vergleich hierzu schätzt Farnsworth (1969), dass Ende der fünfziger Jahre 25 % aller in den USA eingelösten Rezepte Arzneistoffe pflanzlichen Ursprunges enthielten und dass sich dieser Prozentsatz in den darauffolgenden Jahrzehnten kaum verändert hat (Farnsworth 1992). Bei der zuletzt genannten Auswertung sind aus der Natur bekannte, aber synthetisch hergestellte Arzneistoffe mit eingeschlossen. Beide Auswertungen zeigen, dass biogene Arzneistoffe nach wie vor eine große Bedeutung in der Pharmazie besitzen.

Für viele arme Länder stellen Arzneidrogen einen wesentlichen Exportartikel dar. Aus dieser Sicht ist es wichtig, deren wirtschaftlichen Wert abzuschätzen. Denkbare Quelle für solche Informationen sind Zoll- und Handelsstatistiken. In diesen Zoll- und Handelsstatistiken wird aber nicht zwischen Heilpflanzen und Pflanzenarten, die in der Kosmetik-, Lebensmittel- oder der technischen Industrie verwendet werden, getrennt. Daher bezieht sich die folgende Diskussion allgemein auf drogenliefernde Pflanzenarten.

Für die Bundesrepublik Deutschland (Lange 1996) wurde für die Jahre 1991 – 1994 ein durchschnittlicher Import von 40 000 t Drogen angegeben. Dies entspricht einem errechneten Zollwert von circa 75 Mill EUR (150 Mill. DM). Die tatsächlich aus den Ursprungsländern importierten Drogenmengen sind nicht genau erfassbar, da z. B. die Drogen nur zum Teil direkt aus den Ursprungsländern importiert werden und Reimporte (z B. von in Deutschland angebauter Drogen nach deren Verarbeitung) bei diesen Zollstatistiken nicht berücksichtigt werden. Auch sind ätherische Öle und verarbeitete Pflanzensäfte, sowie in Fertigprodukten verarbeitete Drogen nicht berücksichtigt. Zwar können diese Handelsstatistiken keinen vollständigen Überblick über den Handel mit Arznei- und Gewürzpflanzen geben, doch erlauben diese Daten eine Abschätzung des erzielbaren Handelswertes in dem mit Abstand größten Arzneipflanzenmarkt Europas, wie Tabelle 7.1 verdeutlicht.

Auf der Grundlage dieser Daten erscheint die finanzielle Bedeutung dieser Drogen gering: Dies trifft auch zu, wenn man diese Daten mit anderen Nutzpflanzen vergleicht. So wurden z. B. im Jahr 1998 für 3,9 Milliarden DM (2 Mrd Euro) 7,4 Millionen Tonnen Kaffee in die B.R. Deutschland eingeführt (berechnet auf der Grundlage der Bruttorohkaffeepreise für nicht entkoffeinisierte Bohnen; Dt. Kaffee-Verband/Hamburg, pers. Mitt.). Der Wert aller in der Handelsstatistik zusammengefassten Drogen, die zum Einsatz in der pharmazeutischen (und Gewürz-)industrie bestimmt sind, beträgt somit nur 5 % des Wertes des Kaffeeimportes.

7.3 Geographische Herkünfte von Arzneipflanzen

Neben der Frage, welche Bedeutung Arzneipflanzen und aus Arzneipflanzen isolierte Reinstoffe heute in den verschiedenen europäischen Gesundheitssystemen spielen, ist die Frage nach der geographischen Herkunft der pflanzlichen Arzneimittel von Wichtigkeit. Eine Analyse der geographischen Herkunft kann die aktuelle Bedeutung und das zukünftige Potential außereuropäischer Arzneipflanzen aufzeigen. Dieser Vergleich hat auch eindeutige politische Implikationen, da die Industrieländer immer wieder kritisiert werden, dass sie ihren heutigen pflanzlichen Arzneischatz der Ausbeutung der Tropen und Subtropen verdanken und dass dies eine der wesentlichen Quellen für zukünftige Arzneistoffe darstellt.

Arzneidrogen im deutschen und europäischen Arzneibuch

Das deutsche Arzneibuch (DAB) ist eine Sammlung rechtsverbindlicher Vorschriften, die das Inverkehrbringen von Arzneimitteln in der Bundesrepublik regelt. Die derzeit gültige Auflage stammt aus dem Jahr 2000. Auf europäischer Ebene entspricht diesem

---

FALLBEISPIEL 7.2

Echinacea (Sonnenhutwurzel): Beispiel für die Entwicklung eines modernen Phytopharmakons

Echinacea-Arten werden in der indigenen Medizin verschiedener nordamerikanischer Indianergruppen therapeutisch eingesetzt. Insbesondere der Einsatz von *E. pallida* ist weit verbreitet. Häufig werden Verwendungen als Schmerzmittel und lokal bei verschiedenen entzündlichen Hautkrankheiten und bei Zahnschmerzen berichtet. Folgende Nutzungen sind z. B. von den Winnebago (ursprünglich im heutigen US-Bundesstaat Wiskonsin) bekannt:

- Saft dient als Schmerzmittel und zur allgemeinen Behandlung bei Verbrennungen (mehrere Berichte)
- Pflanze wird in Form von Räucherungen bei Kopfschmerzen verwendet
- Pflanze wird als Gegenmittel bei Schlangenbissen und vielen anderen Vergiftungen eingesetzt (zwei Berichte)
- Breiumschlag wird bei vergrößerten Lymphdrüsen (Mumps) appliziert

- Pflanze wird Dampfbädern zugesetzt, um die starke Hitze aushalten zu können
- Pflanze wird auf schmerzende Zähne appliziert
- Pflanze wird in Form von Räucherung bei Pferden, die an Druse erkrankt sind, verwendet (Moerman 1998).

Nach Bauer (1998) werden die wichtigsten Echinacea-Arten in ihrem ganzen Verbreitungsgebiet in der indigenen Pharmazie eingesetzt. Bereits in der zweiten Hälfte des letzten Jahrhunderts übernahmen europäische Siedler die Verwendung von Echinaceae. Besonders bekannt wurde der deutschstämmige Arzt H.G.F. Meyer, der seinen „Meyers Blood Purifier" als Mittel bei Rheumatismus, Kopfschmerzen, Wundrose, Verdauungsbeschwerden, Tumoren und Furunkeln, offenen Wunden, Schwindel, Skrofulose (Disposition zur Tuberkulose),

---

das Europäische Arzneibuch (Ph. Eur.) von 1997 inkl. Nachtrag 2000. In der Ausgabe von 1997/1998 sind 114 drogenliefernde Pflanzen aufgeführt, 60 davon sind in der Ph. Eur., 54 weitere nur im DAB aufgeführt. Zwar sind einige wenige häufig abgegebene pflanzliche Arzneimittel aus verschiedenen Gründen nicht in diesen Arzneibüchern monographiert (z. B. Sonnenhutwurzel und Ginkgoblätter). Arzneibücher geben trotzdem einen fast vollständigen Überblick über die in der Bundesrepublik wesentlichen pflanzlichen Arzneimittel. Somit ist dies eine guten Datengrundlage um die aktuelle Bedeutung der Arzneipflanzen in Bezug auf ihre geographischen Herkünfte (d. h. nicht ihre aktuellen Anbauregionen!) zu verglei-

chen. In Tabelle 7.2a und b ist die Auswertung der Herkünfte der DAB-Drogen zusammengestellt.

In Tabelle 7.2a werden die Herkünfte der drogenliefernden Arten nach floristisch-arealkundlicher Gliederung entsprechend der sieben Florenreiche aufgeführt (cf. Sitte et al. 1998). Die Biosphäre wird eingeteilt in:

- Holarktis (Arktis, Nordamerika, Europa, nördliches Asien, Sahararegion)
- Paleotropis (Südostasien, Asiatische Inselwelt, Ozeanien, Afrika südlich der Sahara und nördlich der Südspitze Afrikas)
- Neotropis (Mittelamerika, Mexiko, fast ganz Südamerika)

schlechten Augen, Vergiftungen durch Pflanzen oder Schlangen anprieß. Die für die Herstellung dieses Arzneimittels verwendete Droge wurde später als *E. angustifolia* identifiziert.

Als größere Mengen der Echinaceae-Tinktur produziert wurden, begann man vor allem die verbreitetere *E. pallida* mit größeren Wurzelstöcken zu verwenden. Sonnenhutwurzel wurde im Jahre 1916 in das National Formulary (Arzneibuch) der USA aufgenommen. Hierbei durften beide Arten für die Drogengewinnung eingesetzt werden. Mitte dieses Jahrhunderts wurde die Droge in Europa als Arzneimittel eingeführt und hat vor allem in den letzten Jahren zunehmend an Bedeutung als „Immunstimulans" gewonnen. So sind in Deutschland derzeit circa 600 Echinaceae-haltige Präparate auf dem Markt. In den USA ist Sonnenhutwurzel – genau wie alle anderen Arzneidrogenzubereitungen – seit Jahrzehnten als Nahrungsergänzungsmittel ohne Angabe eines spezifischen Therapienspruches auf dem Markt und es war 1996 das am meisten verkaufte „herbal product" in Naturkostläden.

Inzwischen konnte die Wirkung standardisierter

Extrakte durch verschiedene klinische Studien belegt werden. Für die Wirkung wird die Mischung verschiedener Verbindungen (Alkamide, Zichoriensäure, Glykoproteine, Polysaccharide) verantwortlich gemacht (Bauer 1998). Aus ethnobotanisch-ethnopharmakologischer Sicht sind insbesondere zwei Aspekte dieser geschichtlichen Entwicklung von Interesse:

- Moderne Arzneimittel aus der Wurzel des Sonnenhutes wurden direkt auf der Grundlage der indigenen Nutzungen in Nordamerika entwickelt. Sollte eine Pflanze heute auf derartigen Grundlagen zu einem Phytopharmakon entwickelt werden, müssen Fragen des Schutzes dieses indigenen Wissens und einer angemessenen Rekompensation diskutiert werden (siehe Kapitel 7.3.2).
- Sonnenhutwurzel ist auch ein Beispiel für ein Arzneimittel, bei welchem verschiedene Verbindungen zur Wirkung beitragen und bei welchem der Gesamtextrakt eine bessere Wirkung zeigt als einzelne Verbindungen. Somit besitzt die pharmazeutische Entwicklung geeigneter Extrakte Vorrang vor der Entwicklung bestimmter Reinstoffe.

- Kapensis (Kapprovinzen Südafrikas)
- Australis (Australien)
- Antarktis
- ozeanische Florenreiche (Weltmeere).

Insbesondere die Neotropis und die Paleotropis sind ausgesprochen artenreich.

Diese Florenreiche werden weiter in durch klimatische Faktoren bestimmte Regionen unterteilt. Fast drei Viertel (73 %) der bei uns genutzten Arten stammen aus der Holarktis (Tabelle 7.2a). Hierzu gehören unter anderem:

- *Matricaria recutita* (Kamille)
- *Plantago lanceolata* (Spitzwegerich)
- *Centaurium erythraea* (Tausendgülden-kraut)
- *Digitalis* spp. (Fingerhut)
- *Arctostaphylos uvae-ursi* (Bärentraube).

Immerhin ein Viertel stammen aus den artenreichen Tropenregionen der Welt, wäh-

Tab. 7.2.a: Herkünfte von drogenliefernden Arzneipflanzen: Florenreiche[1].

Florenreich	Ph. Eur.	DAB[2]	Gesamt	DAB 6 (1947)
Holarktis	38	42 (15)	82	85
Paleotropis	11	6 (0)	17	30
Neotropis	9	3 (3)	12	18
Australis	0	1 (0)	1	1
Kapensis	1	0 (0)	1	1
Ozeanisches Florenreich	1	0 (0)	1	1
Gesamt	**60**	**55 (16)**	**114**	**136**

[1] sofern mehrere Stammpflanzen für eine Droge zugelassen sind, werden diese nur einfach in die Auswertung mit einbezogen.

[2] die Angaben beziehen sich auf die nur im DAB 1998 (d. h. nicht in der Ph. Eur.) aufgeführten Drogen; die Angaben in Klammern beziehen sich auf drogenliefernden Arzneipflanzen, die auch in der Ph. Eur. 1997 mit Nachtrag 1998 monographierte Drogen liefern.

Tabelle 7.2.b Herkünfte von drogenliefernden Arzneipflanzen: geographische Regionen[1].

Geographische Region	Ph. Eur.	DAB[2]	Gesamt	DAB 6 (1947)
Eurasien (inkl. Mediterrangebiet)	31	41 (11)	71	76
– Europa	7	11 (2)	22	19
– Europa & Mediterrangebiet	3	3 (2)	6	8
– Mediterrangebiet	8	7 (3)	15	16
– Eurasien (inkl. Orient)	13	15 (4)	28	33
Asien (Zentral-, Nord-, Ost-)	3	2 (2)	5	4
Süd- & Südostasien	8	5 (-)	13	24
Afrika	5	1 (-)	6	7
Australien	0	1 (-)	1	1
Nordamerika	3	2	5	4
Mexiko, Mittel-, Südamerika	9	3 (3)	12	19
Ozeane	1	0	1	1
Gesamt	**60**	**55**	**114**	**136**

[1], [2] siehe Tabelle 7.2a

rend die anderen Florenreiche praktisch keine bei uns eingesetzten Arzneipflanzen beitragen.

Bekannte Beispiele drogenliefernder Arzneipflanzen der tropischen Regionen sind u. a.:

- *Cinchona spp.* („China"-Rinde)
- *Rauvolia serpentina* (Indische Schlangenwurzel)
- *Zingiber officinale* (Ingwer).

Eucalyptus globulus spielt als einzige Art aus der Australis eine Rolle.

Die Zuordnung der Pflanzen nach Regionen zeigt, dass die große Mehrzahl der Arzneipflanzen aus der Holarktis in Europa und Asien beheimatet sind. Insgesamt fast zwei Drittel (62 %) der bei uns offiziellen Arzneipflanzen stammen aus diesen Regionen (siehe Tab. 7.2b). Hiervon wiederum sind in Eurasien und in Europa verbreitete Arten am häufigsten. Auffällig ist auch, dass der Anteil von drogenliefernden Arten aus der Holarktis im DAB deutlich höher ist als in der Ph. Eur. (80 % vs. 63 %), entsprechend ist der Anteil der drogenliefernden Arten aus den beiden tropischen Florenreichen im DAB nur halb so groß wie in der Ph. Eur. (16 % vs. 33 %) (siehe Tabelle 7.2a). Insbesondere der Anteil afrikanischer und süd- bzw. mittelamerikanischer Drogen ist in der Ph. Eur. höher (siehe Tab. 7.2b).

Bedeutung

Was bedeutet diese Auswertung aber im Bereich der Phytotherapie, Ethnopharmazie und Ethnobotanik? Selbstverständlich sagt diese Auswertung nichts aus über die Bedeutung biogener Arzneimittel, die als Reinstoffe eingesetzt werden (s. Kap. 7.4). Dies würde eine Auswertung der geographischen Herkünfte der in den Arzneibüchern monographierten biogenen Reinstoffe (ggf. unter Hinzuziehung semisynthetischer Derivate) erfordern. Die große Mehrzahl der bei uns eingesetzten pflanzlichen Arzneimittel (Phytotherapeutika) ist europäischen Ursprungs. Außereuropäische Drogen sind bisher weit

weniger wichtig. Und dies, obwohl diese Gebiete den höchsten Artenreichtum (pro Fläche) auf der Welt aufweisen. Ursache hierfür könnte der Mangel an Forschungen über außereuropäische Arzneidrogen oder auch die fehlende Akzeptanz dieser Drogen in der europäischen und insbesondere deutschen (Pharmazie- und Medizin-)Kultur sein. Einheimische, schon lange bekannte und bei uns „vor der Haustür" verfügbare Drogen wären nach dieser Überlegung eine sehr akzeptable Therapieform, während bei außereuropäischen die Scheu vor dem Unbekannten überwiegt. Welchen Beitrag diese beiden Gründe zur Erklärung der beschriebenen Tatsachen leisten, ist derzeit nicht klar.

Aus der Perspektive der Entwicklungsländer ist eine weitere Frage von großer Bedeutung, die jedoch meist nur wenig beachtet wird: Welchen Beitrag können die in den jeweiligen Entwicklungsländern einheimischen und die lokal anbaubaren Ressourcen für die Verbesserung der Gesundheitsversorgung vor Ort leisten? Hieraus ergibt sich die Forderung nach einer detaillierteren Untersuchung der indigenen und lokalen Therapieansprüche mit dem Ziel, qualitativ hochwertige und therapeutisch geeignete Arzneidrogen in der Basisgesundheitsversorgung der Entwicklungsländer zur Verfügung zu haben. Dies erfordert eine enge Zusammenarbeit zwischen Forschern verschiedener Nationen. Leider ist diese oft durch die berechtigten Ängste der „Geberländer" vor einer weiteren Ausbeutung durch den „Norden" behindert. Hieraus ergibt sich weiterhin die Forderung, klare Regelungen zur Zusammenarbeit zwischen den jeweiligen Partnern aufzustellen und diese durch international gültige Verträge abzusichern (siehe http://users.ox.ac.uk/wgtrr/index.html und Fallbeispiel 9.4).

Ein wesentlicher Punkt sei noch zum Schluss betont: Während der Anteil außereuropäischer Drogen in Zeitraum von 1947 (DAB 6) bis 1997 sich kaum verändert hat, ist im Europäischen Arzneibuch eine zunehmender Anteil „außereuropäischer" Drogen auffällig. Sofern in der Zukunft neue Arzneidrogenmonographien erstellt werden, dürften außereuropäische Drogen einen zunehmenden Anteil hieran haben. Somit dürfte die potenzielle Bedeutung insbesondere der Neotropis und Paleotropis für die Versorgung mit pflanzlichen Arzneimitteln sehr viel größer sein, als die oben aufgeführten Daten vermuten lassen. Ob eher definierte Reinstoffe oder standardisierte Extrakte zur Anwendung kommen, ist zum jetzigen Zeitpunkt unsicher. Unwahrscheinlich ist die Zulassung von Drogen außereuropäischer Herkunft, die als nicht-standardisierte Extrakte eingesetzt werden. Die in der Konvention von Rio aufgeworfenen Fragen werden außerdem für die zukünftige Entwicklung von biogenen oder synthetischen Arzneistoffen, bei welchen Naturstoffe als Vorbild dienen, entscheidend sein (siehe Kapitel 9). Dies wird für die Nutzer und Hersteller dieser Drogen und der daraus abgeleiteten Reinstoffe neue Aufgaben und Verantwortungen bringen. Last but not least sind auch die an Grundlagenforschungen beteiligten Forscherinnen und Forscher vor neue Aufgaben und Verantwortungen gestellt.

7.4   Wichtige in der Biomedizin verwendete Arzneipflanzen

Der Einsatz von Pflanzen in der Pharmazie ist vielfältig und sehr von der Gesetzeslage in den einzelnen Ländern und von regionalen Traditionen abhängig. Während in Deutschland pflanzliche Drogen oft als „Arzneimittel" registriert sind und somit vergleichsweise strengen Kontrollen unterliegen (Wichtl 1998), werden dieselben Produkte in den USA meist als Nahrungsergänzungsmittel („health food supplements") und somit ohne einen konkreten Therapieanspruch abgegeben.

Es können folgende Gruppen von Arzneimitteln, die aus pflanzlichen Drogen gewonnen werden (oder die bei deren Entwicklung eine Rolle gespielt haben), unterschieden werden:

- Synthetische Arzneimittel, die auf der Grundlage von indigenen Arzneimitteln entwickelt wurden
- Biogene Stoffe oder deren Derivate, die als definierte Reinstoffe eingesetzt werden
- Standardisierte Drogenextrakte oder Drogenextrakte, die nach einem genau vorgegebenen Verfahren hergestellt werden
- Direkt – in der Regel als Tee – zubereitbare Arzneidrogen.

In der letzten Gruppe ist der Übergang zu Drogen, die insbesondere aus den europäischen Traditionen stammen und die als „Gesundheitstees", „Frühstückstees", „Aromatees" und Ähnliches eingesetzt werden, fließend. Verbreitete Drogen hierfür sind unter anderem:

- Kamillenblüten (*Chamomilla recutita*)
- Pfefferminzblätter (*Mentha* x *piperita*)
- Früchte verschiedener Apiaceen (Kümmel – *Carum carvi*, Fenchel – *Foeniculum vulgare*)
- Fruchtschalen der Hagebutte (*Rosa* spp.)
- Krautdroge von Thymian (*Thymus vulgaris* L.)
- Krautdroge von Salbei-Arten (*Salvia* spp.).

Diese und die zahlreichen weiteren in Europa sehr weit verbreiteten, in der Regel chemisch gut untersuchten Drogen sollen hier nicht behandelt werden. In der Regel werden sie nicht in der klinischen Therapie eingesetzt, und meist liegen kaum klinische Studien zum Beleg ihrer Wirksamkeit vor.

7.4.1   Arzneipflanzen aus indigenen Medizinsystemen

Indigene Medizinsysteme lieferten zahlreiche Arzneistoffe, deren klinische Wirksamkeit und oder pharmakologische Wirkung gut und in detaillierten Studien belegt ist (s. Tab. 7.3).

Tab. 7.3: Beispiele für Drogen indigener Medizinsysteme, deren Inhaltstoffe oder Extrakte in den letzten Jahren klinisch untersucht wurden und in der Biomedizin verwendet werden (Beispiele).

Botanische Bezeichnung	Deutsche Bezeichnung	Indigene Verwendungen	Regionale Verbreitung	Verwendung in der Biomedizin	Relevante Inhaltsstoffe	Quellen*
Adhatoda vasica Nees (syn: *Justicia adhatoda* L., Acanthaceae)	–	Antispasmodisch, antiseptisch, Antiasthmatikum, Fischgift, Insektizid	Indien, Sri Lanka	Hustenblocker/ antispasmodische Wirkung/ wehentreibendes Mittel	Vasicin[a]	1, 5, 7
Aesculus hippocastanum L. (Hippocastanaceae)	Rosskastanie	Entzündungen	Südosteuropa	chronische Entzündungen, Durchblutungsstörungen	Aescin (Gemisch)	1, 8, 15
Ammi visnaga (L.) Lam. (Apiaceae)	Zahnstocherammei	entzündliche und infektiöse Erkrankungen des Rachens, Aorten-„palpitationen", Diuretikum	nördliches Afrika	Steigerung der Herzdurchblutung	Khellin, Visnadin	2, 5
Ananas comosus (L.) Merr. (Bromeliaceae)	Ananas	Antihelmintisch, Schleimauswerfend, Abortivum	Südamerika (heute weltweit insbes. in den Tropen)	entzündungshemmend	Bromelain	1, 5
Atropa belladonna L. (Solanaceae)	Tollkirsche	Schmerzstillend, Asthma, Entzündungen	Europa, Kleinasien	Parkinsonismus, antiemetisch	(–)-Hyoscyamin	2, 5
Camptotheca acuminata Decne (Nyssaceae)	–	?	Süd- und Südostasien	KCT (Topoisomeraseinhibitor).	Camptothecin	6
Cassia senna L. und spp (Caesalpiniaceae)	Senna	Laxans	Nordostafrika, Mittlerer Osten	Laxans	Senna-Anthranoide	1, 15
Catharanthus roseus (L.) G. Don. f. (Apocynaceae)	Madagaskarimmergrün	„Diabetes" (?)	Madagaskar (heute weltweit in den Tropen und Subtropen)	KCT	Vincristin[b], Vinblastin[b]	1, 15
Cephaelis ipecacuanha (Brot.) Tussac (Rubiaceae)	Ipecacuanha	Ruhr, Amoebiasis, Expektorans, Brechreiz auslösend	tropische Regionen Brasiliens, Boliviens, Kolumbiens	Expektorans, Amoebiasis (Amöbenruhr)	Emetin	1

KCT – Krebschemotherapie
a) Modellsubstanz für die Expektorantien Bromhexin und Ambroxol

b) Modellsubstanzen für verschiedene Zytostatika
*) s. S. 93

Tab. 7.3: (Fortsetzung)

Botanische Bezeichnung	Deutsche Bezeichnung	Indigene Verwendungen	Regionale Verbreitung	Verwendung in der Biomedizin	Relevante Inhaltsstoffe	Quellen*
Chondrodendron tomentosum Ruiz & Pavon (Menispermaceae)	–	Pfeilgift	Brasilien, Peru	Muskelrelaxation (bei Operationen)	D-Tubocurarin (und Derivate)	1
Cimicifuga racemosa Nutt. (Ranunculaceae)	Wanzenkraut	Tonikum, Antirheumatikum, Diuretikum, Schlangenbisse, Abtreibungsmittel	östliches Nordamerika	Menstruationsbeschwerden	Cimicifugin	3, 4
Cinchona succirubra Pav (= *C. pubescens* Vahl und spp. (Rubiaceae)	Chinarindenbaum	indigene Verwendungen im 16. & 17. Jh. nicht dokumentiert	Nördliches Südamerika	Malaria, Herzrhythmusstörungen	Chinin	2, 8
Colchicum autumnale L. (Colchicaceae)	Herbstzeitlose	Gift	Europa	Gicht	Colchicin	2, 5
Combretum caffrum Kuntze (Combrataceae)	–	?	Südafrika	KCT	Combretastatin A-4	6
Cryptolepis sanguinolenta (Lindl.) Schltr. (Asclepiadaceae)	–	verschiedene möglicherweise mit Diabetes assoziierte Symptome	Westafrika (z. B. Ghana)	Diabetes	Cryptolepin	14
Curcuma xanthorrhiza Roxb. und spp. (Zingiberaceae)	Javanische Gelbwurz	Cholagogum, Stomachikum, Karminativum	Indien (?) heute in den Tropen verbreitet	Lebertherapeutikum	Curcumin, äth. Öl	1, 8
Datura metel L./*D. innoxia* Mill (Solanaceae)	Stechapfel	Rauschmittel	Afrika & Asien/ Mittelamerika	„Reisekrankheit", „Beruhigungsmittel"	Scopolamin	1, 5
Digitalis spp. (Scrophulariaceae)	Fingerhut	Gicht u. a.	Europa	Herzrhythmusstörungen, Vorhofflimmern	Digitalis-Glykosisde	
Drimia maritima (L.) Stearn (syn.: *Urginea maritima* (L.) Baker (Hyacinthaceae)	Meerzwiebel	„Wassersucht", emetisch (Brechreiz auslösend), diuretisch	Mittelmeergebiet	Herzinsuffizienz	C_{24}-Steroidglykoside (Bufadienolide)	2, 15

KCT – Krebschemotherapie

a) Modellsubstanz für die Expektorantien Bromhexin und Ambroxol

b) Modellsubstanzen für verschiedene Zytostatika

c) Modellsubstanz für Acetylsalicysäure

*) s. S. 93

Botanische Bezeichnung	Deutsche Bezeichnung	Indigene Verwendungen	Regionale Verbreitung	Verwendung in der Biomedizin	Relevante Inhaltsstoffe	Quellen*
Echinacea angustifolia DC. und *E. purpurea* (L.) Moench (Asteraceae)	Sonnenhut	Schmerzmittel, antientzündliche Therapien, Wunden (inkl. Schlangenbisse und Verbrennungen)	Nordamerika	Immunstimulation	Polysaccharide (?), Isobutylamide u. a.	1, 4
Ephedra sinica Stapf. (Ephedraceae)	Ephedra	chronischer Husten	China	Hustenblocker	Ephedrin	8
Filipendula ulmaria (L.) Maxim (Rosaceae)	Mädesüß	diverse Nutzungen u. a. als Diuretikum, bei Stein- und Nierenleiden	Europa, nördl. Asien	Schmerzmittel	Acetylsäure[c]	2, 5
Ginkgo biloba L. (Ginkgoaceae)	Ginkgo	Asthma, Antihelmintikum (Frucht)	Ostchina, heute verbreitet in Kultur	Demenz, Gedächtnis- und Konzentrationsstörungen, zerebrale Durchblutungsstörungen	Ginkgolide	8
Glaucium flavum Crantz (Papaveraceae)	Gelber Hornmohn	Diuretikum, äußerlich bei Geschwüren	Mittelmeergebiet	Husten	Glaucin	1, 5
Hamamelis virginiana L. (Hamamelidaceae)	Zaubernuss	verschiedene Nutzungen, insbesondere als Schmerzmittel und bei Entzündungen	Nordamerika	Hämorrhoiden, Entzündungen im Rachenraum	Gallotannine	2, 4
Harpagophytum procumbens DC. ex Meissner (Pedaliaceae)	Afrikanische Teufelskralle	Fieber, unspezifizierte Erkrankungen des Blutes, Schmerzen (insbes. nach der Geburt), Entzündungen, Digestivum	südliches Afrika	Schmerzen, insbes. Rheuma	Harpagosid (?), Phenylethane	9
Hyoscyamus niger L. (Solanaceae)	Bilsenkraut	u. a. als schmerzstillende Pflaster und Salben, Fieber, respiratorische Erkrankungen	Europa	Anticholinergikum	Hyoscyamin	2, 5

KCT – Krebschemotherapie

a) Modellsubstanz für die Expektorantien Bromhexin und Ambroxol

b) Modellsubstanzen für verschiedene Zytostatika

c) Modellsubstanz für Acetylsalicysäure

*) s. S. 93

Tab. 7.3: (Fortsetzung)

Botanische Bezeichnung	Deutsche Bezeichnung	Indigene Verwendungen	Regionale Verbreitung	Verwendung in der Biomedizin	Relevante Inhaltsstoffe	Quellen*
Hypericum perforatum L. (Hypericaceae)	Johanniskraut	sehr vielfältige Verwendungen u. a. bei Wunden, Rheuma, Gicht, Menstruationsleiden	Europa	Stimmungsaufhellung, Entzündungen im Rachenraum	Hypericin/ Hyperforin	5
Nicotiana tabacum L. (Solanaceae)	Tabak	Insektizid	tropisches Amerika	Insektizid	Nicotin	1, 15
Papaver somniferum L. (Solanaceae)	Schlafmohn	Beruhigungs- und Schmerzmittel	Westliches Mittelmeergebiet	Schmerzmittel (S), Hustenblocker (H), Krampflöser (K)	Morphin (S), Codein (H), Papaverin (K)	1, 8
Physostigma venenosum Balfour (Fabaceae s.str.)	Calabarbohne	Ordalgift, Jagdgift	tropisches Westafrika (Sierra Leone – Zaire)	Reduktion des Augeninnendruckes (Glaukom, Ophthalmologie), Acetylcholinesterase-Inhibitor, experimentell in der Erforschung der neuronalen Signaltransduktion	Physostigmin	1, 10
Pilocarpus jaborandi Holmes	Jaborandi	Gift	Afrika	Parasympathomimetikum, Glaukom	Pilocarpin	1, 15
Piper methysticum Forst. f. (Piperaceae)	Kava-Kava (Rauschpfeffer)	rituelles Stimulans und Tonikum	Polynesien	Beruhigung, Stimmungsaufhellung	u. a. Kava-Pyrone	1
Podophyllum peltatum L. (Berberidaceae)	Entenfuß	insbes. als Laxans, auch bei Hautinfektionen	nordöstliches Nordamerika	KCT, Feigwarzen	Podophyllotoxin[b] (und andere Lignane)	1, 4
Prunus africana (Hook. f.) Kalkman (Rosaceae)	Afrikanische Pflaume	Abführmittel (veterinärmedizinisch), verbreitetes Heilmittel mit unterschiedlichen Verwendungen	tropisches Afrika	Prostatahyperplasie	insbesondere Sitosterol	11, 12

KCT – Krebschemotherapie
a) Modellsubstanz für die Expektorantien Bromhexin und Ambroxol
b) Modellsubstanzen für verschiedene Zytostatika

c) Modellsubstanz für Acetylsalicysäure
*) s. S. 93

Botanische Bezeichnung	Deutsche Bezeichnung	Indigene Verwendungen	Regionale Verbreitung	Verwendung in der Biomedizin	Relevante Inhaltsstoffe	Quellen*
Psoralea corylifolia L. (Fabaceae s. str.)	Harzklee	Stomachikum, verschiedene Hautkrankheiten	Asien	Schuppenflechte	Psoralen	2
Rauvolfia spp.	Schlangenwurzel	Emetikum (Brechreiz auslösend), bei Cholera	in den Tropen verbreitet	Herzrhythmusstörungen (H), Bluthochdruck (B)	Ajmalin (H), Reserpin (B)	2, 5
Rhamnus purshiana DC. (syn.: *Frangula purshiana* DC.) Cooper und europ. *R.* spp. (Rhamnaceae)	Amerikanischer Faulbaum	verbreitete Verwendung als Abführmittel	westliches Nordamerika	Abführmittel	Anthrachinone	2
Salix spp. (Salicaceae)	Weide	vielfältige Nutzungen, oft bei Wunden, Entzündungen	holarktisch	Schmerzen, Entzündungen, u. a.	Salicylsäure[c]	5
Strophanthus gratus (Hook) Bail. und *S.* spp. (Apocynaceae)	–	Pfeilgift	tropisches Afrika	Herzinsuffizienz	Strophanthin, Ouabain	1
Syzygium aromaticum (L.) Merr. (Myrtaceae)	Gewürznelke	Magenmittel (Stomachikum, Digestivum, Antidiarrhoikum, das Öl bei Zahnschmerzen und Rheuma)	Molukken, Gewürzinseln	Zahnschmerzen	Eugenol	2, 8
Taxus brevifolia Nutt. (Taxaceae)	Kalifornische Eibe	sehr verschiedene Verwendungen, insbes. Magenschmerzen, bei den Tsimshian bei „Krebs"	Westliche USA	KCT (Induktion der Tubulinaggregation)	Taxol[b]	1, 4, 13

KCT – Krebschemotherapie
a) Modellsubstanz für die Expektorantien Bromhexin und Ambroxol
b) Modellsubstanzen für verschiedene Cytostatika
c) Modellsubstanz für Acetylsalicylsäure
1) Farnsworth 1992
2) Balick und Cox 1997
3) Hocking 1997
4) Moerman 1998
5) Dragendorff 1967 (orig. 1898)
6) Cragg and Boyd 1996
7) Mazar 1998
8) Rimpler 1999
9) Iwa 1993
10) Neuwinger 1998
11) Bombardelli und Morazzoni 1997
12) Cunningham + Mbenkum 1993
13) Suffness 1995
14) Luo et al. 1998
15) Hänsel, Sticher und Steinegger (1999)
– die geographischen Angaben basieren zum Großteil auf Mabberly, 1990

Das (D)-Tubocurarin ist hierfür sicherlich das klassische Beispiel (siehe Fallbeispiele 2.4 und 2.5). Aus der Sicht der Pharmazie sind zwei große Gruppen von in der Biomedizin verwendeten Medikamenten zu unterscheiden. Einerseits werden einige der aufgeführten Drogen als (in der Regel auf bestimmte Leitsubstanzen standardisierten) Extrakt eingesetzt. Ein bekanntes Beispiel hierfür sind Sonnenhutwurzel (siehe Fallbeispiel 7.2) oder Ginkgoblätter. In anderen Fällen werden Reinstoffe, die aus indigenen Arzneipflanzen isoliert wurden, als Arzneimittel weiterentwickelt (siehe Fallbeispiel 7.3).

Bereits im 19. Jahrhundert begannen systematische pharmakologische Untersuchungen auf der Grundlage ethnobotanischer Informationen (siehe Kapitel 2). Ein Beispiel für einen derart entwickelten Arzneistoff ist das Physostigmin, welches aus einer westafrikanischen Giftpflanze isoliert wurde (Fallbeispiel 7.4).

Ein weiteres oft zitiertes Beispiel für die Entwicklung eines Medikamentes unter Nutzung der Informationen aus ethnobotanischen Studien sind Bromhexin und Ambroxol. Diese Verbindungen werden zur sekretolytischen Behandlung (Schleimlösung) akuter und chronischer Atemwegserkrankun-

---

FALLBEISPIEL 7.3

Taxol: Beispiel für die Entwicklung eines modernen Arzneistoffes aus einer indigenen Arzneipflanze

Die Kalifornische Eibe *(Taxus brevifolia)* wird von vielen Gruppen im Westen der USA und Kanadas als Arzneipflanze, aber auch in der Herstellung von unterschiedlichen Gebrauchsgegenständen (Kanus, Kämme, Besen) verwendet. Sehr verschiedenartige arzneiliche Verwendungen wurden dokumentiert, mehrfach wird von der Verwendung des Holzes und der Rinde bei Magenschmerzen berichtet, bei den Tsimshian (British Columbia, Kanada) wurde die Pflanze bei „Krebs" verwendet (Moerman 1998).
Jedoch waren diese Angaben nicht die Grundlage für die Entdeckung der zytotoxischen Wirkung bei Krebs. Im Jahre 1962 wurden im Auftrag des National Cancer Institute und des United States Department of Agriculture verschiedene Proben der Kalifornischen Eibe gesammelt und in den Screening Untersuchungen des National Cancer Institute evaluiert. Eine stark zytotoxische Wirkung konnte in einem Zellkultursystem (KB-Zellen) nachgewiesen werden. Dagegen waren die Untersuchungen an verschiedenen in vivo Modellen (vor allem Leu-

kämie) wenig erfolgversprechend und zeigten eine generelle Toxizität der Extrakte. Trotzdem wurde mit der Isolierung der für die Wirkungen verantwortlichen Inhaltsstoffe begonnen. Die biologischen Wirkungen jeder der bei der Aufreinigung erhaltenen Fraktionen wurde hierbei mithilfe verschiedener in vitro Leukämie Modelle überprüft (bio-assay-guided fractionation). Die Isolierung erwies sich als außerordentlich

Taxol

---

gen, die mit Bildung von zähem Sekret und erschwertem Sekrettransport einhergehen, eingesetzt. Sie wurden dem Wirkstoff Vasicin der indischen Heilpflanze *Adhatoda vasica* nachgebildet, die seit langem in der indischen Medizin insbesondere auch für derartige Indikationen eingesetzt wird.

Aus pharmazeutischer und pharmakologischer Sicht ist dies sicherlich ein Modellfall für eine erfolgreiche Arzneistoffentwicklung. Doch auch hier werden die Ethnobotaniker und -pharmakologen von Vertretern von Nicht-Regierungsorganisationen, von den Regierungen einiger betroffener Länder und insbesondere auch von Vertretern der Bevölkerung gefragt:

Vasicin

Ambroxol

Bromhexin

langwierig und schwierig: nach 2 Jahren konnten aus 12 kg Rinde 0.5 g des hauptsächlich für die Wirkung verantwortlichen Stoffes erhalten werden (Suffness 1995). Nach fast 10 Jahren konnte 1971 die Struktur aufgeklärt und veröffentlicht werden. Die Verbindung erwies sich als ein Diterpenoid, in welchem 15 Kohlenstoffatome zu drei (miteinander verbundenen) Ringen verbunden sind (Pentadecen-Ringsystem).

Klinische Studien begannen erst 1984, in den dazwischenliegenden Jahren wurden zahlreiche Studien zur Toxikologie und zum pharmakologischen Wirkungsmechanismus durchgeführt. Im Jahre 1994 wurde Taxol zur Therapie Anthrazyklin-resistenter metastasierender Mammakarzinome (Brustkrebs) zugelassen. Inzwischen sind verschiedene Erweiterungen der Zulassung erfolgt. Daneben werden auch semisynthetische Derivate eingesetzt.

Hieraus ergeben sich einige ethnobotanisch-ethnopharmakologische Fragen.

– *Taxus brevifolia* ist eine äußerst langsam wachsende Art, die den relevanten Inhaltsstoff nur in minimalen Mengen liefert. Da Taxol aus der Rinde isoliert wird, müssen die Bäume für die Gewinnung von Taxol gefällt werden. Bei der Therapie der Ovarialkarzinom-Patientinnen in den USA werden nach einer Schätzung 15–20 kg Taxol benötigt. Sofern andere in den USA verbreitete Tumoren damit behandelt werden, steigt der Verbrauch auf 200 bis 300 kg/Jahr. Hierfür werden circa 145 Tausend Tonnen Rinde benötigt. Somit wuchs die Gefahr der Übernutzung der Bestände. Dieses Problem konnte durch die semisynthetische Herstellung von Taxol aus Inhaltsstoffen anderer *Taxus*-Arten (10-Desacetylbaccatin II) überwunden werden. Bis zu diesem Zeitpunkt bestand ein massiver Interessenskonflikt Naturschutz versus Medizin. Langfristige Strategien zum Anbau dieser Art, sowie die Herstellung von Taxol in Zellkulturen sind zwei weitere viel diskutierte Lösungsmöglichkeiten.

– Die Kalifornische Eibe ist eine in einem Industrieland der gemäßigten Breiten wachsende Art. Was wäre aber, wenn eine Pflanze in einem Land, welches keine derartige Infrastruktur im Bereich Anbau und Naturschutz besitzt, plötzlich von weltweiter pharmazeutischer Bedeutung wäre?

Physostigmin aus *Physostigma venenosum* (Calabarbohne): ein Arzneistoff aus einem afrikanischen Gift

Die Calabarbohne wird in einer begrenzten Region Westafrikas insbesondere als Ordalgift (Gifte für Gottesurteile, siehe Kapitel 5) eingesetzt und ist auch unter dem Namen eséré (einem Begriff aus der Efik-Sprache) bekannt. Bei Gottesurteilen mussten die Verdächtigen entweder die Samen kauen oder einen entsprechenden Bohnenextrakt trinken. Als unschuldig galten – nach einer Studie aus den Jahren 1952/53 bei den Efik – Personen, die danach erbrechen, während bei Schuldigen Schaum aus der Nase tritt und der Mund zittert. Informationen über dieses westafrikanische Gift erreichten Europa in der ersten Hälfte des 19. Jahrhunderts. Die Giftwirkung dieser Art war sehr gefürchtet und der König von Calabar (heute Nigeria) ließ um 1850 alle eséré-Pflanzen, bis auf wenige an geheimgehaltenen Stellen angepflanzte, zerstören (Neuwinger 1998).

Von einem britischen Missionar wurden die Samen nach England gebracht und dort zum Keimen gebracht. Da sie jedoch nicht blühten, konnte sie nicht gültig beschrieben werden. Dies gelang 1859 dank eines schottischen Klerikers, der fertile Belege nach Edinburgh brachte. Dort wurde die Art als der einzige Vertreter einer neuen Gattung von Balfour erstmalig beschrieben. Bereits früh wurden pharmakologische Untersuchungen mit diesem Gift durchgeführt.

1855 nahm R. Christian in einem Selbstversuch einen Teil eines Samens zu sich und 8 Jahre später wurden am gleichen Ort Untersuchungen durchgeführt, die auf eine vielfache Wirkung dieser Giftdroge schließen ließen. Von besonderem Interesse war die Wirkung auf die Pupillen. Diese Wirkung ist derjenigen des Atropins aus *Atropa belladonna* (Tollkirsche, Solanaceae) entgegengesetzt. Kurz darauf wurde von einem Prager Arzt folglich die Calabarbohne als ein Gegengift (Antidot) bei einer Vergiftung mit Tollkirsche eingesetzt. Weitere Anwendungen waren u. a. Epilepsie, Chorea („Veitstanz"), Tetanus sowie als Gegengift bei einer Curare-Vergiftung. Der Hauptwirkstoff – das Alkaloid Physostigmin – wurde 1863 aus den Samen isoliert, jedoch konnte dessen genaue Struktur (Konstitution) erst 1934/35 aufgeklärt werden.

Physostigmin

Auch in der pharmakologischen Forschung erwies sich das Physostigmin bzw. seine Derivate als nützlich. Insbesondere verschiedene Derivate (z. B. Neostigmin, Physostigminsalicylat) werden auch heute noch gelegentlich als Miotikum (die Pupillen verengendes Mittel), insbesondere bei Glaukomen sowie bei zentralen Vergiftungen mit Parasympatholytika und bei Botulismus (Fleischvergiftungen) eingesetzt (nach Neuwinger 1996 und Holmstedt 1972). Jedoch spielen diese Verbindungen als Arzneistoffe heute nur noch eine geringe Rolle.

- Was geschieht mit unseren Rechten?
- Welche Vorteile haben wir aus diesen Entwicklungen?

Hieraus ergibt sich die Kernfrage: Wer soll zu solchen Informationen Zugang erhalten und wie wird ggf. der Missbrauch der Information verhindert? Ein radikaler Lösungsvorschlag ist es, alle ethnobotanischen Informationen nicht öffentlich zugänglich zu machen, die Gegenposition beharrt auf einer vollkommenen Freiheit der Weitergabe von wissenschaftlichen Informationen. Für ethnobotanische Forschungen wesentlich ist die sich aus diesen Problemen ergebende Forderung der meisten Geberländern nach rechtsgültigen Verträgen zwischen den Forschern bzw. den von ihnen repräsentierten Institutionen und Organisationen, die den Geberstaat repräsentieren (sollen). Hierbei wird in der Regel klar zwischen gewinnorientierten Projekten der Industrie und Projekten von Forschungsinstitutionen unterschieden (siehe Fallbeispiel 9.6).

7.4.2 Potenzial indigener Arzneipflanzen

Neben der aktuellen Bedeutung, ist natürlich auch das zukünftige pharmazeutische Potenzial von Pflanzen ein wichtiger Gegenstand der aktuellen Diskussion. Arzneipflanzen aus indigenen Medizinsystemen wird von einigen Autoren (z. B. Balick und Cox 1996) eine große Bedeutung in der Entwicklung neuer Arzneistoffe beigemessen. Andererseits kritisiert z. B. Farnsworth, dass Ende der achtziger Jahre keine einzige „Pharmafirma in der USA ein aktives Forschungsprogramm mit dem Ziel, neue Arzneistoffe in Pflanzen zu entdecken" betreibe (1992). Wichtigste Forschungsrichtungen der pharmazeutischen Industrie heute sind neue Therapeutika für die in Europa, Japan, Australien und Nordamerika wichtigen Erkrankungen. Hierzu gehören insbesondere:

- Krebschemotherapie
- Degenerative Erkrankungen wie Alzheimer und Parkinson

- Herz-Kreislauferkrankungen
- Virale Infektionskrankheiten (insbes. HIV-Infektionen).

Ethnobotanik und Arzneistoffentwicklung heute

Implizit wird in vielen ethnobotanischen Studien angenommen, dass auf der Grundlage ethnobotanischer Informationen direkt Arzneistoffe für den Einsatz in der Biomedizin mit gleicher oder ähnlicher Verwendung entwickelt werden können. Aus einem in der indigenen Medizin eingesetzten Mittel zur Behandlung von Krebs sollte somit ein biomedizinisch einsetzbares Krebsmittel entwickelt werden können. In Tabelle 7.4 wird die prozentuale Verteilung der Arzneipflanzen, die in indigenen Medizinsystemen in 15 Ländern eingesetzt werden, mit den entsprechenden Anteilen in westlichen Industrieländern verglichen (nach Balick und Cox 1997). Fast ein Drittel der in Industrieländern eingesetzten Arzneipflanzen werden bei Erkrankungen des Nervensystems eingesetzt. Weitere wichtige Nutzungsgruppen sind Frauenkrankheiten/Geburtshilfe, Herz/Kreislauferkrankungen und Erkrankungen des Immunsystems/Vergiftungen des Blutes und der Nieren. In indigenen Medizinsystemen sind Nennungen bei Hautkrankheiten bzw. Magen-/Darmkrankheiten die mit Abstand wichtigsten Gruppen. Auch wenn in einigen Fällen eine eindeutige Zuordnung zu einer bestimmten Krankheitskategorie schwierig ist, so belegt der Vergleich, dass eine direkte Umsetzung ethnobotanischer Information in biomedizinisch einsetzbare Produkte vermutlich eher die Ausnahme bleiben wird. In der Zukunft wird es in diesem Zusammenhang wichtiger sein, die indigene Nutzung durch pharmakologische und biologisch-pharmazeutische Untersuchungen zu untermauern bzw. pharmakologisch besonders wirksame und toxikologisch unbedenkliche Drogen von solchen zu trennen, deren pharmakologische Wirkungen nicht belegt werden können, oder die toxikologisch bedenklich sind. Die Ergebnisse dieser Untersu-

Tab. 7.4: Die prozentuale Verteilung der Arzneipflanzen, die in westlichen Industrieländern für verschiedene Krankheitsgruppen eingesetzt werden mit den entsprechenden Anteilen in indigenen Medizinsystemen in 15 Ländern

Krankheitskategorie	Industrieländer		Indigene Medizinsysteme	
	Prozentualer Anteil	Rang	Prozentualer Anteil	Rang
Nervensystem	29	1	10	4
Frauenkrankheiten/Geburtshilfe	14	2	7	7
Infektionen	12	3	9	5
Immunsystem/Vergiftungen von Blut/Nieren	11	4	11	3
Herz/Kreislauf	10	5	2	8
Entzündungen	7	6	9	5
Krebs	4	7	1	9
Magen/Darmkrankheiten	4	8	15	1
Hautkrankheiten	1	9	15	1
andere	4	–	16	–

(nach Balick und Cox 1997: 61)

chungen sollten in marginalisierten Regionen auch zu Anwendung gebracht werden.

Die geringe Bedeutung der bei uns verbreiteten Krankheiten in indigenen Medizinsystemen der Tropen belegt auch ein anderes Beispiel: R. E. Schultes konnte im Norden des Amazonasbeckens (vor allem Kolumbien) in einem Zeitraum von über 50 Jahren fast 1500 Pflanzen als medizinisch relevant dokumentieren (Schultes und Raffauf 1990). Von diesen werden aber nur 25 (1,7 %) für Krankheiten eingesetzt, die im weitesten Sinne mit seniler Demenz, Alzheimer oder anderen Alterskrankheiten in Zusammenhang stehen könnten. Nur 9 (0,6 %) dieser Arten haben möglicherweise einen direkten Bezug zu seniler Demenz oder anderen degenerativen Gehirnerkrankungen (Schultes 1993a). Dies demonstriert eindrücklich, dass derartige Erkrankungen kein wesentliches Therapieziel indigener Phytotherapie sind. Dies gilt auch für die anderen oben aufgeführten Syndrome. Es werden zwar häufiger „Krebsmittel" als indigene Verwendungskategorie dokumentiert. Aber beispielsweise im Falle der Tieflandmixe Mexikos bezieht sich „cancer" auf langandauernde Erkrankungen der Haut (insbes. unterschiedliche Infektionen, Heinrich 1997). Damit ist der in der Ethnopharmakologie in der Regel erwünschte direkte Bezug zwischen indigener Nutzung und den pharmakologischen Testsystemen nicht gegeben. Vielmehr ist hier die indigene Nutzung einer Pflanze bestenfalls ein allgemeiner Hinweis für die weitergehende pharmakologische Untersuchung.

Diabetes

Eine Ausnahme bildet vielleicht das Krankheitsbild Diabetes. Der Diabetes des Typus II (auch als nicht-Insulin-abhängiger Diabetes – NIDDM bezeichnet) nimmt in vielen Gebieten der Erde dramatisch zu. Die Ursachen hierfür sind vielfältig, hängen jedoch insbesondere mit den geänderten Ernährungsgewohnheiten zusammen. Indigene Heiler versuchen daher verstärkt diese chronische Krankheit mit lokalen Ressourcen zu therapieren. Arzneipflanzen, die eine andere Nutzung haben, und neue Pflanzen werden für diese Verwendung ausprobiert. Bewährt sich – nach der Ansicht der Heiler – eine solche Pflanze, wird sie regelmäßig genutzt und die Information über diese Nutzung weitergegeben. Zahlreiche Taxa sind hierfür medizinisch dokumentiert und für einige sind pharmakologische Hinweise und z. T. auch klinische Belege für eine Wirksamkeit verfügbar (Luo et al. 1998). In anderen Fällen sind in den indigenen Kulturen noch so gut wie keine hierfür eingesetzten Arzneipflanzen bekannt (z. B. Weimann und Heinrich 1996, 1997). Diabetes könnte daher ein Modellbeispiel für Untersuchungen zur direkten Verknüpfung ethnobotanischer Informationen mit pharmakologischen und phytochemischen Untersuchungen zur Identifizierung von Arzneistoffen, die auch bei uns von größerer Bedeutung sein könnten, darstellen.

Neue Pharmaka für die Biomedizin

Zur Suche nach biologisch wirksamen Verbindungen für die bei uns prävalenten Krankheiten werden heute in vielen Bereichen der forschenden Industrie zwei vollkommen andere Ansätze bevorzugt:

  Screenen einer großen Anzahl von zufällig ausgewählten Substanzen und Substanzgemischen in möglichst vielen vollautomatisierten Testsytemen (High Throughput Screening) mit einem

möglichst großen Probendurchsatz (> 1 000 000/Jahr)
  Direkte computergestützte Modellierung von Arzneistoffen auf der Grundlage von detaillierten Informationen über die Wirkorte (Computer Aided Drug Design).

In derartigen Screening Programmen werden oft auch Pflanzenextrakte mit aufgenommen, meist ohne dass auf diese Organismengruppe größerer Wert gelegt wird. Ethnobotanische Informationen fließen in diese Programme eher durch Zufall mit ein.

Eine gezielte Suche nach neuen, in der Biomedizin einsetzbaren, Wirkstoffen auf der Grundlage ethnobotanischer Informationen wird derzeit vermutlich die Ausnahme bleiben. Eine kalifornische Firma (Shaman Pharmaceuticals) hat dies in den neunziger Jahren systematisch versucht. Ein wesentliches Ziel dieser Firma war die Wahrung der indigenen Rechte und Interessen und die Entwicklung von Mechanismen zur finanziellen Rekompensation dieser Ethnien. Jedoch konnte hieraus kein neuer in den USA oder Europa zulassungsfähiger Arzneistoff entwickelt werden und die Firma musste 1998 die Arzneimittelentwicklung einstellen. Auch in verschiedenen vom US-amerikanischen *National Institute of Health* (NIH) und *National Cancer Institut* (NCI) finanzierten Projekten wird dies angestrebt, jedoch ist es noch zu früh, um z. B. die Ergebnisse dieser *International Collaborative Biodiversity Groups* (ICBG) beurteilen zu können (siehe z. B. http://guallart.dac.uga.etu).

7.5 Arzneipflanzen in der Primärgesundheitsversorgung von Entwicklungsländern

Arzneipflanzen sind eine meist leicht und direkt verfügbare Ressource, die in der Basisgesundheitsversorgung eingesetzt werden kann. Viele Programme nichtstaatlicher Organisationen der letzten Jahre versuchen dieses Potenzial zu nutzen.

Diarrhö und Dysenterie sind nach wie vor

mit die wichtigsten Gesundheitsprobleme, welche die Bevölkerung in armen tropischen und subtropischen Regionen heimsuchen. Nach Schätzungen der WHO treten weltweit jedes Jahr 3 bis 5 Milliarden Fälle von Diarrhö auf, hiervon betreffen ca. 1 Milliarde Fälle Kinder unter fünf Jahren. Etwa 5 Mil-

Tab. 7.5: Wichtige und vergleichsweise weit verbreitete Drogen, die zur Therapie von Diarrhö eingesetzt werden (nach Heinrich 1998).

Botanische Bezeichnung	Deutscher Name	Regionale und ethnische Verbreitung	Relevante Inhaltsstoffe
Byrsonima crassifolia kunth (Malpighiaceae)	Nanche	Mesoamerika	Gerbstoffe
Oryza sativa L. (Poaceae)	Reis	ursprünglich Asien, jetzt verbreitet in den feuchten Tropen und Subtropen	Polysaccharide
Panicum spp. und verwandte Gattungen (Poaceae)	Hirse	Afrika/Asien	Polysaccharide
Psidium guajava L. (Myrtaceae)	Guave/ Guajava	Mexiko	Gerbstoffe
Punica granatum L. (Punicaceae)	Granatapfel	Südosteuropa bis Himalaya	Gerbstoffe
Zea mays L. (Poaceae)	Mais	Mexiko	Polysaccharide

lionen Todesfälle (2,5 Millionen von Kindern unter 5 Jahren) sind alljährlich zu beklagen. Es ist folglich nicht überraschend, dass z. B. mexikanische Indianergruppen zahlreiche Arzneipflanzen zur Therapie gerade dieser Erkrankung nutzen (Heinrich et al. 1998). Zugleich ist es aber einer der am wenigsten beachteten Bereiche innerhalb der Ethnobotanik und Ethnopharmakologie. Eine medizinisch sehr sinnvolle und auch von der Bevölkerung leicht einsetzbare Therapieform ist die orale Rehydratation und Verwendung eines Salz-Zucker-Gemisches, welches in abgekochtem Wasser gelöst werden soll.

Über zahllose Pflanzen liegen Berichte zur Nutzung in diesem Indikationsbereich vor (z. B. Dragendorff 1967, Perry und Metzger 1980, Morton 1981, Aguilar et al. 1994, Moerman 1998). Ein kleine Auswahl von recht weit verbreiteten Arzneipflanzen gibt Tabelle 7.5. Pharmakologische Arbeiten zu derartigen Drogen sind jedoch recht selten.

Ein Beispiel für den Versuch die bekannten Informationen zu in Entwicklungsländern wichtigen Arzneipflanzen ist eine Serie von Monographien, die von der WHO (1999) veröffentlicht wurde. Sie beinhalten Angaben zur botanischen und pharmakognostischen Charakterisierung, zu den relevanten Inhaltsstoffen, pharmakologischen Wirkungen, Nebenwirkungen, und zur klinischen Wirksamkeit. Jedoch sind bis jetzt (November 2000) erst 28 (!) Monographien veröffentlicht. Ein ähnlicher Ansatz, der jedoch nicht zu detaillierten Monographien führte, wurde unter dem Namen TRAMIL bekannt. Hierbei wurden vor allem Daten zu toxikologischen Risiken der Pflanzen erfasst (Robinan und Soejarto 1996).

7.6 Schlussfolgerungen

Während in Kapitel 4 Arzneipflanzen, die in indigenen Kulturen verwendet werden, diskutiert wurden, lag in diesem Kapitel der Schwerpunkt auf Arzneidrogen, die unter mehr oder weniger starker staatlicher Kontrolle stehen. Die Mehrzahl der in Deutschland eingesetzten Arzneipflanzen stammen aus Europa und den angrenzenden Regionen. Aber vor allem bei der Entwicklung von neuen biogenen Arzneistoffen können ethnobotanische Ansätze von großem Nutzen sein. Ob diese Chance in den nächsten Jahren genutzt werden wird, bleibt abzuwarten. In jedem Fall haben EthnobotanikerInnen im Prozess der Entwicklung biogener Arzneistoffe auf der Grundlage ethnobotanischer Informationen eine wesentliche Verantwortung als Sprachrohr von Heilern und ganzen Ethnien.

Weiterführende Literatur

BAUER, R. (1998): The Echinaceae Story in: Prendergast, H. D. V., N. L. Etkin, D. R. Harris and P. J. Houghton. Plants for Food and Medicine. Royal Botanic Gardens, Kew, Richmond (UK). Pp. 317–332 (Überblick über die pharmazeutische Entwicklung von Echinacea-haltigen Präparaten)

EIDEN, FRITZ (1998 & 1999): Ausflug in die Vergangenheit: Chinin und andere China-Alkaloide (in drei Teilen). Pharmazie in unserer Zeit 27 (6): 257–271, 28 (1): 11–20 und 28 (2): 67–73. (Chinin: Pharmazeutisch-chemischer und historischer Überblick)

HÄNSEL, RUDOLF, OTTO STICHER UND ERNST STEINEGGER (1999): Pharmakognosie, Phytopharmazie. 6. Aufl. Springer, Berlin. (Lehrbuch der Pharmakognosie mit detaillierten Angaben zu vielen in Europa gebräuchlichen Arzneidrogen)

LANGE, DAGMAR (1996): Untersuchungen zum Heilpflanzenhandel in Deutschland. Bonn. Bundesamt für Naturschutz (BfN Deutschland). (Import und Export von Arznei- und Gewürzpflanzen in die BRD)

RIMPLER, H., Hrsg. (1999): Biogene Arzneistoffe. 2. Auflage. Wissenschaftliche Verlagsgesellschaft Stuttgart. (Lehrbuch der Pharmakognosie/Pharmazeutischen Biologie mit detaillierten Angaben zu in deutschsprachigen Arzneibüchern monographierten Drogen)

SCHNEIDER, WOLFGANG (1974): Lexikon zur Arzneimittelgeschichte Band V. 1–3. Pflanzliche Drogen. Govi Verlag – Pharmazeutischer Verlag. Frankfurt/M. (Geschichte von in Europa verwendeten Arzneipflanzen)

Sneader, Walter (1996): Drug Prototype and their Exploitation. John Wiley and Sons, Chichester (UK). (Beispiele für aus Nautrstoffen entwickelte Arzneistoffe)

SUFFNESS, MATTHEW (1995): Taxol: Science and Application. Boca Raton. CRC Pr. (Entdeckung der anti-kanzerogenen Wirkung von Taxol)

WHO (1999): WHO Monographs on Selected medicinal Plants. Volume 1. World Health Organization. Geneva (Switzerland). (Monographien zu – meist in Asien und in Europa – häufig verwendeten Arzneipflanzen)

WILLIAMSON, ELIZABETH M., DAVID T. OKPAKO AND FRED J. EVANS (1996): Selection, Preparation and Pharmacological Evaluation of Plant Material. Chichester. J. Wiley and Sons (Pharmakologische Methoden zur Erforschung der Wirkungen von Arzneipflanzen)

8 Pflanzen in der Ernährung

8.1 Einführung

Nahrungspflanzen als Thema der Ethnobotanik

Das Thema Nahrungspflanzen ist ethnobotanisch weit weniger detailliert bearbeitet worden als die in den vorherigen Kapiteln angesprochenen Gift-, Arzneipflanzen und Halluzinogene. Auch ist hier eine „Makroperspektive" (ein politologischer oder historischer Ansatz) sehr viel häufiger (z. B. Woodham-Smith 1962, Mintz 1985). Die Arbeiten sind meist auf die Rolle von Nahrungsmitteln in größeren Regionen (Mintz 1985) oder Staaten (Woodham-Smith 1962) ausgerichtet, und die Daten werden oft aus einer historischen und/oder ökonomischen Perspektive heraus diskutiert. Eine neuere Ausnahme stellt z. B. die Arbeit von A. Pieroni (1999) dar. In Ethnographien wurden Nahrungsmittel meist unter dem Kapitel „Wirtschaft" diskutiert. Hierbei wird z. B. nicht auf Nahrungsmittel eingegangen, die gelegentlich gesammelt werden oder die als Feldfrüchte nur Nebenprodukte sind. Eine detaillierte ethnobotanische Dokumentation ist nicht das Ziel derartiger ethnologischer Arbeiten.

Ein klassisches Beispiel für eine ethnobiologisch reichhaltige Ethnographie ist die Untersuchung über die Kwakiutl im Küstengebiet Ostkanadas (British Columbia) von Franz Boas (1921). Der deutschstämmige Boas gilt als einer der Begründer der amerikanischen Kulturanthropologie und führte vielfältige Untersuchungen über die Kulturen nordamerikanischer Indianer durch. Bei den Kwakiutl befragte er zahlreiche Informanten über die Herstellungsmethoden verschiedener kulturell wichtiger Objekte, über Lieder und Gebete, Familiengeschichten und die Sozialstruktur. Ein wesentlicher Teil dieser Arbeit sind die Methoden zur Konservierung und Zubereitung von Nahrungsmitteln. Insgesamt 155 „Rezepte" werden beschrieben. Unter anderem erforschte er beispielsweise in großer Detailgenauigkeit die verschiedenen Zubereitungsweisen für Lachs und Gerichte aus Beeren. Franz Boas dokumentiert die Nutzungs- und Zubereitungsweisen der Kwakiutl in ihrer eigenen Sprache und übersetzt diese Texte ins Englische. So konnte er in vielen Fällen auch zeigen, wer die entsprechend zubereiteten Speisen nutzt und wer nicht (Boas 1921). Diese Arbeit ist eine der ersten ethnographisch detaillierten Beschreibungen der Nutzung von Nahrungspflanzen. Auch heute noch werden in Ostkanada ethnobotanische Studien zur Nutzung von Nahrungs- und Arzneipflanzen durchgeführt (z. B. Turner et al. 1990, Fallbeispiel 8.1).

Ziele und Forschungsansätze

Die Ziele interdisziplinärer, ethnobotanischer Forschungen über Nahrungspflanzen sind vielfältig und – wie auch in den vorherigen Beispielen – von der wissenschaftstheoretischen Ausrichtung der ForscherInnen abhängig. Wichtig sind unter anderem folgende Punkte:

- Dokumentation indigener und populärer Nutzungen von Pflanzen als Nahrungs-

FALLBEISPIEL 8.1

Nahrungspflanzen der Thompson Indianer Kanadas

Die Thompson Indianer im südlichen Teil British Columbias besiedelten zusammen mit anderen Gruppen, die zur Sprachfamilie des Salischen gehören, früher eine große Region im Nordwesten der USA und im Südosten Kanadas.

Nach einer Untersuchung von Turner et al. (1990) sind insbesondere älteren Informanten der Thompson-Indianer heute noch insgesamt ca. 120 Nahrungspflanzen bekannt. Diese Vielfalt zeigt die folgende Auflistung der den Thompson Indianern bekannten Nahrungsmittel:

– Wurzeln und Wurzelstock   > 33 Arten
– Gemüse (Blätter Stängel,
  Sprossen, Schösslinge)   16
– Früchte, Nüsse und Samen   > 56
– „Innenrinde" (Kambium und
  sekundäres Phloem)   7
– Pilze   8

Weitere Pflanzen werden in speziellen Situationen oder für spezielle Zwecke eingesetzt:
– Gelegentlich oder im Notfall
  konsumierte Nahrungsmittel   > 10
– Getränke liefernde Arten   18
– Kausubstanzen   > 7
– Gewürze, Zuckerersatzstoffe, Konfekt   15

Ein Beispiel ist die Gattung *Vaccinium* (Heidelbeere und Verwandte). Sie liefert zehn von den Thompson als getrennte Taxa aufgefasste und als Nahrungspflanzen eingesetzte Vertreter. Dies entspricht weitestgehend der botanischen Einteilung dieser Gattung im Gebiet. Jedoch stimmen nicht alle Informanten in der Benennung dieser Arten überein. Wichtigster Vertreter für die Thompson ist *V. membranaceum* Dougl. ex Hook. (Ericaceae, Schwarze Heidelbeere). Die Beeren gelten (zusammen mit *V. ovalifolium* J. E. Smith) als besonders süß und werden deshalb geschätzt. Die Beeren können getrocknet, in Büchsen oder als Marmelade konserviert werden.

Nahrungsgrundlage der heutigen Thompson Indianer sind Fertigprodukte aus Supermärkten. Viele der von den Informanten genannten Pflanzen spielen für die heutige Ernährung der Thompson Indianer kaum noch eine Rolle, doch ist es für viele Mitglieder dieser Ethnie nach wie vor wichtig gelegentlich Nahrungspflanzen zu sammeln. Hierfür besonders geeignete Gebiete werden in den Sommermonaten regelmäßig aufgesucht. Viele dieser Kenntnisse sind für die Thompson daher eher eine Erinnerung an die Vergangenheit (Turner et al. 1990) als eine heute wichtige Ressource.

mittel (selbstverständlich gilt Gleiches auch für die Nutzung von Tieren)
- Untersuchung der heutigen Rolle von autochthonen Nahrungsmitteln im Vergleich zu eingeführten, käuflich erhältlichen (Selbstversorgung versus Marktabhängigkeit)
- Symbolische bzw. kognitive Bedeutung einzelner Nahrungsmittel oder von Nahrung insgesamt
- Nährwert der eingesetzten Nahrungsmittel und der Nahrung insgesamt, sowie

deren ernährungsphysiologischer Wert (einschließlich der potenziellen Bedeutung als Nahrungsergänzungsmittel)
- Konservierung von Nahrungsmitteln
- Untersuchung der ethnoökologischen Systeme zur Produktion von Nahrungsmitteln
- Soziokulturelle Besonderheiten in der Produktion der Nahrungsmittel, ihrer Zubereitung, Verteilung und Konsumption (Wer ist für den Anbau, wer für das Sammeln und wer für die Zubereitung zuständig? Werden bestimmte Gruppen

FALLBEISPIEL 8.2

Nahrungspflanzen der Nokopo, Papua Neu Guinea

Christin Kocher Schmid (1991) untersuchte die Beziehung zwischen Menschen und Pflanzen („the interactions between people and plants") in einem Yopno Dorf – Nokopo – der Huon Halbinsel im Nordosten Papua Neuguineas. Ihr Ziel war es, insbesondere die Klassifikation der Pflanzen und die ästhetischen Vorstellungen über Pflanzen zu beleuchten. Das Siedlungsgebiet weist enorme Höhenunterschiede (1200 m-2400 m) auf. Zwei vegetationsbiologisch unterschiedliche Gebiete werden von den Nokopo unterschieden: onan (Wiesengebiete) und koran (Wald). Beide erstrecken sich über alle Höhenstufen des Siedlungsgebiets. Nahrungspflanzen kommen natürlich in beiden Gebieten vor, und in beiden wird Anbau betrieben. Insbesondere der mittlere Bereich des onan ist hierfür entscheidend. Zu den angebauten Nahrungspflanzen gehören verschiedene Arten von Bambus (*Bambusa* spp. und *Nastus* spp., Poaceae) die aber auch eine Vielzahl von anderen Nutzungsmöglichkeiten besitzen), Bananen (*Musa* x *paradisiaca* L., Musaceae), Zuckerrohr und Gemüserohr (*Sacharum officinarum* L. bzw. *Saccharum edule* Assk., Poaceae), verschiedene Knollenfrüchte (Süßkartoffel – *Ipomoea batatas* (L.) Lam, Convolvulaceae; Kartoffel – *Solanum tuberosum* L., Solanaceae), Mais (*Zea mays* L., Poaceae) und diverse Hülsenfrüchte (Bohnen – *Pisum* spp., Erbsen – *Pisum sativum* L., Fabaceae). Ein Teil dieser Nahrungsmittel wird in Einzelkultur, die Hülsen- und Knollenfrüchte, sowie der Mais in Mischkultur angebaut. Diese Nahrungsmittel dienen nicht nur der menschlichen Ernährung, sondern auch der Ernährung der Haustiere.

Eine weitere wichtige Nahrungsquelle ist Yams (*Dioscorea* spp.), welcher als Einzelkultur vor al-

lem in den tieferen Bereichen der Wiesengebiete (unter 1 700 m ü. NN) angebaut wird. Zahlreiche Kulturvarietäten werden von den Nokopo unterschieden. Yams ist – neben den anderen aufgeführten Knollenfrüchten – eine der wichtigsten Stärkequellen dieser Ethnie. Entsprechend wichtig sind Rituale, die die Aussaat und Ernte dieser Frucht begleiten. Die Erntezeremonien bestehen aus mehreren Teilen:

– Zuerst wird für die Ahnen Nahrung zubereitet, wobei spezielle und nur bei dieser Gelegenheit eingesetzte Bestandteile und zeremonielle Töpfe eingesetzt werden.

– Das Verspeisen der zuerst gesammelten Knollen, die mit zerkautem Ingwer und Salz versetzt worden sind. Die Ortschaft ist in zwei Lineages (Abstammungsgruppen) geteilt, die im Männerhaus einander gegenübersitzen und sich gegenseitig Nahrung anbieten. Die Nahrung wird erst am nächsten Tag von den Männern, die als Vertreter der Ahnen fungieren, gegessen.

– Die Herstellung und Vorstellung der die Ahnen darstellenden Figuren und deren Transport („Aufbruch") in den Wald ist die Aufgabe einiger weniger speziell ausgebildeter Männer.

– Letztendlich ist die Präsentation der jungen Männer, die nach schmerzhaften und langwierigen Vorbereitungen in den Kreis der erwachsenen Männer aufgenommen wurden, ein weiterer wesentlicher Teil dieser Zeremonie (Kocher Schmid 1991).

Dieses Beispiel zeigt eindrücklich die Komplexität der mit der Produktion von Nahrung und deren Verwendung zusammenhängenden Rituale und dass diese ein essenzieller Bestandteil vieler indigener Kulturen (in unserem Beispiel der Nokopo) sind.

der Gesellschaft mit bestimmten Nahrungsmitteln versorgt?).

- Rolle von gesammelten Nahrungsmitteln im Vergleich zu angebauten Produkten
- Bedeutung tierischer Produkte im Vergleich zu pflanzlichen.

Während das Fallbeispiel „Thompson-Indianer" (Turner et al. 1990) ein Beispiel für einen klassischen deskriptiv orientierten Ansatz darstellt, beschäftigt sich Chr. Kocher Schmid (1991) in ihrer Dissertation mit den kognitiven Grundlagen der Pflanzennutzung der Nokopo, Fallbeispiel 8.2. Nahrungspflanzen sind hierbei einer von mehreren Teilaspekten.

8.2 Ethnohistorische Bedeutung von Nahrungspflanzen in der Karibik: Ein Beispiel für Synkretismus

Nutzungswandel

Die Nutzung von Nahrungsmitteln ist vielfältigen Einflüssen ausgesetzt, und in jeder Kultur werden beständig neue Nahrungsmittel integriert, während gleichzeitig andere an Bedeutung verlieren. Eindrücklich lässt sich dieser Synkretismus am Beispiel der karibischen Kulturen zeigen. Die Karibik wurde seit dem Beginn des 16. Jahrhunderts von weißen Siedlern zum Anbau von Exportartikeln für ihre jeweiligen Heimatländer genutzt. Wesentlichstes Exportprodukt hierbei war Rohrzucker und seine Folgeprodukte (insbesondere Rum), der aus Zuckerrohr gewonnen wird. Voraussetzung für dessen Anbau war die Verfügbarkeit einer großen Anzahl billiger Arbeitskräfte. Dies war einer der wesentlichen Gründe für die fast vierhundert Jahre andauernde Verschleppung und Versklavung von Afrikanern.

Ursprünge karibischer Nahrungspflanzen

Die Nahrungspflanzen, die in der Karibik eingesetzt werden, haben die unterschiedlichsten Ursprünge und bilden die Basis für eine innovative und vielfältige Küche der (mehrheitlich schwarzen) Einwohner dieser Region. Die schwarze Bevölkerung, die als Sklaven verschleppt worden waren, nutzte die sich ihr bietenden Möglichkeiten um eine eigene, autochthone Nahrungsversorgung und Ernährung zu entwickeln (Mintz 1996). Die karibische Küche ist Teil einer synkretischen Kultur, die aus Elementen unterschiedlicher Herkunft eine neue eigenständige Tradition schuf. Dies entwickelte sich unter unsäglich schwierigen Bedingungen während der vier Jahrhunderte des Sklavenhandels und -missbrauches. Nach Mintz (1996) bedeutete die Entwicklung einer eigenen Küche einen ersten kleinen Schritt hin in Richtung Freiheit (Unabhängigkeit von den weißen Sklavenhaltern): „Tasting food, tasting freedom". So konnte z. B. der Anbau bestimmter eigener Feldfrüchte verschiedene Ansprüche gegenüber dem Besitzer legitimieren (Zeit für die Bestellung des Ackers), der Austausch und der Verkauf der Feldfrüchte berechtigte die Sklaven zu größerer Bewegungsfreiheit und wirtschaftlicher Selbstständigkeit (selbst wenn diese am Anfang minimal war) (Mintz 1996). Wichtige, von Sklaven angebaute Nahrungspflanzen, ihre Ursprungsregionen und die Region, aus welcher sie in die Karibik eingeführt wurden, sind in Tabelle 8.1 dargestellt. Diese zeigt deutlich die Vielfalt der geographischen Herkünfte der eingesetzten Rohstoffe. Beispiele für die Vielfalt karibischer Kochkunst (nach den Vorstellungen europäischer Gaumen) geben H. Keller und M. Greaves (1988).

Tab. 8.1: Nahrungspflanzen der Karibik, deren Ursprungsregionen und Regionen, aus welchen sie in die Karibik eingeführt wurden.

Wissenschaftlicher Name (deutsche Bezeichnung)	Ursprüngliche Herkunft	Eingeführt aus
Arachis hypogaea L., Fabaceae (Erdnuss)	Südamerika	Afrika
Artocarpus altilis (Parkins ex DuRoi) Fosb., Moraceae (Brotfrucht)	Ozeanien	Ozeanien
Calathea allouia (Aublet) Lindley, Marantaceae (Tobinambur)	Karibik	–
Capsicum annuum L. & *C. frutescens* L., Solanaceae (Paprika & Chile)	Mesoamerika	Mesoamerika
Carica papaya L., Caricaceae (Papaya)	Mesoamerika	Mesoamerika
Coffea spp., Rubiaceae (Kaffee)	Afrika	Afrika
Dioscorea bulbifera L. und *D.* spp.; Dioscoreaceae (Yams)	Afrika	Afrika
Abelmoschus esculentus (L.) Moench., Malvaceae (Okra)	Asien	Afrika
Mangifera indica L., Anacardiaceae (Mango)	Asien	Afrika
Manihot esculenta Crantz, Euphorbiaceae (Maniok)	Süd(?)amerika	Afrika
Musa acuminata Colla, Musaceae (Banane)	Asien	Kanarische Inseln
Oryza sativa L. und *O. spp.*, Poaceae (Reis)	Afrika	Afrika
Solanum tuberosum L., Solanceae (Kartoffel)	Südamerika	Europa (?)
Zea mays L., Poaceae (Mais)	Mesoamerika	Afrika
Cucumis melo L., Cucurbitaceae (Melone)	Afrika	Afrika

8.3 Nahrungsmittel und Arzneipflanzen

Magani

Die Arbeiten von F. Boas und S. Mintz befassen sich mit klassischen Nahrungsmitteln. Jedoch ist der Übergang zwischen in indigenen Medizinsystemen genutzten Arzneipflanzen und solchen Pflanzen, die hauptsächlich eine Rolle in der Ernährung spielen, fließend. Im Falle der Hausa (Nigeria) ist der Ausdruck für Heil- und Nahrungspflanzen gleich: magani. Der Ausdruck bedeutet sowohl „Pflanzen, die zur Behandlung von Fieber eingesetzt werden" wie auch „Nahrungsmittel die zur Behandlung von Hunger eingesetzt werden" (Etkin und Ross 1991). Dies zeigt, dass für die Hausa beide für uns konzeptionell unterschiedliche Gruppen sehr eng zusammengehören.

Nutriceuticals

Springen wir von den Hausa zu den Industriegesellschaften, so zeigen sich auch hier enge Beziehungen zwischen Arznei- und Nahrungspflanzen. In der USA ist der Begriff „nutriceutical" inzwischen allgegenwärtig. Er leitet sich von den Begriffen „nutriment" und „pharmaceutical" ab und bezeichnet Nahrungsmittel, die auch pharmazeutische Wirkungen besitzen sollen. Mit diesem Begriff wird in der USA bewusst oder unbewusst eine Brücke zwischen Nahrungsmitteln und Pharmaka geschlagen. Gleiches gilt für den deutschen Begriff Nahrungsergänzungsmittel, der in den letzten Jahren zunehmend populär wurde.

Für viele Kulturen dienen zahlreiche

Pflanzen sowohl als Nahrungsmittel wie auch als Arzneipflanze. Zum Teil werden lediglich unterschiedliche Pflanzenteile genutzt. Beispielsweise sind viele Vertreter der Gattung *Citrus* auch wichtige Arzneipflanzen. Die Blätter und die Rinde, aber auch die Früchte werden bei vielen Völkern verwendet. Oft werden die Blätter bzw. Rinde beispielsweise in der Behandlung von gastrointestinalen Erkrankungen eingesetzt (Heinrich et al. 1998). Auch die stärkereichen

Früchte vieler Nutzgräser (insbesondere Reis und Mais) sind sowohl Grundnahrungs- wie auch Arzneimittel. Dünnflüssige Breis dienen zur Therapie insbesondere von akutem Durchfall (siehe Kapitel 4). Oft wird jedoch in ethnobotanischen Studien die pharmazeutische Bedeutung solcher „Nahrungsmittel" in indigenen Medizinsystemen nicht erkannt, da die Autoren nicht gezielt nach Änderungen in der Ernährung im Falle einer Krankheit fragen.

8.4 Kulturelle Definition von Nahrungsmitteln

Was sind (geeignete) Nahrungsmittel

Die Vorstellung, welche Elemente der natürlichen Umwelt „essbar" sind und welche Art der Zubereitung sie erfordern, sind kulturell bedingt und unterliegen beständigen Wandlungen. Viele potenzielle Nährstoffquellen gelten bei uns als abstoßend, sind jedoch in anderen Kulturen hoch geschätzte Nahrungsmittel. Ein Beispiel sind Insekten oder auch Seetang, die bei uns als nicht essbar und „ekelig" betrachtet werden. Bei den Azteken des Hochlandes von Mexiko waren im 16. Jahrhundert mindestens 91 essbare Insektenarten bekannt. Hiervon wurden 21 als Käfer (Coleoptera), 17 als Schnabelkerfe (Zikaden, verschiedene Gruppen von Läusen u. a., Hemiptera), und 16 als Bienen/Wespen und Verwandte bestimmt. Bekannteste Beispiele sind die Magueymade (die Larve von *Acentrocneme hesperiaris* Kirby, die sich in Agavenpflanzen entwickelt) und die „Chapulines" (Heuschrecken) (Ramos-Elurdoy und Pino Moreno, 1996). Beide spielen auch heute noch in Mexiko eine Rolle als Nahrungsmittel und werden als Delikatesse angesehen.

Nutzungsweisen von Nahrungsmitteln

In diesem Kapitel liegt der Schwerpunkt jedoch auf den in der menschlichen Ernährung eingesetzten Pflanzen. Wir können u. a. folgende Nutzungen unterscheiden:

- Regulärer Hauptbestandteil der Nahrung (einschließlich der stärkereichen „Grundnahrungsmittel", siehe Fallbeispiel 8.3 Mongongo Nuss)
- Regulärer Nebenbestandteil der Nahrung (z. B. nur gelegentlich gesammelte Wildfrüchte)
- Gewürz (siehe Fallbeispiel 8.4, Chilepfeffer und Gelbwurz, Fallbeispiel 8.5)
- Genussmittel (z. B. Tee, Kaffee siehe Fallbeispiel 8.6, fermentierte Getränke)
- Notnahrung (z. B. im Falle von Ernteausfällen).

Nahrungsmittel müssen durch die Zubereitung in eine für den Esser kulturell akzeptable und angenehme Form gebracht werden. Beispielsweise müssen in der chinesischen Küche alle Speisen so zubereitet sein, dass sie ohne erneutes Schneiden auf dem Teller und damit ohne Verwendung eines Messers gegessen werden können.

8.5   Stärkereiche Nahrungsmittel

In fast allen Kulturen gibt es eine Pflanze, die Hauptlieferant für Kohlenhydrate (Stärke) ist. Je nach Region dominieren Wurzelknollen oder Früchte (z. B. verschiedene Süßgräser). Unsere westliche Kultur ist ungewöhnlich, da hier die Bedeutung der Kohlenhydrate in der Ernährung insgesamt zurückgegangen ist und es inzwischen sehr unterschiedliche Kohlenhydratquellen gibt. Hier hat insbesondere der Anteil von tierischem Protein, Fett und raffiniertem Zucker stark zugenommen. In den USA beträgt der Anteil der verschiedenen Zucker (einfache Kohlenhydrate) bereits 50 % der durch Kohlenhydrate aufgenommenen Menge an Kalorien (Mintz 1996).

Tab. 8.2: Wichtige stärkeliefernde Pflanzenarten (FAO 1995, Franke 1997).

Art	Herkunft	Produktion*	Hauptverbreitungsgebiet
Zea mays L., Poaceae (Mais)	Mexiko	569	Tropen, Subtropen, gemäßigte Zonen
Oryza sativa L., Poaceae (Reis)	unsicher (Wildformen aus Asien, Afrika und Amerika bekannt)	535	Tropen, Subtropen wärmere Gebiete der gemäßigten Zonen
Triticum aestivum L., Poaceae (Weizen)	Eurasien	528	gemäßigte Zonen, Hochlagen der Anden
Solanum tuberosum L., Solanaceae (Kartoffel)	Andines Amerika	265	gemäßigte Zonen, Hochlagen der Anden
Manihot esculenta Crantz Euphorbiaceae (Maniok)	Brasilien	164	Tropen
Hordeum vulgare L. Poaceae (Gerste)	Vorderasien	161	gemäßigte Zonen
Ipomoea batata (L.) Lam. Convolvulaceae (Süßkartoffel)	Südamerika	152	Tropen
Hirsen *Millet Sorghum bisco-lor* (L.) Moench, Poaceae (Hirsen)	trop. und subtrop. Afrika und Asien	92	Tropen, Subtropen
Avena sativa L., Poaceae (Hafer)	Eurasien	34	gemäßigte Zonen
Dioscorea spp, Dioscoreaceae (Yams)	in verschiedenen trop. Regionen in Kultur genommen	30	tropisches (West-)Afrika
Secale cereale L. Poaceae (Roggen)	Kaukasusregion	23	gemäßigte Zonen

* in Millionen Tonnen (jeweils 1994)

In anderen Regionen der Welt spielen stärkehaltige Nahrungsmittel nach wie vor eine zentrale Rolle. Neben den bei uns bekannten Getreiden sind dies vor allem die verdickten und stärkereichen Wurzelknollen verschiedener tropischer Pflanzen. Die weltweit wichtigsten stärkeliefernden Arten sind in Tabelle 8.2 zusammengestellt. Neben diesen gibt es zahlreiche nur lokal oder regional bedeutsame Arten, deren Bedeutung sich uns erst aus ethnobotanischen Studien erschließt.

Neben diesen klassischen und recht weit verbreiteten Grundnahrungsmitteln spielen lokale Ressourcen oft eine wesentliche Rolle. Ein Beispiel ist die Mongongo-Nuss, die bei verschiedenen Gruppen der Wüstengebiete des südlichen Afrikas ein wichtiges Nahrungsmittel ist.

FALLBEISPIEL 8.3

Mongongo Nuss (*Ricinodendron rautanenii* Schinz, Euphorbiaceae): ein Grundnahrungsmittel der !Kung (Botswana)

Die Mongongo Nuss (*Ricinodendron rautanenii* Schinz, Syn.: *Schinziophyton rautanenii* A.R. Sm.) ist eine der Hauptressourcen der !Kung-Buschleute, einer ursprünglichen und intensiv untersuchten Gruppe von Jägern und Sammlern im südlichen Afrika. Die !Kung (oder Dobe Ju/'hoansi lebten genau wie andere Buschmanngruppen (z. B. die !Ko und die G/wi) noch bis vor wenigen Jahrzehnten als Jäger und Sammler in dem zu Botswana und Namibia gehörenden Teil der Kalahari. Viele sind jedoch von den in der Gegend lebenden reicheren Stämmen als Rinderhirten angestellt. Ihre Sprache zeichnet sich durch zusätzliche Schnalzlaute aus, die durch Sonderzeichen, z. B. ,!' und ,/' dargestellt werden.

Ricinodendron rautanenii ist ein in den Wüstengebieten des südlichen Afrikas verbreitetes Wolfmilchgewächs (Euphorbiaceae). Obwohl von den !Kung in den sechziger Jahren zehntausende von Tonnen der Mongongo Nuss geerntet und gegessen wurden, blieben große Mengen ungenutzt auf dem Boden. Diese Frucht lieferte zu diesem Zeitpunkt etwa 50 % des pflanzlichen Anteils der Nahrung bei den !Kung. Täglich werden von einer Person circa 300 Früchte gegessen. Die Versorgung mit der Frucht war sicher, denn sie war leicht erhältlich. Es ist eine ernährungsphysiologisch sehr wertvolle Nahrung, da sie die fünffache Kalorienmenge und die zehnfache Proteinmenge im Vergleich zu gekochten Getreiden liefert. Die durchschnittliche tägliche Menge Mongongo Früchte, die von einer Person aufgenommen wird, entspricht 1260 Kalorien (5,3 kJ) und 56 g Protein. Hierbei werden nur circa 210 g (7,5 ounces) Früchte aufgenommen, die aber dem Kalorienwert von 2,5 Pfund Reis und der Proteinmenge von 400 g (14 ounces) magerem Rindfleisch entsprechen (Lee 1968).

In den Industriegesellschaften spielt diese Pflanze nur eine geringe Rolle. Das Öl der Samen ist mitunter Bestandteil von Lacken und technischen Ölen, das Holz wird hin und wieder als Ersatz für Balsaholz verwendet (Mabberly 1990).

8.6 Gewürze

Gewürze waren immer das besondere „Etwas", das der Nahrung ihren besonderen Reiz gab. Jedoch war beispielsweise die mitteleuropäische Küche bis vor wenigen Jahrhunderten ausgesprochen arm an Gewürzen. Die Suche nach sicheren Versorgungswegen für die heiß begehrten, schwer erhältlichen und somit teuren exotischen Ingredienzen war ein wesentlicher Stimulus für die europäischen Forschungs- und Eroberungsreisen des 14. bis 17. Jahrhunderts. Berühmt sind die Gewürzinseln, insbesondere die Banda Inseln der Molukken (heute Indonesien), um deren Kontrolle im 16. und 17. Jahrhundert blutige Kämpfe gefochten wurden. Sowohl die Muskatnuss (*Myristica fragrans* Houtt.)

FALLBEISPIEL 8.4

Chili-Pfeffer: eine Nahrungs- und Medizinalpflanze Mesoamerikas

Die Gattung *Capsicum* aus der Familie der Nachtschattengewächse liefert eine Frucht, die in zahlreichen Varietäten als Gewürz (Chili, Cayennepfeffer – *C. frutescens* L.) und als Gemüse (Paprika – *C. annuum* L.) eingesetzt wird. Die beiden Arten und ihre zahlreichen Varietäten gehören mit zu den ältesten und wichtigsten Kulturpflanzen Mesoamerikas. Im Tal von Tehuacan (Mexiko) wurden in 7000 – 9000 Jahre alten Schichten Reste von Chilifrüchten entdeckt, die offensichtlich der Ernährung gedient haben. Schon während der toltekischen Herrschaft (9.–12. Jh.) waren Chilifrüchte ein wesentlicher Teil der Tributzahlungen der unterworfenen Völker. In Mexiko wird Chili somit seit vorspanischer Zeit genutzt und sind sie auch heute noch ein alltäglicher Nahrungsbestandteil. Chili ist wichtig, da es den Grundnahrungsmitteln (Mais und Bohnen) „Geschmack gibt", aber auch weil dieser typische Geschmack *identitätsstiftend* ist („mexikanische" Küche). Daneben ist es in Mexiko auch ein oft verwendetes Arzneimittel. Die Früchte werden in Form von Einreibungen bei Hautkrankheiten, oral zur Verbesserung der Verdauung und bei respirato-

Abb. 8.1: *Capsicum annuum* – der „Breyte Indianische Pfeffer" des L. Fuchs (1543).

wie auch die Gewürznelke (*Syzygium aromaticum* (L.), Merr. syn.: *Eugenia caryophyllus*) sind dort heimisch (Balick und Cox 1996) und waren jahrhundertelang begehrte Handelsgüter. Heute werden diese – wie auch viele andere Gewürze – in verschiedenen Tropenregionen (z. B. Sansibar) angebaut. Auch ist der Wert des unveredelten Rohstoffes heute außerordentlich niedrig.

Gewürze, die wir heute als selbstverständlichen Bestandteil nationaler Kochtraditionen auffassen, sind in Wirklichkeit in den letzten 500 Jahren nach und nach in die Kochtradition integriert worden. *Capsicum annuum* und *Capsicum frutescens* L. (Paprika und Chile), klassische Bestandteile der ungarischen Küche, stammen ursprünglich aus Mexiko (siehe Fallbeispiel 8.4).

„Arzneigewürze"

Auch hier sind verschiedene Gewürzdrogen, die zugleich auch medizinische Bedeutung

Capsaicin

rischen Problemen eingesetzt. Nach übermäßigem Alkoholkonsum soll ein roh gegessener Chili lindernd wirken. Aber auch in Ritualen, die zum Schutz der Felder durchgeführt werden, oder bei Totenzeremonien spielen Chilifrüchte eine große Rolle (Aguilar et al. 1994, Argueta V. 1994).

Die Spanier brachten Chili und Paprika als eine der ersten Pflanzen nach Europa, wo sich die Arten vor allem in wärmeren Gebieten gut anbauen ließen. Bereits 50 Jahre nach der europäischen Entdeckung Amerikas finden sich im Kräuterbuch von L. Fuchs (1543, Cap. CCLXXXI) Abbildungen von *Capsicum annuum* (Breyter Indianischer Pfeffer, Calechutischer Pfeffer, Abb. 8.1) und *C. frutescens* (Langer Indianischer Pfeffer, Abb. 8.2). Die Pflanze und ihre Nutzung als Gewürz verbreitete sich schnell über ganz Europa. Insbesondere in Ungarn wurde sie rasch adaptiert und ein Teil der alltäglichen Nahrung (Long-Solis 1986). In Europa wird Capsici fructus, mit dem Hauptinhaltsstoff Capsaicin (s. Formel) außerdem pharmazeutisch in durchblutungsfördernden Scharfstoffpflastern eingesetzt.

Abb. 8.2: *Capsicum frutescens* – der „Lange Indianische Pfeffer" des L. Fuchs (1543).

Gelbwurzel *(Curcuma longa)*: eine Arznei- und Nahrungspflanze Südasiens

Die Gewürze, die in der indischen Küche seit Jahrtausenden eine große Rolle gespielt haben und zur weltweiten Bekanntheit der indischen Küche wesentlich beigetragen haben, sind zugleich auch Arzneimittel. Gelbwurzel (*Curcuma longa* L., syn *C. domestica*. Val., Zingiberaceae, Wurzelstock) ist Hauptbestandteil des Currypulvers und somit ein weltweit wichtiges Gewürz. Nach ayurvedischer Vorstellung ist diese Droge ein wichtiges Gewürz, das als integraler Nahrungsbestandteil eine wesentliche Rolle bei der Verdauung, Metabolisierung und Exkretion spielen soll. Gewürze sind nach ayurvedischer Vorstellung nicht nur Geschmacksverbesserer, sondern ein wertvoller Bestandteil einer gesunden Ernährung (Handa 1998). Somit sind Gelbwurzel und andere Gewürze als eine Art Präventivmedizin aufzufassen. Aber auch als Therapeutikum wird die Droge eingesetzt. Die einfachste Art in der ayurvedischen Medizin

eine Bronchitis zu behandeln, besteht darin, zwei- bis dreimal täglich einen Teelöffel Gelbwurz in einer Tasse Milch einzunehmen (Mazar 1998). Bei einer Vielzahl anderer Krankheiten wird die Arzneidroge eingesetzt (Hänsel et al. 1992). In der Landwirtschaft wird Curcuma-Pulver zum Vertreiben von Ameisen und Vorratsschädlingen in Reis und Weizen verwendet (Hänsel et al. 1992).

Wesentlicher Inhaltsstoff ist das Curcumin (siehe Formel). Diese Substanz ist für die gelbe Farbe des Gewürzes verantwortlich und inzwischen sind eine Vielzahl von pharmakologischen Wirkungen dokumentiert worden. Insbesondere bei entzündlichen Erkrankungen könnte die Verbindung therapeutisch sinnvoll sein. Dieses Beispiel zeigt den fließenden Übergang zwischen Nahrungsmittel (Gewürz) und Arzneistoff.

Curcumin (Diketoform)

besitzen. Ein Beispiel ist die Gelbwurz, die im folgenden Fallbeispiel 8.5 diskutiert wird.

Andere Beispiele für Gewürzpflanzen, die zugleich Arzneipflanzen sind, sind:

- Bockshornsamen (*Trigonella foenumgraecum* L. Fabaceae) als Würze bestimmter Käsesorten
- Kardamomen (*Elettaria cardamomum* (L.) Maton, Zingiberaceae) als Bestandteil von Curries
- Koriander (*Coriandrum sativum* L., Apiaceae)
- Kümmel (*Carum carvi* L., Apiaceae)
- Thymian (*Thymus vulgaris* L. und *Th. zygis* L., Lamiaceae)
- Wacholderbeeren (*Juniperus communis* L. Cupressaceae).

Kardamom, Koriander und Kümmel sind Drogen insbesondere zur Behandlung von Verdauungsproblemen (Stomachika). Bockshornsamen werden innerlich als Expektorans und Roborans und äußerlich bei Furunkeln eingesetzt. Thymian dient insbesondere als Expektorantium (auswurfförderndes Medikament). Wacholderbeeren werden niederdosiert insbesondere als Nierentherapeutika eingesetzt.

Andere früher als Arzneimittel verwendete Pflanzen finden heute – zumindest bei uns – nur noch Anwendung als Gewürz:

- Bohnenkraut (*Satureja hortensis* L., Lamiaceae)
- Dostenkraut (*Origanum vulgare* L., Lamiaceae).

Die Beispiele zeigen die vielfältigen Nutzungen, die verschiedene Ethnien (einschließlich unserer eigenen) für aromatisch riechende und schmeckende Pflanzen gefunden haben. Für eine Gruppe kann eine Pflanze eine Bestandteil der Nahrung sein, während andere Gruppen (oder die gleiche) dieselbe Pflanze als Arzneimittel einsetzen. Oft ist hier die Dosis entscheidend, aber leider sind genaue Dosisangaben in ethnobotanischen Arbeiten nur selten zu finden (siehe Kapitel 4).

8.7   Nebenbestandteile der Nahrung

Seit einigen Jahren wird den unregelmäßiger genutzten Nebenbestandteilen der Nahrung verstärkte Aufmerksamkeit gewidmet. Nina Etkin konnte in einem 1994 veröffentlichten Buch die außerordentliche Bedeutung von wildgesammelten Nahrungsmitteln zeigen. Oft wurden diese als sekundär oder mitunter sogar als veraltete Nahrungsform abgetan. Stattdessen zeigt sich, dass diese Wildsammlungen eine Vielzahl von Verwendungen als Nahrungsmittel aber auch als Arzneipflanzen oder sonstige Nutzpflanzen besitzen.

Zahlreiche Arten wurden kultiviert und sind heute als Gemüse, Früchte oder sonstiges Beiessen ein wesentlicher Teil der menschlichen Ernährung (siehe Körber-Grohne 1988, Franke 1997). Diese weit verbreiteten Kulturpflanzen können hier nicht behandelt werden. In fast allen bäuerlichen Kulturen werden neben den angebauten Nahrungspflanzen auch einzelne Pflanzen gesammelt und dienen als nur gelegentlich gegessene Speise. In Zentralamerika und Mexiko werden beispielsweise sogenannte „Quelites" („Gemüse") gesammelt. Eine große Zahl verschiedener Arten insbesondere aus den Familien der Amaranthaceae (Fuchsschwanzgewächse), Chenopodiaceae (Gänsefußgewächse), Portulacaceae (Portulakgewächse) und Solanaceae (Nachtschattengewächse) werden hierfür verwendet. Deren Bedeutung wurde oft unterschätzt, jedoch sind diese in vielen Kulturen nicht nur eine wichtige Quelle von Nährstoffen, sondern haben auch eine große soziokulturelle Bedeutung (Etkin 1994).

Das beste Beispiel aus unserer Kultur ist das Sammeln von Pilzen und „Wildbeeren", das jedes Jahr viele Menschen in die Wälder lockt. Auch der Einsatz der Blütenstände bzw. der Früchte des Schwarzen Holunders (*Sambucus nigra*) als kulinarische Besonderheit einer Jahreszeit (die in Ei gebackenen Blütenstände im Frühjahr bzw. die Früchte als Kompott oder Gelee im Herbst) sind hier zu nennen.

Die ernährungsphysiologische Bedeutung dieser Nebenbestandteile ist vielfältig, jedoch – in Bezug auf ihre ethnobotanische Bedeutung – noch kaum erforscht. Unter anderem besitzen sie Bedeutung

- Als Lieferanten von Vitaminen
- Als Lieferanten von Mineralstoffen
- Zum Erreichen einer größeren Vielfältigkeit der Nahrung oder zur Geschmacksverbesserung
- Als Zwischenmahlzeiten.

8.8   Genussmittel und fermentierte Getränke

Koffein-haltige Nahrungsmittel

Stimulierend wirkende Getränke (und zum Teil auch Speisen) besitzen bei uns eine große Bedeutung. Am verbreitetsten sind Kaffee (die Samen oder Früchte von *Coffea* spp, Rubiaceae, siehe Fallbeispiel 8.6) und Tee (die teilweise fermentierten Blätter von *Camellia sinensis* (L.) Kuntze und seinen Varietäten, Theaceae). Daneben spielen einige andere koffeinhaltige Nahrungsmittel eine gewisse Rolle. In Südamerika ist z. B. Matetee (die Blätter von *Ilex paraguariensis* A. St. Hil., Aquifoliaceae) und Guaraná (*Paullinia cupana* Kunth, Sapindaceae), in

---

FALLBEISPIEL 8.6

Kaffee: das Genussmittel par excellence

Die Samen sind ein weltweit bekanntes und geschätztes Getränk und Genussmittel. Die Pflanze stammt ursprünglich aus Äthiopien und Kenia. Wichtige Nutzpflanzen sind insbesondere *C. arabica* L. (Arabischer Kaffee, die hochwertigste und am meisten verwendete der Arten), *C. canephora* Pierre ex Fröhner (Robusta Kaffee, insbesondere für löslichen Kaffee eingesetzt) und *C. liberica* W. Bull ex Hiern (Liberianischer Kaffee, der sich durch einen bitteren Geschmack auszeichnet). Diese Arten werden heute weltweit in den Tropen, aber insbesondere in Amerika (Brasilien) und Afrika angebaut.

Kaffee wird heute praktisch überall genossen. Wie vielfältig die Zubereitungen und Verwendungen sind, zeigt ein von Haberland dokumentiertes Beispiel: das der Borana-Oromo in der Grenzregion Kenya-Äthiopien (in Völger und van Welck 1981). Die Zubereitung ist von genau festgelegten Ritualen begleitet. Getrockneten Kaffeekirschen (d. h. die Bohnen mit dem sie umgebenden Fruchtfleisch) wird die Spitze abgebissen „als ob man ein Tier schlachtet". Hieran beteiligen sich alle anwesenden Gäste und die Gastgeber. Die angebissenen Bohnen werden anschließend von der Gastmutter in einen Topf mit siedender Butter geworfen. Hierin werden sie geschmort bis sie schwarz werden. Dann wird mit Milch gelöscht und die Gastmutter füllt das Gemisch in Holzbecher. Im Anschluss wird die Speise wie auch die Anwesenden vom Familienvater oder dem ältesten anwesenden Mann gesegnet. Die in der Butter schwimmenden Kirschen werden wie Kautabak stundenlang gekaut.

Wie bei anderen Zubereitungsweisen sind die Kaffeebohnen bei den Borana-Oromo aufgrund ihrer anregenden Wirkungen beliebt. Die gerösteten Kaffeebohnen enthalten unter anderem Koffein, siehe Formel, Theobromin und Niacin. Insbesondere das Koffein ist für die anregende Wirkung entscheidend.

Koffein

Afrika die Kolanüsse (*Cola nitida* (P. Beauv.) Schott et Endl. und *C. acuminata* (Vent.) Schott et Endl., Sterculiaceae). Kolanüsse waren wesentlicher Bestandteil des ursprünglichen Coca-Cola, welches auch kokainhaltige und damit halluzinogen wirkende Extrakte des Cocabaumes Erythroxylum novogranatense (D. Morris) Hieron, Erythroxylaceae enthielt. All diese koffeinhaltigen Genussmittel waren (oder sind es z. T. auch heute) als alternative Genussmittel in Europa und den USA in Mode. So schreibt z. B. Wolters über Guaraná: „Die erste Beschreibung von Guaraná stammt aus dem Jahr 1669 vom Jesuitenmissionar J. F. Betendorf, der bereits auf die harntreibende Wirkung des Getränkes hinwies wie auch auf den Einsatz bei Kopfschmerzen, Fieber und Krämpfen." Das Interesse an Guaraná war im 18. Jahrhundert Anlass, einen Handelsweg quer durch Zentralbrasilien vom Mato Grosso her über die Quellflüsse des Rio Tapajós zum Rio Maués zu suchen." (Wolters 1994). In den letzten Jahren wurde die Droge als stark wirkendes „natürliches" Stimulatium (Discotrank und Discopille) erneut europaweit bekannt.

Alkoholische Getränke

Weiterhin spielen alkoholische Getränke in zahlreichen Kulturen eine große Rolle (Völger und von Welck 1982). Diese werden in diesem Kapitel behandelt, obwohl auch bei („übermäßigem") Alkoholkonsum Rauschzustände auftreten, die von Halluzinationen begleitet sein können. Da diese jedoch nicht ein wesentliches Element des Alkoholgenusses sind und da größere Mengen Alkohol normalerweise nicht in einem religiösen oder schamanisch ritualisierten Kontext eingenommen werden, wird Alkohol in diesem Kapitel diskutiert. Der Verbrauch alkoholischer Getränke ist vor allem in industrialisierten Ländern weit verbreitet (Völger und

von Welck 1982). Die kulturellen Vorstellungen die mit Alkohol und seiner Verwendung verknüpft sind, werden oft nicht als ein anthropologisch oder ethnobotanisch/ethnopharmakologisch relevantes Thema angesehen. Alkohol gilt in Europa oft als ein (wesentlicher oder gar essenzieller) Teil von Festen oder anderen Formen des gemeinschaftlichen Zusammenseins (z. B. eines Essens). Die Flasche Bier am Abend wird oft nicht als Alkoholkonsum wahrgenommen, sondern gilt als ein Teil der abendlichen Fernsehunterhaltung und die Folgen stärkeren oder langandauernden Alkoholgenusses werden nach wie vor häufig verharmlost.

Auch in anderen Gebieten der Welt sind alkoholische Getränke ein wichtiger Teil von Festen. So ist für die Indianer im Hochland von Mexiko der oft selbst gebrannte „pox" (Zuckerrohrschnaps) ein wichtiges Element der Feierlichkeiten, die zu ganz unterschiedlichen Anlässen stattfinden: Jahresfeste der Heiligen, Einführung neuer Dorfautoritäten (oder deren Verabschiedung), Familienfeste u. a. Gleiches gilt für zahllose andere Kulturen. Grundsätzlich werden nur fermentierte Sorten wie Bier, Wein, Reiswein (Sake) oder fermentierte und anschließend destillierte und somit alkoholreichere Sorten unterschieden. Die Destillation war in den meisten indigenen Kulturen nicht verbreitet und wurde in viele Gebiete erst von den Europäern eingeführt. Übermäßiger Alkoholkonsum stellt auch in vielen unterentwickelten Regionen der Welt eine enormes soziales (und sozialmedizinisches) Problem dar. Eine weitergehende Diskussion fermentierter Getränke und Nahrungsmittel sprengt jedoch den Rahmen dieses Buches (siehe z. B. Völger und Welck 1982).

Direkt als Halluzinogene wirkende Drogen mit biogenen sekundären Naturstoffen, die für diese Wirkungen verantwortlich sind, werden in Kapitel 6 besprochen.

8.9 Schlussfolgerungen

Aus ethnobotanisch-ethnopharmakologischer Perspektive sind Nahrungspflanzen ein ausgesprochen reichhaltiges Gebiet. Neben der weiteren Untersuchung der Bezüge, die zwischen Nahrungs- und Medizinalpflanzen existieren (Etkin et al. 1998) wird vor allem der kulturelle Stellenwert einzelner indigener Nahrungspflanzen, deren Nutzung als Nahrungsmittel in den Kulturen oder auch als „cash crop" eine große Rolle spielen. Vor allem aber wird die Suche nach angepassten und langfristig stabilen Anbaumethoden für Nahrungspflanzen ein wesentliches Ziel von Forschungen im Bereich Ethnobotanik/Ethnoökologie sein.

Weiterführende Literatur

BARRAU, J. (1983): Les Hommes et leurs Aliments. Paris. Temps Actuels (Beschreibung der Kulturgeschichte ausgewählter Nahrungsmittel)

COE, SOPHIE D. (1994): America's First Cuisine. Austin. University of Texas Pr. (Geschichte der Nutzung von Nahrungsmitteln in Nordamerika)

ETKIN, NINA (ed.) (1994): Eating on the Wild Side. The Pharmacologic, Ecologic, and Social Implications of Using Noncultigens. Tucson & London. Univ. Arizona. Pr. (Rolle von Wildpflanzen in der Ernährung)

ETKIN, NINA and PAUL J. ROSS (1991): Should We Set a Place for Diet in Ethnopharmacology. Journal of Ethnopharmacology 32: 25–36. (Ernährung und deren ethnopharmakologische Bedeutung)

FEELEY-HARNIK, GILLIAN (1981, repr.1994): The Lord's Table. The Meaning of Food in Early Judaism and Christianity. Washington and London. Smithonian Institution Press. (historische Untersuchung zu symbolischen Aspekten der europäischen Ernährung)

JOHNS, TIMOTHY (1990): With Bitter Herbs They Shall Eat. Tucson. U. Arizona Pr. (interdisziplinäre Untersuchung zur Rolle von Pflanzen in Nahrung und Gesundheitsfürsorge)

MINTZ, S. (1996): Tasting Food, Tasting Freedom. Boston, Beacon Press. (Geschichte der Nahrungsmittel im Kontext der Sklaverei)

VÖLGER, GISELA und KARIN VON WELCK (Hrsg.) (1982): Rausch und Realität. Drogen im Kulturvergleich. Reinbek bei Hamburg. Rowohlt. Band 1 (zahlreiche Beispiele zur Nutzung von Rauschdrogen in den verschiedensten Kulturen)

9 Biodiversität und wirtschaftlicher Nutzen von Arzneipflanzen

9.1 Mensch und Nutzpflanzen

Nach neueren Quellen sind bis heute circa 1.4 Millionen Arten lebender Organismen beschrieben. Circa 1 Million Arten sind aus dem Organismenreich der Tiere bekannt. Hiervon stellen die Insekten mit circa 750 000 Arten die mit Abstand größte Gruppe (Wilson 1992). Über die Anzahl der tatsächlich auf der Erde vorkommenden Organismen gibt es nur Spekulationen. Erwin (1983) kommt auf der Grundlage von Extrapolationen auf 30 Millionen Arten. Hierbei handelt es sich bei der überwältigenden Mehrheit um Vertreter der Insekten, sowie verschiedene Gruppen anderer Wirbelloser. Andere Autoren lieferten konservativere Schätzungen. Dass diese biologische Vielfalt auf der Erde massiv bedroht ist, ist hinreichend bekannt.

Vom Menschen derzeit genutzt wird – neben einer beträchtlichen Anzahl höherer Pflanzen – nur ein geringer Teil dieser Vielfalt. Jedoch hat diese Nutzung einen Einfluss nicht nur auf die vom Menschen direkt genutzten Arten, sondern auch auf andere, die die regionale Bevölkerung vielleicht sogar als „wertlos" betrachten mag.

Die wissenschaftliche und anwendungsorientierte Diskussion über ökologische Vielfalt und Biodiversität umfasst zahlreiche Teilaspekte, die weit über das Gebiet der Ethnobotanik und Ethnopharmakologie hinausgehen. Auch ist die Erforschung dieser Themen erst seit einigen Jahrzehnten ein wichtiges Anliegen einiger naturwissenschaftlicher Forschungsrichtungen.

Die Diskussion über die Bedrohung der Biodiversität wird je nach Interessenslage der Autoren mit einen Schwergewicht auf unterschiedlichen Ebenen des Naturschutzes geführt. Hierzu gehören Diskussionen über die Bedrohung

- Einzelner Pflanzenarten
- Lokaler Pflanzengesellschaften (Vegetationseinheiten)
- Ganzer Florenreiche oder auch Fragen der nationalen, regionalen oder gar geopolitischen Ursachen und Konsequenzen.

In den folgenden Abschnitten werden nur die direkt für die Bereiche Ethnobotanik und Ethnopharmakologie relevanten Bereiche besprochen.

9.2 Indigene Völker und Biodiversität

9.2.1 Umweltvorstellungen indigener Völker

Die Vorstellungen indigener Völker über ihre Umwelt sind das Thema verschiedener Studien gewesen. Einen konsequent ethnographischen Ansatz hat z. B. F. X. Faust in seinen Studien über die Umweltvorstellungen der Coconuco Kolumbiens. Die Umwelt besteht nicht nur aus den uns bekannten Elementen, sondern ist – nach den Vorstellungen dieser Gruppe – beseelt. Die die Umwelt

Umweltvorstellungen der Coconuco im Zentralmassiv Kolumbiens

Die Wahrnehmung der Umwelt ist ein wesentliches Forschungsgebiet der ökologisch ausgerichteten Ethnologie/Anthropologie. Der deutsche Ethnologe Franz X. Faust (1992) untersucht am Beispiel der Coconuco, einer heute spanisch-sprachigen Indianergruppe im Zentralmassiv Kolumbiens, und der nahe verwandten Yanacona, die Vorstellungen über die sie umgebende Landschaft und die lokalen Ressourcen und leitet hieraus Hinweise für eine zukünftige Naturschutzpolitik ab.

Nach den Vorstellungen der Coconuco beeinflusst jedes Objekt und jeder Vorgang in der Umwelt das Wohlbefinden einer Person. Diese Person steht nicht isoliert da, sondern ist mit allem verbunden, das sie umgibt. Sie ist nach

1 *urcu*: Berg mit Höhlen, die in die Unterwelt führen

2 *indios pintados* und *tapanos*: In den *urcus* leben die Menschen der Vorzeit. Die *tapanos* haben keinen After und ernähren sich vom Duft der Speisen.

3 Unterweltsee

4 *piedra fina*: Die *urcus* sind aus „feinem" Gestein, denn nur Felsen aus „feinem" Gestein stoßen Wasser aus.

5 Gallinazo und Guala stehen unter dem besonderen Schutz von *jucas*. Geiersteine ermöglichen dem *macuco*, sich in diese Tiere zu verwandeln.

6 Cuscungo: Eulenart, die niemals geschossen werden darf. Eine Cuscungo-Klaue bringt dem *macuco* seine Geister heran.

7 Wolken: Die Wolken, die in den Flüssen des heißen Landes Wasser trinken, werden von den *urcus* angezogen und geben ihr Wasser in Form von Regen ab.

8 *mambeadero*: Die Gipfel der *urcus* sind Orte, an denen sich die *macuco* mit ihren Geistern treffen; dort können sie mit Hilfe von Coca und Tabak Gewitterstürme herbeirufen.

9 *guaca*: Vorkolumbische Begräbnisstätte, deren Gold sich während der Gewitterstürme entzündet.

10 Blitze gehen bevorzugt auf *guacas* nieder oder dort, wo Obsidiane liegen.

11 Hirsche werden von *jucas* in den *urcus* gehalten. Sie nehmen den *espiritu* der dort wachsenden Pflanzen auf und konzentrieren ihn in Losung, Blut, Geweih und Hufen.

12 Wälder: Im Inneren der Wälder herrscht viel *jucas*, weshalb die dort wachsenden Pflanzen reich an *espiritu* sind.

13 *duende*: Kleiner Mann mit Hut sowie verdrehten Armen und Beinen, lebt an Flussufern und verfolgt Frauen.

14 *madre agua*: Tritt auf als überaus schöne Frau oder als Schlange. Sie ist die Herrin der Wassertiere und -pflanzen und lebt bevorzugt in Gumpen unter Wasserfällen.

15 *piedra floja*: Schwaches Gestein, unter dem sich das Wasser befindet.

16 Gehöfte müssen in gebührendem Abstand von Felsen und Wasserläufen errichtet werden, um deren *hielo* zu vermeiden.

17 Felder werden bevorzugt auf dem trockeneren Untergrund über *piedra floja* angelegt.

18 *auca*-Kinder: Von der Mutter nach der Geburt getötete Kinder treten an den Wasserfällen als Skelette mit langen Zähnen auf. Die Wasserfälle schwellen an, wenn sich ihnen ein Unbekannter nähert.

19 Bergseen: Der Paramo wird „wild", indem diese Nebel und Nieselregen erzeugen.

20 *pantasma negra*: Schwarze unheilbringende Wolken, die aus den Bergseen aufsteigen.

21 Sümpfe: In den Sümpfen leben Frosch und Regenbogen. Beide verursachen Hautkrankheiten. Der Regenbogen kann menstruierende Frauen schwängern.

22 Bergseen, aus denen die Wasser zur Welt kommen: Diese sind Orte der *macuco*-Initiation.

23 *salero*: Salzquelle, die in den ersten Tagen des abnehmenden Mondes *jucas*' Lieblingstiere Bär, Tapir und Hirsch anziehen.

24 Vulkan: Die Schneehaube ist Zeichen seiner Wildheit. Wird er bezähmt, zieht sich der Schnee zurück.

25 Hagel: Wenn die Berge schneebedeckt sind, werfen sie Hagel aus.

26 Paramohexen: Kannibalische Frauen mit extrem großen Brüsten, die sich in Pumas verwandeln.

27 Paramopflanzen wachsen im Land mit starkem *jucas*, weshalb diese besonders reich an *espiritu* sind.

28 Mond: In den ersten Tagen nach Vollmond besitzt der Mond all seine Kraft, und *jucas* ist dann am stärksten.

29 Sonne: Bisweilen wird erwähnt, daß den *espiritu* von Pflanzen die Sonne an dem jeweiligen Wachstumsort zuweist.

Faust (1992) gewissermassen der zentrale Knoten eines Netzes, welches die gesamte Umwelt umfasst. Alles auf der Welt ist beseelt, d. h. es besitzt einen „espiritu", der auch als Kraft oder Vitalität oder Lebenstüchtigkeit oder Selbstvertrauen übersetzt werden kann. Ein Zuviel oder Zuwenig an „espiritu" führt bei einem Menschen zu Krankheit.

Die Abbildung zeigt das von F. X. Faust aufgezeichnete Kosmogramm dieser Gruppe. Die verschiedenen, die Landschaft bewohnenden, beseelten Wesen und die anderen wesentlichen Elemente der Umwelt sind dargestellt. Die Umwelt ist für die Coconuco mehr als nur das für uns physisch Wahrnehmbare.

bewohnenden Wesen können umgekehrt direkt auf das Leben der Menschen Einfluss nehmen und Anderen Schaden bringen, siehe Fallbeispiel 9.1.

Oft sind derartige Vorstellungen für westliche Reisende und Forscher vollkommen unverständlich, aber belebte Wesen, Schutzgottheiten und auch böse Geister sind – z. B. für die Coconuco – ein genauso normaler Bestandteil der Umwelt wie das Wasser oder die Pflanzen.

9.2.2 Beeinflussung der Umwelt durch indigene Völker

Die Arbeit von F. X. Faust geht von einer emischen Perspektive aus, versucht also die Kultur der Coconuco aus deren eigenen Vorstellungen heraus zu erklären und die für die Gesellschaft wesentlichen Themen zu untersuchen. Im Gegensatz hierzu wird im folgenden Teil die etische Perspektive verwendet, bei welcher kulturübergreifende Kategorien eingesetzt werden. Die Begriffe emisch und etisch leiten sich von den sprachwissenschaftlichen Begriffen *phonemisch* und *phonetisch* ab und bezeichnen eine Kulturimanente bzw. kulturvergleichende Beobachtungsweise (Pike 1954).

Aus Forschungen der letzten Jahre ist es deutlich geworden, dass selbst scheinbar unberührte Gebiete der Erde (z. B. tropische Regenwälder) eine lange Kulturgeschichte besitzen. Dies ist ein wichtiges Thema für die ethnoökologische Forschung. Diese Forschungsrichtung untersucht die verschiedenen Einflüsse des Menschen auf die Umwelt (und umgedreht) und die indigenen Vorstellungen von der Umwelt. In den letzten Jahren sind insbesondere Fragen zum Einsatz dieses indigenen Wissens im Naturschutz intensiv diskutiert worden. Aus den zahlreichen Untersuchungen ist klar geworden, dass der positive bzw. negative Einfluss, den eine Gruppe auf ihre direkte und weitere Umwelt hat, in jedem Einzelfall untersucht werden muss und dass keine allgemein gültigen Aussagen über die Angepasstheit der Nutzung

der Umwelt durch indigene Völker möglich sind.

Jäger und Sammler

Selbst Jäger und Sammler beeinflussen ihre Umwelt direkt oder indirekt. So ist von den Mbuti – einer Gruppe von Jägern und Sammlern in Zaire – bekannt, dass sie Vertreter der Gattungen *Canarium* (Burseraceae) und *Landolphia* (Apocynaceae) gezielt vermehren. Diese werden als fruchtliefernde Bäume geschätzt und da sie Licht für das Wachstum benötigen, werden einzelne für die Mbuti nicht so wichtige Bäume gefällt (Ichikawa 1992). Nach Ansicht dieses Autors ist die Idee eines „Primärwaldes" im engen Sinne des Wortes eine Fiktion.

Ähnliche Beispiele sind von zwei weiteren Ethnien, die teilweise Wildpflanzen domestizieren und teilweise als Jäger und Sammler leben, bekannt. Im Falle der Kayapó (Fallbeispiel 9.2) wird durch die menschliche Aktivität eine neue Vegetationseinheit geschaffen: Inseln mit einer für diese Ethnie nützlichen Artenzusammensetzung. Dies führt zu einer höheren Biodiversität in den von den Kayapo angelegten Vegetationsinseln. Auch das Beispiel der Ka'apor (Fallbeispiel 9.3) zeigt, dass die Nutzung der Umwelt durch diese Ethnie trotz intensiver Nutzung des Waldes nicht zu dessen Degradierung führen muss.

Folgen für die Vegetationsstruktur

Die Einflussnahmen des Menschen zeigen sich auch in direkten Untersuchungen der Vegetationsstruktur. Eindrücklich gezeigt wurde dies von Deil und Mitarbeitern durch vergleichende vegetationsökologische Studien in Südspanien und Nordmarokko. Die Autoren verwendeten einen geobotanischen Ansatz bei welchem 1500 pflanzensoziologische Erhebungen ausgewertet wurden. Beide Gebiete zeichnen sich durch eine sehr ähnliche naturräumliche Gliederung und Struktur aus, werden jedoch von Bevölkerungen mit unterschiedlicher Kultur be-

Die Beeinflussung der Umwelt durch die Kayapó

Ein eindrückliches Beispiel für angepasste Bewirtschaftungsformen gibt Posey (1992), der über viele Jahre interdisziplinäre ethnobotanische, ethnoökologische und ethnozoologische Untersuchungen bei den Kayapó im Amazonasgebiet Brasiliens durchführte. Diese Gruppe lebt sowohl als Jäger und Sammler wie auch zugleich als gelegentliche Anbauer verschiedener Feldfrüchte. Circa drei Viertel der von den Kayapó genutzten Arten sind nicht domestiziert, jedoch können sie auch nicht als Wildpflanzen angesehen werden, da sie systematisch aufgrund von gewünschten Eigenschaften ausgewählt wurden und in verschiedenen um die Orte liegenden Gebieten vermehrt werden. Die Beeinflussung der Umwelt durch die Kayapó zeigt sich deutlich in sogenannten Waldinseln (Apêtê). Diese werden von den Kayapó gezielt in der Region der campo-cerrado, einer natürlichen Vegetationsform, die durch relativ spärlichen Baumbestand gekennzeichnet ist, angelegt. Apêtê werden als winzige Vegetationsinseln mit einem Durchmesser von 1–2 Metern begonnen, indem organische Substanz aus Termiten- und Ameisennestern an einer offenen Stelle deponiert wird. Normalerweise werden flache Mulden ausgewählt, da es hier wahrscheinlicher ist, dass die Feuchtigkeit gehalten wird. Nach und nach werden die Apêtê ringförmig vergrößert. Alte Apêtê werden durch das Fällen von Bäumen in ihrer Mitte verjüngt. Dies ermöglicht zugleich das verstärkte Wachstum von lichtliebenden Arten. Somit konnten die Kayapó Vegetationsinseln schaffen, die äußerst artenreich sind und die auf kleinstem Raum Gebiete mit unterschiedlicher Lichteinstrahlung und Feuchtigkeit schaffen. Bei einer Untersuchung der Artenzahl von 10 Apêtê wurden insgesamt 120 Arten erfasst, von welchen – nach Angaben der Kayapó – circa drei Viertel auf Anpflanzungen zurückzuführen sein dürften. Die Kayapó haben in diesen Apêtê mit einer Gesamtfläche von 10 ha Varietäten von Pflanzen angepflanzt, die ursprünglich auf einem Gebiet, welches der Größe Westeuropas entspricht, gesammelt wurden (Posey 1992). Diese Waldinseln dienen nicht nur als wichtige Quellen für zahlreiche Nahrungspflanzen, sondern auch als Erholungsstätten, Lockstellen für Jagdtiere und nicht zuletzt der Versorgung mit Arzneipflanzen. Somit konnten die Kayapó mit Hilfe dieser Anbaumethoden eine produktive Waldnutzung entwickeln, die es ihnen ermöglichte, je nach Bedarf zwischen Jäger- und Sammlertum und Feldwirtschaft zu wechseln. Diese traditionellen Nutzungsmethoden sind in den letzten Jahrzehnten massiv bedroht worden und D. A. Posey konnte durch zahlreiche Aktionen die Weltöffentlichkeit auf die Situation der Kayapó aufmerksam machen.

siedelt. Dies führt insbesondere auch zu unterschiedlichen Landnutzungsformen. In Marokko dominiert die kleinbäuerliche Subsistenzwirtschaft, während in Südspanien agroindustriell bewirtschaftete Latifundien vorherrschen, die zu einer Entmischung der Nutzungsformen geführt haben. Die Autoren konnten zeigen, dass es in den Gebieten unterschiedliche Kombinationen von Pflanzenassoziationen und klare Unterschiede in der Struktur der Pflanzengesellschaften gibt. Hierbei wird die Vegetationsstruktur stärker durch die jeweilige Nutzung als durch die naturräumlichen Gegebenheiten geprägt (Deil 1996, 1997).

Nutzungsstrategien der Ka'apor und ihre Folgen

Die heutigen Ka'apor bewohnen eine nach wie vor naturnahe Region im brasilianischen Staat Maranhão (Amazonasgebiet, Nordbrasilien). Um den Stellenwert der Nutzung von Pflanzen bei dieser Ethnie herauszufinden, nutzte Balée die Methode der Quantifizierung von Beobachtungen, die zu zufällig ausgewählten Zeitpunkten gemachten wurden. Bei dieser Methode wird das Verhalten einer Bevölkerung durch Auswertung zahlreicher kurzer Beobachtungen mit einer quantitativen Methode untersucht. Insgesamt wurden über 2100 Beobachtungen über die Aktivität ausgewertet (jeweils circa 1100 für Männer und Frauen). Männer verbringen 55 % ihrer Zeit mit Aktivitäten der Subsistenzsicherung (u. a. je 20 % Jagd und Gartenbewirtschaftung), bei Frauen ist dies etwas weniger (45 %; u. a. 15 % Gartenbewirtschaftung). Sieben Prozent der Zeit widmen die Frauen direkt der Kinderbetreuung, während dies bei Männern nur 0.3 % der Zeit sind. Beide Geschlechter verbringen knapp ein Viertel der Zeit mit verschiedenen Freizeitbeschäftigungen. Auffällig ist, dass die Ka'apor bei den meisten dieser Beschäftigungen Pflanzen nutzen oder diese bearbeiten (Balée 1994). Kulturell besonders wichtig sind hierbei die Aktivitäten in Zusammenhang mit dem Anbau von Pflanzen. Es überrascht nicht, dass bei dieser Art der Auswertung die Verwendung und Zubereitung von Arzneipflanzen keine Rolle spielt.

Nach Balée (1992) lebt die traditionelle (!) Gesellschaft der Ka'apor in einem weitgehenden ökologischen Gleichgewicht mit der sie umgebenden Umwelt. Möglicherweise ist dies von den Ka'apor nicht so beabsichtigt, es ergibt sich aber aus der niedrigen Bevölkerungsdichte, der Abhängigkeit von den lokalen (botanischen und zoologischen) Ressourcen, dem Fehlen einer auf Märkte und Handel angewiesenen Wirtschaft.

Die sie umgebende Vielfalt wird von den Ka'apor effektiv genutzt und für ihre Zwecke eingesetzt. Nach Balée ist Management die Beeinflussung von anorganischen und organischen Umweltkomponenten, die eine Erhöhung der biologischen Vielfalt im Vergleich zum naturnahen Ausgangszustand nach sich zieht. Mittels einer Auswertung der Artenzahl an Bäumen und Lianen auf je vier ein Hektar großen Flächen Primärvegetation und Altbrache wurde der Einfluss der Ka'apor auf die Biodiversität bestimmt. Nach seinen Untersuchungen ist im Falle der Ka'apor zumindest keine Abnahme der Biodiversität festzustellen (Balée 1992). Hierbei sind zwischen den beiden untersuchten Vegetationstypen deutliche Unterschiede in der Artenzusammensetzung festzustellen. Somit ermöglicht die Nutzung der Altbrache durch die Ka'apor das Aufkommen von Arten, die sonst im Primärwald nicht sehr häufig vorkommen, ohne dass die Gesamtartenzahl abnimmt.

Dieses Beispiel zeigt, dass die Nutzung des Waldes nicht notwendigerweise zu einer Abnahme der biologischen Vielfalt führen muss, jedoch sollte nicht übersehen werden, dass die Bevölkerungsdichte in diesem Teil Amazoniens zum Zeitpunkt der Untersuchungen sehr gering war und für die natürliche Regeneration genutzter Flächen ausreichend Zeit verfügbar ist.

FALLBEISPIEL 9.4

Die Deklaration von Belem

Die Deklaration von Belem wurde auf dem ersten internationalen Kongress über Ethnobiologie 1988 verabschiedet. In dieser Deklaration wird auf den drastischen Rückgang tropischer Regenwälder und anderer fragiler Ökosysteme und die damit zusammenhängende Ausrottung von Arten sowie auf die weltweite Zerstörung indigener Kulturen aufmerksam gemacht. Diese Ressourcen sind für die indigenen Kulturen überlebenswichtig und 99 % der genetischen Ressourcen der Welt werden von ihnen betreut und verwaltet. Insbesondere wird auch betont, dass es eine unentwirrbare Verbindung zwischen kultureller und biologischer Vielfalt gibt („...there is an inextricable link between cultural and biological diversity...").

Daher werden folgende Aktivitäten gefordert (http://users.ox.ac.uk/wgtrr/index.html):

– Ein substanzieller Anteil der Entwicklungshilfe soll für Projekte zur Inventarisierung, dem Schutz und dem Management ethnobotanischer Ressourcen genutzt werden.
– Anerkennung der indigenen Spezialisten als eigenständige Fachleute, die in allen Projekten, die ihre Ressourcen und ihre Umgebung betreffen, konsultiert werden.

– Anerkennung und Garantie aller unveräußerlichen Menschenrechte einschließlich ihrer kulturellen und linguistischen Rechte.
– Mechanismen zur Kompensation indigener Völker für die Nutzung ihres Wissens und ihrer biologischen Ressourcen sollen entwickelt werden.
– Erziehungsprojekte sollen durchgeführt werden, um die Weltöffentlichkeit auf die Bedeutung ethnobotanischer Informationen für die Menschheit aufmerksam zu machen.
– Einschluss und Respektierung traditioneller Heiler und Integration von traditionellen Therapiemethoden in alle medizinischen Programme.
– Weitergabe der Resultate der ethnobotanischen Forschungen an die indigenen Völker, mit welchen die Forscher zusammengearbeitet haben, insbesondere sollen die Ergebnisse in der indigenen Sprache verbreitet werden.
– Austausch von Informationen unter indigenen und bäuerlichen Gruppen über Naturschutz, Management und nachhaltige Nutzung der Ressourcen.

Wanderfeldbau und andere bäuerliche Nutzungsformen

Nur in sehr wenigen Regionen der Erde spielen Jäger und Sammlerkulturen noch eine Rolle (siehe Lee und DeVore 1968). Wichtiger sind die verschiedenen bäuerlichen Nutzungsweisen, die sich auf den oft nährstoffarmen tropischen und subtropischen Boden bewähren müssen. Häufig wird nach wie vor der Wanderfeldbau betrieben (Shifting cultivation). Bei dieser Anbaumethode wird traditionell ein Stück Wald gerodet, mit Feld-

früchten bebaut und nachdem der Boden erschöpft ist oder/und Schadtiere überhand nehmen, wird das Gebiet zur Brache. Nach mehreren Jahrzehnten wird diese Fläche erneut gerodet. Oft wird diese Form der Nutzung mit Fruchtwechsel kombiniert. Die traditonellen Wanderfeldbauern haben diese Wirtschaftsweise seit Jahrtausenden praktiziert und das Hauptrisiko ist der wachsende Bevölkerungsdruck mit der Folge, dass der Druck auf die Umwelt ansteigt (z. B. verkürzte Brachezeiten). Eine vollkommen andere Strategie verfolgen Pionierbauern, die aus überbesiedelten Gebieten in tropische Waldgebiete strömen und ein Gebiet durch dauerhafte oder zeitweilige Rodung „urbar" machen und Feldfrüchte anbauen, ohne eine angepasste Strategie entwickelt zu haben. Eine weitere Gruppe sind die Ressourcennutzer, die vollkommen andere Ziele verfolgen und durch Viehwirtschaft oder großflächige Waldabholzung die Vegetation dauerhaft zerstören. Der Stellenwert indigener Nutzungen von Pflanzen und Tieren wird auch durch Etkin (1998) betont. Nach ihrer Ansicht liegt die größte Gefahr in Programmen, die mechanisierte und auf chemischen Pflanzenschutz aufbauenden Anbaumethoden propagieren. Die Nutzung von (Wild-) Pflanzen als durch indigene Kulturen (in ihrem Beispiel der Hausa) führt zu einem gewissen Schutz der Biodiversität.

9.2.3 Naturschutz und Schutz der indigenen Bevölkerungen

Zwischen Naturschutz und dem Schutz der indigenen Bevölkerungen bestehen direkte und enge Beziehungen. Insbesondere haben die indigenen Bevölkerungen das Recht, ihre eigene Zukunft zu bestimmen (Posey 1992). In der Deklaration von Belem (http://users. ox.ac.uk/~wgtrr/belem.htm) wurde erstmalig nachdrücklich auf die „unentwirrbare Verknüpfung von kultureller und biologischer Diversität" hingewiesen. In dieser im Jahre 1988 von der „Society for Ethnobiology" auf ihrer Tagung in Belem (Brasilien) verabschiedeten Stellungnahme wurde auch erstmalig explizit die Problematik der ethnobotanischen Forschungen und der Verantwortung der in dieser Forschungsrichtung tätigen Wissenschaftler angesprochen (siehe Fallbeispiel 9.4). Fast zeitgleich wurde von einer Gruppe von Spezialisten aus den Bereichen Gesundheit und Naturschutz, auf einer gemeinsamen Tagung von WHO (World Health Organization), IUCN (International Union for the Conservation of Nature) und WWF (World Wildlife Fund) die Deklaration von Chiang Mai (Thailand) verkündet (http://users.ox.ac.uk/~wgtrr/chiang.htm). In dieser Deklaration wird nachdrücklich die Erhaltung von Arzneipflanzen und der sie nutzenden indigenen Völker gefordert („Saving Lives by Saving Plants").

9.3 Nutzpflanzen und Biodiversität

Nutzwert indigener Pflanzen

Die Diskussion um den Schutz der Biodiversität geht oft von dem Nutzwert der einzelnen Arten einer Region aus.

Hierbei sind drei Möglichkeiten der Nutzung denkbar:

- Pflanzenpopulation wird direkt und in großem Umfang als Ressource genutzt z. B. Wildsammlung von Kautschuk (*Hevea* spp.) bzw. Paranüssen (*Bertholletia excelsa*) oder angebaute Nutzpflanzen, z. B. Kaffee (*Coffea* spp.)
- Nur einzelne Exemplare einer Art werden gelegentlich genutzt
- Art wird derzeit nicht genutzt, könnte jedoch in Zukunft als Nutzpflanze wichtig werden.

Informanten vieler indigener Völker berichten, viele oder fast alle Pflanzen seien nützlich. Dies bezieht sich in der Regel auf den potenziellen Nutzen einer Art und nicht darauf, dass alle Arten in großem Umfange genutzt werden. Um hierfür empirische Belege zu erhalten, untersuchte der amerikanische Ethnobotaniker William Balée (1994) die Nutzung von Bäumen bei den Ka'apor (siehe Fallbeispiel 9.3) und Tembé Indianern in Brasilien. Eine weitere Studie wurde von Boom (1986, 1987) bei den Panare Indianern Brasiliens durchgeführt. In allen Fällen wurde ein wesentlicher Anteil der Baum-

Tab. 9.1: Anteil der genutzten Arten an der gesamten Baumflora bzw. Anteil der Nutzpflanzen an der Gesamtzahl der Arten (k. D. = keine Daten).

Ethnie	Land	Anteil (%) der Nutzpflanzen an den Bäumen/der Gesamtzahl an Arten	Quelle
Chácobbo	Brasilien	79/k.D	Prance et al. 1987
Digo (Shimaba Hill)	Kenya	47/k.D.	Begossi 1996
Huasteken	Mexiko	k.D./63	Alcorn 1981
Ka'apor	Brasilien	77/k.D.	Balée 1994
Panare	Venezuela	49/30	Boom 1986, 1987, Prance et al. 1987
Tembé	Brasilien	61/k.D.	Balée 1994

arten genutzt (Tabelle 9.1). Zu ähnlichen Ergebnissen führte eine Studie von Alcorn (1981) in der Region der Huasteken in Mexiko. Sie konnte zeigen, dass in dieser Gegend circa 800 Arten an höheren Pflanzen vorkommen. Von diesen werden 63 Prozent genutzt. Hierbei wurden alle Formen der Nutzung (z. B. als Arzneimittel, Konstruktionsmaterial, Nahrung) berücksichtigt. Bei einem Viertel wird die Verbreitung dieser Art in der Umgebung direkt von den Huasteken beeinflusst (z. B. durch Ausbringen von Samen oder durch Verpflanzen).

Zumindest die holzigen Arten haben einen großen Nutzwert in diesen indigenen Kulturen.

Hieran schlossen sich Studien an, in welchen der Marktwert von Bäumen und deren Produkten ermittelt werden sollte. Wichtig ist bei diesen Studien der direkte Vergleich mit dem aus dem Holzeinschlag erzielbaren einmaligen Gewinn. Für eine ein Hektar große Fläche in Peru (Mishana, Rio Naney) wurde ein Marktwert aller sammelbaren Früchte von 700 US $/Jahr berechnet (Peters et al. 1989). Hierbei wurde berücksichtigt, dass jedes Jahr ein Viertel aller Früchte im Wald verbleiben sollte, um die Verjüngung der Vegetation zu ermöglichen. Wirtschaftlich bedeutendste Nutzpflanzen sind *Mauritia flexuosa* L.f. (Palmae), *Parahancornea peruviana* (Apocynaceae) und *Jessenia ba-*

taua (C. Martius) Burret Palmae die kommerziell verwertbare Samen produzieren. Alle drei Arten liefern einen Jahresertrag von über 100 US $. Der aus den auf dieser Fläche stehenden Bäumen erzielbare Nettogewinn (d. h. der Gewinn nach Abzug aller Kosten, den die Gesamtzahl der Bäume in ihrer verbleibenden Lebenszeit noch liefern können) wurde mit 6330 Dollar berechnet. Bei einer nachhaltigen Holznutzung kommen noch zusätzliche 500 US $ als Nettogewinn hinzu, sodass sich ein Nettowert dieser Fläche von 6800 US $ ergibt. Eine ähnliche Berechnung wurde in Brasilien durchgeführt. Hierbei wurde ein Ertrag von 3200 US $ bei nachhaltiger Waldnutzung im Vergleich zu 3000 US $ bei Nutzung als Viehweide errechnet. Auch im Falle der Vermarktung von Arzneipflanzen ergibt sich ein hoher Gesamtwert je Hektar (Balick and Mendelsohn 1992).

Kernproblem dieser Berechnungen ist, dass nur ein geringer Teil dieser Nutzpflanzen tatsächlich vermarktet werden kann. Die Gründe hierfür sind vielfältig:

- Mangelnde Infrastruktur für das Sammeln, den Transport und die Vermarktung der Nutzpflanzen
- Ungenügende Bekanntheit dieser Pflanzen auf dem Weltmarkt
- Große Verluste durch Schädlinge

Fehlendes Kapital, um mit der Vermarktung dieser Produkte zu beginnen.

Neue Nutzungsformen indigener Biodiversität

Daher wird von verschiedenen Firmen, die von Ethnobotanikern angesprochen wurden und von ihnen beraten werden, der Aufbau neuer Produktlinien auf der Grundlage von Pflanzen, die aus nachhaltiger Nutzung stammen, angestrebt. Meist sind dies Kosmetika, exotische Nüsse und Früchte, Nahrungsergänzungsmittel und andere Produkte, die keine Zulassung als Arzneimittel benötigen.

Im Falle der Arzneimittel wird eine etwas andere Strategie verfolgt. Verschiedene pharmazeutische Unternehmen sammeln in großem Umfang Proben in Gebieten, die sich durch eine hohe Biodiversität auszeichnen. Zahlreiche Pflanzen und andere Organismen werden extrahiert, in unterschiedlichen Testsystemen in vitro untersucht, die aktiven Inhaltsstoffe isoliert und in weiteren Untersuchungen evaluiert. Bis jetzt sind noch keine hieraus entwickelten Produkte auf den Markt gebracht worden (siehe Fallbeispiel 9.6).

Im Kontext der Ethnobotanik und Ethnopharmakologie sind außerdem Fragen von Interesse, die sich auf die direkten Auswirkungen des Verlustes an Biodiversität für den Menschen und auf Strategien zur Verhinderung des Verlustes an Biodiversität beziehen. Paradoxerweise deutet das wachsende Interesse an einzelnen Arten auf deren potenziellen pharmazeutischen und ökonomischen Wert hin und dies kann gleichzeitig ein Grund für die Bedrohung dieser Art oder einzelner Populationen sein.

9.4   Arzneipflanzen und Biodiversität

Im Falle der Arzneipflanzen wird in der Regel besonders auf die potenziell negativen Folgen des Verlustes an Biodiversität und die Risiken, die dies für die Arzneistoffentwicklung bergen könnte, abgehoben. Doch auch für die indigene Bevölkerung sind die Folgen deutlich spürbar. Welche praktische Folgen die Zerstörung der naturnahen Wälder für Heiler haben können, zeigt ein von Balick und Cox (1997) aufgezeigtes Beispiel aus Belize. Dort praktizierte der Heiler Elijio Panti über einen Zeitraum von mehr als fünfzig Jahren und wurde von den Autoren zu den von ihm durchschnittlich zurückgelegten Wegstrecken bis zu den Fundorten der für ihn wichtigen Pflanzen befragt. Nach seinen Angaben fand er im Jahre 1940 die von ihm benötigten Arzneipflanzen an Plätzen in einem Umkreis von seinem Haus, welche er innerhalb von 10 Minuten erreichen konnte. Im Jahre 1988 musste er dagegen über 70 Minuten bis zu den für ihn interessanten Orten laufen.

Die von ihm genutzten Drogen werden praktisch ausschließlich in der Region genutzt. Andererseits werden Pflanzen jedoch über ein Netz von Märkten national und auch international gehandelt. Beispiele für solche Handelsnetze sind der internationale und nationale Handel mit einem Handelszentrum in Hongkong, der Handel mit Phytopharmaka der Jamu-Medizin Indonesiens, das ausgedehnte Netzwerk von Heilpflanzenmärkten in Mexiko und den angrenzenden Gebieten, welche alle weitgehend von einem zentralen Markt in Mexiko Stadt beliefert werden (Linares und Bye 1987) und der Handel zwischen Nepal und Nordindien (Olsen 1998).

Märkte für Arzneipflanzen in Mexiko

In Mexiko werden Arzneipflanzen auf allen Märkten in größeren Ortschaften angeboten. Ein Teil dieses Angebotes stammt aus lokalen Sammlungen. Jedoch werden die meisten

Prunus africana (Hook. f.) Kalkm. – die Naturschutzrelevanz von Wildsammlungen

Die Rindendroge von *Prunus africana* (Hook. f.) Kalkm. (syn.: *Pygeum africanum* Hook f., Rosaceae), eines in Hochlandwäldern Afrikas und Madagaskars zwischen 1000 und 2500 m vorkommenden Baumes, wird bei benigner Prostatahyperplasie (gutartige Vergrößerung der Vorsteherdrüse) eingesetzt (Bombardelli und Morazzoni 1997). Aus dieser Arzneidroge wird direkt in den Anbauregionen ein standardisierter und hochwertiger Extrakt gewonnen, der bei entsprechender ressourcenschonender Nutzung den Ländern einen erhöhten Mehrwert sichern könnte. Jedoch wird die Droge heute vor allem aus Wildsammlungen gewonnen. Hauptabnehmerländer sind Italien, Frankreich und Spanien. Rindenextrakte werden insbesondere in den beiden zuerst genannten Ländern, sowie in der Schweiz und Österreich vermarktet. Derzeit werden aus Afrika circa 3900 Tonnen Rinde bzw. der daraus extrahierte Extrakt pro Jahr exportiert. Der Markt für *Prunus africana*-haltige Arzneimittel ist in den letzten Jahren exponentiell angewachsen. So wurden aus Madagaskar z. B. 1995 1200 t Rinde exportiert, während in den Jahren davor im Schnitt zwischen 200 und 600 t exportiert wurden (Cunningham et al. 1997). Hauptlieferländer sind Kamerun und Madagaskar. Die Übernutzung der letzten Jahre hat bei den *Prunus-africana*-Populationen ernsthaften Schaden verursacht. Daher wird von Seiten der Naturschützer mit Recht der Stopp des Handels auf der Grundlage des beständigen Ressourcenabbaus gefordert. Eine Alternative wäre ein System nachhaltiger Nutzung aus Wildpopulationen und die Etablierung des Anbaus dieser Art zur kommerziellen Nutzung. Dies erfordert eine vielgestaltige Strategie der Bewusstseinsbildung, aber auch des Umsetzens dieser Pläne und deren Überwachung (Cunningham et al. 1997).

Auch im Jahre 2000 konnte ein verstärkter Schutz dieser Art durch Einführung von Handelsbeschränkungen (CITES) nicht erreicht werden.

---

dieser Pflanzen von den Händlern auf einem zentralen Markt in Mexiko-Stadt gekauft. Dieser wiederum wird von den Bauern und Sammlern in ganz Mexiko beliefert. Ein Teil der Arten wird in kleinräumigen Anbausystemen (Gärten, kleinere Äcker) angebaut, jedoch werden auch viele Pflanzen wild gesammelt. Inwiefern Pflanzen durch diese Aktivitäten in ihrem Bestand bedroht werden, ist sehr schwer zu ermitteln, jedoch gibt es bereits deutliche Hinweise auf die Übernutzung einzelner Arten (Robert Bye und Edelmira Linares, pers. Mitt.). In einer Studie in den mexikanischen Bundesstaaten Puebla und Guerrero konnte Hersch-Martínez zeigen, dass bei einigen Pflanzen die Sammelregionen immer weiter von den Hauptumschlagplätzen dieser Drogen entfernt sind. So werden z. B. Vertreter der Gattung *Smilax*, die früher im Bundesstaat Puebla gesammelt wurden, heute aus dem über 800 km (Luftlinie) entfernten Chiapas eingeführt (Hersch-Martínez 1997).

Risiken der Übernutzung

Ein gut dokumentiertes Beispiel für die Diskussion über Risiken der Übernutzung einzelner Pflanzenarten zu medizinischen Zwecken bietet *Prunus africana* (siehe Fallbeispiel 9.5).

Da die Rinde dieses Baumes international gehandelt wird, ist nicht nur die nationale Gesetzgebung der einzelnen Länder zum Schutz von Arten für die Beurteilung von Bedeutung. Vielmehr ist auch das internationale Artenschutzrecht wichtig. Das Washingtoner Übereinkommen über den Artenschutz ist die wichtigste internationale Übereinkunft und wurde als internationales Völkerrecht bisher (Stand 1996) von über 120 Staaten ratifiziert. Zahlreiche andere Arznei- und Nutzpflanzen sind aufgrund ihrer Übernutzung gefährdet oder sind aus anderen Gründen nach dem Washingtoner Artenschutz-Abkommen geschützt (siehe Lange 1996). Aktuell (2000) wird z. B. das Risiko einer Übernutzung der Wildbestände der Afrikanischen Teufelskralle *(Harpagophytum procumbens)* diskutiert.

9.5 Schlussfolgerungen

Unzweifelhaft bedeutet jeder Verlust an Artenvielfalt zugleich einen Verlust an potenziell pharmazeutisch oder sonstwie nutzbaren Taxa. Doch ist dieses Eigeninteresse des Menschen nur eine von vielen Gründen für einen konsequenten Schutz der Biodiversität. Die mit diesem Thema zusammenhängenden Fragen sind extrem komplex und leider nicht mit „einfachen" Antworten lösbar. Folglich werden derzeit bei der Nutzung und dem

FALLBEISPIEL 9.6

Das Abkommen zwischen INBio (Costa Rica) und Merck & Co (USA)

Im September 1991 unterzeichneten Vertreter des costaricensischen Institutes für Biodiversität (INBio – Instituto Nacional de Biodiversidad), einer privaten, nicht-staatlichen Organisation, die im Auftrag der nationalen Regierung arbeitet und die US-Pharmafirma Merck & Co. einen Vertrag, nach welchen INBio für Merck Extrakte und Proben von Pflanzen, Insekten und Mikroorganismen aus Naturschutzgebieten Costa Ricas herstellt und diese der Firma Merck für ihre Screening-Programme zur Suche neuer Wirkstoffe zur Verfügung stellt. Neben der Übernahme eines Forschungs- und Sammlungsbudgets von 1135 Millionen US-Dollar ist Merck in diesem Vertrag auch bereit, im Falle einer kommerziellen Entwicklung aus einem dieser Stoffe, Lizenzabgaben an INBio zu zahlen. 10 % ihres Budget und 50 % der Lizenzabgaben wiederum werden von INBio dem staatlichen Nationalparkfonds zur Verfügung gestellt, der für die Förderung des Naturschutzes verwendet wird. Außerdem verpflichtete sich Merck, technische Hilfe zum Aufbau von Forschungseinrichtungen im Lande und zur Ausbildung des Personals bereitzustellen.

Viele Teilaspekte des Vertrages sind öffentlich nicht bekannt. Die Bereitschaft der amerikanischen Firma, für die Nutzung der costaricensischen Biodiversität eine (nach Einschätzung der meisten Kommentatoren) angemessene Kompensation zu zahlen und das Land an zukünftigen Gewinnen zu beteiligen, markiert einen Wendepunkt in der Beziehung zwischen Nationen der „Dritten Welt" und internationalen Konzernen. Hierbei nicht berücksichtigt sind jedoch die ebenfalls diskutierten Rechte in diesem Falle der costaricensischen Ureinwohner, die einen Teil dieser Diversität nutz(t)en und die somit indigene Kenntnisse über geeignete Nutzungsweisen besitzen (oder besaßen).

Schutz der Artenvielfalt unterschiedliche Ansätze verfolgt. Ein klassisches Beispiel hierfür ist die Kooperation zwischen einem Entwicklungsland und einem internationalen Pharmakonzern wie sie von Costa Rica und Merck, Sharp und Dome (USA) vereinbart wurde. Andere Ansätze werden im Kapitel 7 (Biomedizin) diskutiert.

Viele Ethnien leben (noch) in einem komplexen Geflecht mit der natürlichen Umwelt, bei welchem auch metaphysische Aspekte eine große Rolle spielen (siehe Fallbeispiel 9.1, Coconuco). Zahlreiche Einzelfälle angepassten Landbaus wurden dokumentiert (siehe Fallbeispiele 9.2, Kayapó, und 9.3, Ka'apor). Allerdings sind auch viele Gegenbeispiele bekannt. Die Nutzungsstrategien indigener Völker sind sicher in vielen Fällen nicht besonders an die ökologischen Bedingungen ihrer Umwelt angepasst. Ein berühmtes Beispiel ist die Frage, ob die australischen Aborigines für den Verlust an Wald bereits in prähistorischer Zeit (mit-)verantwortlich waren oder nicht. Die Probleme potenzieren sich jedoch sicherlich mit neuen technologischen Möglichkeiten und dem ständig steigenden Bevölkerungsdruck. Über die Folgen für die Verfügbarkeit von Arznei- und anderen Nutzpflanzen kann derzeit nur spekuliert werden.

Weiterführende Literatur

BALÉE, WILLIAM (1994): Footprints of the forest: Ka'apor ethnobotany – the historical ecology of plant utilization by an Amazonian people New York. Columbia Univ. Press (Biology and resource management in the tropics series) (ethnobotanisch-historische Monographie einer Indianergruppe Nordbrasiliens)

FAUST, F. X. (1992): Kultur und Naturschutz im kolumbianischen Zentralmassiv. München. Akademischer Verlag. (Müchner Amerikanistik Beiträge 27) (Ethnographie einer Indianergruppe)

JEFFRIES, MICHAEL J. (1997): Biodiversity and Conservation. London. Routledge, 1997 (Routledge Introductions to Environment Series) (allgemeiner Überblick über Biodiversität und Naturschutz)

LANGE, DAGMAR (1996): Untersuchungen zum Heilpflanzenhandel in Deutschland. Bonn. Bundesamt für Naturschutz (BfN Deutschland). (Statistische Daten zum Import/Export von Heil- und Gewürzpflanzen)

NAZAREA, VIRGINIA D. ed. (1999): Ethnoecology. Situated Knowledge/Located Lives. Tucson. University of Arizonia Pr. (Sammlung von Beiträgen zu indigenen Umweltvorstellungen)

OLDFIELD, MARGERY L. and JANIS B. ALCORN (1991): Biodiversity: Culture, Conservation, and Ecodevelopment. Boulder. Westview Pr. (Beziehungen zwischen Biodiversität und indigenen Kulturen)

REDFORD, KENT H. and JANE A. MANSOUR, eds. (1996): Traditional peoples and biodiversity conservation in large tropical landscapes. Arlington, Va. America Verde Publ. (Beziehungen zwischen Biodiversität und indigenen Kulturen)

10 Ethnologie und pharmazeutische / biologische Wissenschaften

Die öffentliche Wahrnehmung und der Stellenwert ethnobotanischer und ethnopharmakologischer Forschungen hat in den letzten Jahren stark zugenommen. Auch sind im englischsprachigen Raum eine Vielzahl von Arbeitsgruppen aktiv, die wissenschaftliche Forschungen in diesen Gebieten durchführen. Gleiches gilt z. B. für viele spanisch- und französischsprachige Länder, für China, Indien und andere Entwicklungsländer. Im deutschsprachigen Raum bleiben diese Gebiete jedoch nach wie vor „exotisch". Zugleich werden durch populärwissenschaftliche Beiträge enorme Erwartungen geweckt, die wissenschaftlich nicht erfüllbar sind; siehe zum Beispiel die immer wieder veröffentlichten Beiträge in Stern (30. 3. 1998, S. 58–72), Brigitte (13/98, S. 76–82), Spiegel oder andern Periodika. In diesem abschließenden Kapitel sollen einige Richtungen aufgezeigt werden, die in den nächsten Jahren besondere Aufmerksamkeit verdienen.

Auf der anthropologisch-ethnologischen Seite sind insbesondere Fragen, die sich mit der Auswahl **neuer** Arzneipflanzen und sonstiger Nutzpflanzen durch indigene Kulturen befassen, von besonderem Interesse. Die Angabe „eine Art sei in einer Region **traditionell** zur Behandlung einer bestimmten Krankheit eingesetzt" ist wenig aussagekräftig. Unklar bleibt meist wie lange eine solche Pflanzenart schon therapeutisch verwendet wurde, und ob dies tatsächlich eine indigene Tradition oder ein eingeführtes Konzept ist, das zu neuen Nutzungsformen einer lokal verfügbaren Art führt, siehe Fallbeispiel 4.5 „Iztauyatl (*Artemisia ludoviciana* ssp. *mexicana*)", Kapitel 4. Das Ziel derartiger Studien ist es, die Auswahlkriterien für neue Arzneipflanzen besser zu verstehen. Es ist aus vielen Studien klar geworden, dass indigene Kulturen Pflanzen nicht willkürlich als Arznei auswählen (Heinrich et al. 1998, Moerman 1998). Welche Kriterien hierbei in einzelnen Kulturen eine Rolle spielen ist jedoch nicht klar. In diesem Zusammenhang untersuchten Ankli et al. (1999b) die Frage inwieweit Geruchs- und Geschmackseigenschaften für die Auswahl von Arzneipflanzen eine Rolle spielen. Hierzu wurden Heiler der Maya (Mexiko) gebeten 10 Arzneipflanzen und 10 Nicht-Arzneipflanzen (d. h. von den jeweiligen Heilern nicht verwendete Pflanzen) auszuwählen. Diese wurden dann vom Heiler (ebenso wie von der Übersetzerin und der Ethnobotanikerin) in Bezug auf ihre Geruchs- und Geschmackseigenschaften probiert. Die Autoren konnten zeigen, dass Arzneipflanzen von den Heilern im Vergleich zu Nicht-Arzneipflanzen häufig als adstringierend oder aromatisch angesehen werden. Dagegen werden beide Gruppen mit gleicher Häufigkeit als „bitter" eingestuft. Aber auch in diesem Fall konnte die Auswahl neuer Arzneipflanzen nicht direkt beobachtet werden, sodass die angegebene Korrelation zwar Hinweise auf die Gründe geben, aber diese nicht ausreichend erklären.

Auch werden Pflanzen häufig zwischen verschiedenen Ethnien ausgetauscht und neue Pflanzen werden aufgrund der Nutzung in anderen Regionen verwendet. Ziel ethnologischer Forschungen sollte es sein die genauen Gründe für den Austausch und dessen Mechanismen besser zu verstehen. Einer der „Tauschpartner" ist auch oft unsere eigene Soziokultur (siehe Fallbeispiel 6.2 „Psilocybe in Europa"), die begierig neue Produkte aufnimmt. Dixon et al. (1999) konnten in

Hawai'i den wirtschaftlichen Erfolg einer traditionellen polynesischen Arzneipflanze – *Morinda citrifolia* L. (Rubiaceae) – genauer untersuchen. Diese in Hawai'i als Noni bezeichnete Pflanze wird zur Behandlung unterschiedlicher und meist sehr ungenau angegebener Erkrankungen eingesetzt. Seit Mitte der neunziger Jahre sind fermentierte Früchte als kommerzielle Nahrungsergänzungsmittel im Handel und sehr erfolgreich. Obwohl kaum pharmakologische Studien und praktisch keine klinischen Daten zur Verfügung stehen, wird die Droge von mehr und mehr Menschen geschätzt. Nach Ansicht der Autorinnen wird erst diese Popularität weitergehende naturwissenschaftliche Studien auslösen. Das Beispiel zeigt aber auch, dass es sich wissenschaftlich lohnt, die „Karriere" von Arzneipflanzen ethnobotanisch zu untersuchen.

Ein genaueres Verständnis der Konzepte über Nutzpflanzen (Kognition, Klassifizierung) bei ausgewählten Ethnien kann wesentliche Informationen über den Stellenwert dieser Elemente indigener Kulturen liefern. Die Struktur dieses Wissens (Atran 1990) zu verstehen, kann uns auch interessante Vergleichsmöglichkeiten mit den bei uns wichtigen Medizinsystemen (z. B. Biomedizin, Homöopathie) geben.

Sehr oft ist auch unbekannt, welchen Stellenwert Arzneipflanzen, die von Heilern oder anderen kenntnisreichen Einwohnern verwendet werden, im Vergleich zu anderen Therapieformen (z. B. Rituale an heiligen Orten oder auch der Besuch westlich ausgebildeter Mediziner oder Gesundheitsarbeiter) haben.

Wichtig wären kontrollierte Studien (z. B. in staatlichen Gesundheitszentren) zur Beurteilung der Wirksamkeit wichtiger indigener Phytotherapeutika. In diesem Sinne sind klinische Studien mit standardisierten Pflanzenextrakten ein wesentliches Ziel zukünftiger Forschungen. Ein weiteres in der Zukunft wichtiges Thema wird die Untersuchung der Therapieerfolge individueller indigener Heiler oder von Heilergruppen sein. Dies ist sowohl konzeptionell wie auch methodisch ein sehr schwieriges Unterfangen. Kaum ein Heiler (oder in westlicher Biomedizin ausgebildeter Arzt) lässt sich gerne in Bezug auf seine (persönlichen) „Erfolge" auf die Finger schauen. Zugleich werden von Patienten häufig verschiedene Therapieformen gleichzeitig verwendet. So ist aus Tansania bekannt, dass Patienten häufig frei verkäufliche Medikamente verwenden, wie auch bei indigenen Heilern nach Therapiemethoden fragen (Matthis 1999). Die indigenen Therapiemethoden sind somit nur sehr schwer in Bezug auf ihre Wirksamkeit evaluierbar. Direkt hiermit zusammen hängen Fragen des therapeutischen Risikos indigener Therapiemethoden. Diese werden vielfach nicht beachtet oder zumindest in Publikationen nicht angegeben.

Mit diesen Fragen zusammen hängt die Untersuchung der pharmazeutischen Aspekte in einem breiteren Kontext. So ist oft wenig über die genauen Zubereitungsweisen und deren Relevanz für den pharmazeutischen Wirkstoffgehalt, die Resorption dieser Zubereitungen und deren Metabolisierung im Körper bekannt. Oft werden z. B. Frischpflanzen zerrieben und hieraus wird ein wässeriger Aufguss hergestellt. In pharmazeutisch-biologischen Untersuchungen wird dagegen getrocknetes Material verwendet oder es werden andere Methoden der Extraktion eingesetzt.

Die Integration derartiger Fragestellungen sollte zu einer Erweiterung der klassischen Gebiete (medizinische) Ethnobotanik und Ethnopharmakologie in eine alle Gebiete der pharmazeutischen Wissenschaften umfassenden Ethnopharmazie führen. Bei all diesem werden klassische phytochemische Untersuchungen mit dem Ziel die (wirksamkeitsbestimmenden) Inhaltsstoffe von indigenen Arzneipflanzen zu isolieren eine der zentralen Aufgaben ethnopharmazeutischer Forschungen bleiben. Neue pharmakologische Ziele (in der Regel als molekulare Targets bezeichnet) der Wirkstoffsuche werden zunehmend häufiger in ethnopharmakologischen Projekten eingesetzt (z. B. Bork et al. 1997). Dies kann einerseits zur Entwick-

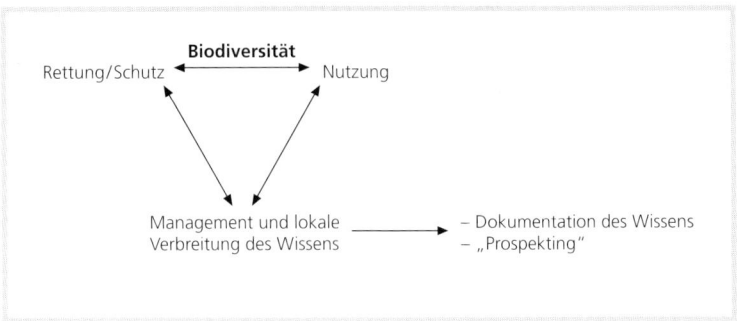

Abb. 10.1a:
Erhaltung der
Biodiversität.

Abb. 10.1b: Biomedizinisches Modell der Nutzung indigenen Wissens.

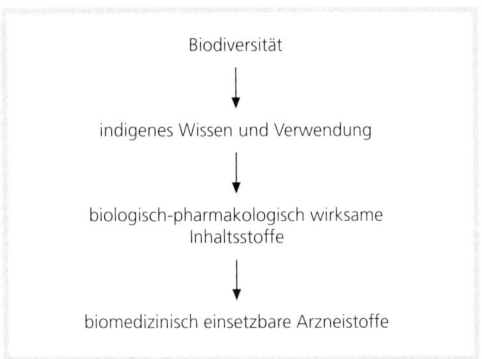

lung neuer Pharmaka führen, jedoch sind diese Informationen auch für die Geberländer von großem Interesse.

Mit all dem vorher Aufgeführten hängen Fragen der Anwendung dieser Informationen in den Regionen, aus welchen diese Informationen ursprünglich stammen, zusammen. Kein Medizinsystem ist statisch und Wissenschaftler, die auf dem Gebiet der Ethnobotanik und Ethnopharmakologie arbeiten, haben sich oft nicht um den Nutzen ihrer Erkenntnisse für die einheimische Bevölkerung gekümmert. Eine der wichtigsten Ausnahmen hiervon sind die Arbeiten von D. Posey (z. B. 1992). Hier geeignete Methoden zu entwickeln und vor allem auch der indigenen Bevölkerung die Möglichkeit zu geben, ihre eigenen Systeme der Pflanzennutzung weiterzuentwickeln, wird eine der größten Herausforderungen der Zukunft sein. Geeignete Formen sowohl des Informations- wie auch des Technologietransfers müssen weiterentwickelt werden, bzw. den Geberländern in geeigneter Form zur Verfügung gestellt werden. Einer der wichtigen Bausteine dieses Transfers ist die an der Universität von Illinois in Chicago angesiedelte Datenbank NAPRalert (Farnsworth 1992).

Durch die Konferenz von Rio wurden die Rechte der „Geberländer" und damit die Beziehungen „Geber-/Nehmerländer" auf eine neue Grundlage gestellt. Für viele Forscher bedeutet dies zuerst einmal einen größeren bürokratischen Aufwand und Schwierigkeiten. Dies u. a. auch deshalb, weil die wirtschaftlichen Möglichkeiten, die die Nutzung der eigenen Biodiversität bieten, von den „Geberländern" oft überschätzt werden. Es bleibt zu hoffen, dass Beispiele für vertragliche Festlegungen der Rechte und Pflichten der beteiligten Partner (z. B. solche die von den verschiedenen ICBGs (*International Collaborative Biodiversity Groups*) ausgearbeitet wurden) in allgemein gültiger Form breit zugänglich und einsetzbar gemacht werden (Kap. 7.3.2).

Die Anwendung von Arzneipflanzen oder von hieraus isolierten Reinstoffen in der Biomedizin wird sicherlich ein weiteres wesentliches Ziel dieser Forschungen sein.

In Abbildung 10.1a und 1b werden zwei vereinfachte Modelle vorgestellt, die die Vorstellungen über die Nutzung indigenen Wissens zusammenfassen. Bei Ansätzen mit Schwerpunkt auf Erhaltung der Biodiversität (Abb. 10.1a) ist die indigene oder traditionelle Nutzung und das Management dieses Wissens ein integraler Bestandteil der Schutzmaßnahmen für Biodiversität.

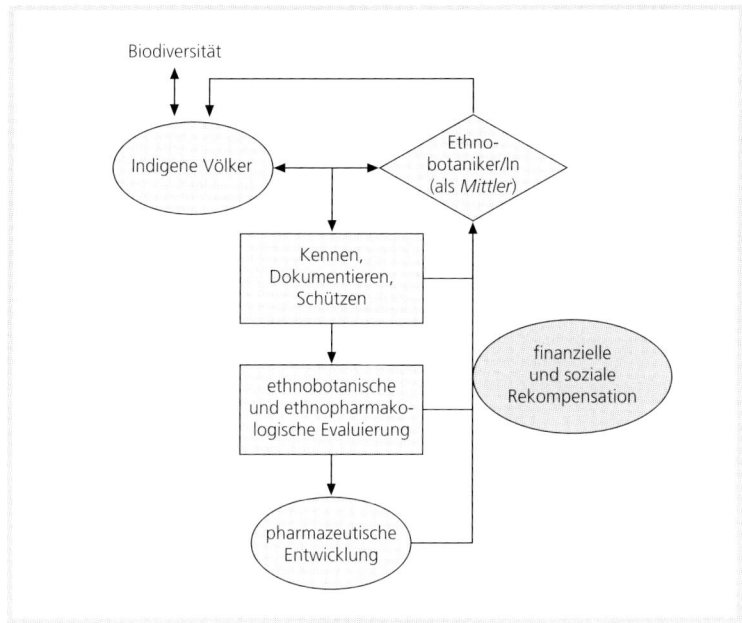

Abb. 10.1c: Synthese von Ansatz 10.1a und Ansatz 10.1b.

Abbildung 10.1b zeigt dagegen vereinfacht biomedizinische Vorstellungen zur Nutzung der Biodiversität. Aus der verfügbaren Biodiversität wird ein Teil durch indigene Völker ausgewählt und genutzt. Es wird als eine Art Vorscreening gesehen, welches wiederum durch biologisch-pharmakologische und phytochemische Untersuchungen die Basis für die Entwicklung neuer Arzneistoffe (oder anderer nützlicher Produkte, z. B. Kosmetika, Gewürze) liefert. Die indigene Nutzung ist hierbei nur ein Ausgangspunkt für weitergehende Produktentwicklungen. Beide Modelle sind vereinfachte Darstellungen von bei uns im Westen häufig anzutreffenden Vorstellungen. Beide vernachlässigen jedoch wesentliche Aspekte. Der „Biodiversitäts-Ansatz" berücksichtigt nicht die biologisch pharmakologischen Wirkungen und die klinische Wirksamkeit der individuellen von Heilern genutzten Arzneipflanzen, der biomedizinische Ansatz nicht die Bedeutung dieser Ressourcen für indigene Völker und für den Schutz der Biodiversität.

Dieser Widerspruch soll durch die in Abbildung 10.1c dargestellte Synthese beider Ansätze aufgehoben werden. Hierbei kommt dem/der EthnobotanikerIn eine zentrale Rolle als *Mittler zwischen indigenen InformantenInnen und Vertretern der Biomedizin* und als *Ombudsmann* zu. Die Aufgabe beschränkt sich also nicht auf die „Datenbeschaffung" für weitergehende Forschungen, sondern auch auf den Rückfluss von Informationen, die der Weiterentwicklung der indigenen Pharmazie dienen, und auf die Mitarbeit bei der finanziellen und sozialen Rekompensation für erfolgreiche pharmazeutisch-medizinische, kosmetische oder sonstige Produkte, die auf der Grundlage ethnobotanischer Information entwickelt wurden. Genauso gehört es zu den Aufgaben der EthnobotanikerInnen Projekte zum Schutz der Biodiversität durch deren angepasste Nutzung zu gewährleisten. Während dieses Modell auf die besonderen Aspekte pharmazeutischer Forschungen Rücksicht nimmt, gilt es auch für andere von Ethnobotanikern dokumentierte Nutzpflanzen.

Auch wenn anwendungsorientierte Fragen ein wesentliches Interesse innerhalb ethnopharmazeutischer und ethnopharmakologischer Forschungen verdienen, ist dies nur ein kleiner Teil eines breiten Spektrums von Aufgaben und Interessen von interdisziplinär arbeitenden Wissenschaftlern. Das Ziel fremde und von für uns unbekannte Lebensformen (auch in der eigenen Kultur) besser zu verstehen wird auch in Zukunft ein wichtiger Antrieb für Forschungen in den Bereichen Ethnobotanik, Ethnopharmakologie, und Ethnopharmazie sein. Diese Forschungen werden auch immer mit Wissenschaftlern anderer Fachdisziplinen zusammen durchgeführt werden, da nur so ein wirklich detailliertes Verständnis indigener Nutzungen von Pflanzen erhalten werden kann.

Literaturverzeichnis

AGUILAR, A, CAMACHO, J. R, CHINO, S., JÁQUEZ, P., LÓPEZ, M. E. (1994) Herbario Medicinal del Instituto Mexicano del Seguro Social. México, D. F. Instituto Mexicano del Seguro Social (IMSS)

ALCORN, J. B. (1981) Factors influencing botanical resource perception among the Huastec. Journal of Ethnobiology 1 (1): 221–230

ALEXIADES, M. (1997) Selected Guidelines for Ethnobotanical Research: A Field Manual. Bronx, New York. New York Botanical Garden. Advances in Economic Botany (10)

AMERICAN HERITAGE DICTIONARY. (1997) The American Heritage Dictionary of the English Language. Boston. Houghton Mifflin Co. 3.rd ed.

ANDERSON, E. F. (1993) Plants and People of the Golden Triangle. Portland, OR. Dioscorides Pr.

ANDERSON, E. F. (1996) Peyote: The Divine Cactus. Tucson Univ. Arizona Pr. 2nd ed.

ANKLI, A. (1999) Medical Ethnobotany of two Yucatec Mayan Villages. Zürich. Dissertation. ETH Zürich

ANKLI, A., O. STICHER and M. Heinrich (1999a) Medical ethnobotany of the Yucatec Maya: healers' consensus as a quantitative criterion. Economic Botany: 53 (2): 152–168

ANKLI, A., O. STICHER and M. HEINRICH (1999b) Yucatec Mayan Medicinal Plants vs. Non-medicinal Plants: Selection and Indigenous Characterization. Human Ecology: 27: 557–580

ANTWEILER, C. (1998) Local knowledge and local knowing. An anthropological analysis of contested „cultural products in the context of development Anthropos. 93: 469–494

ARGUETA, V. A., coordinador. (1994) Atlas de las plantas de la medicina tradicional Mexicana. México, DF. Instituto Nacional Indigenista. 3 vols.

ATRAN, S. (1990) Cognitive Foundations of Natural History. Cambridge. Cambridge Univ. Pr.

BÄCHTOLD-STÄUBLI, H., HOFFMANN-KRAYER, E. (1927–1942) Handwörterbuch des deutschen Aberglaubens. Berlin. de Gruyter; (Handwörterbücher zur deutschen Volkskunde: Abt. 1, Aberglaube)

BAER, R. D., ACKERMANN, A. (1988) Toxic Mexican folk remedies for the treatment of empacho. The case of azarcon, greta, and albayalide. Journal of Ethnopharmacology 24: 31–39

BALÉE, W. (1994) Footprints of the Forest. Ka'apor Ethnobotany – the Historical Ecology of Plant Utilization by an Amazonian People. New York. Columbia University Press

BALICK, M. J., COX, P. A. (1997) Drogen, Kräuter und Kulturen. Spektrum Akademischer Verl. Heidelberg (orig.: Plants, People and Culture. New York. W. H. Freeman and Co. Scientific American Library)

BALICK, M., MENDELSOHN, M. (1992) Assessing the economic value of traditional medicines from tropical rainforests. Conservation Biology 6 (1) 128–130

BALICK, M. J., ELISABETSKY, E., LAIRD, S. A., eds. (1997) Medicinal Resources of the Tropical Forest. Biodiversity and its Importance to the Human Welfare. New York. Columbia Univ. Pr. (Biology and resource management series)

BALLY, P. R. O. (1937) Native medicinal and poisonous plants of East Africa. Bulletin of Miscellaneous Information (London, Kew). Pp. 10–36

BALLY, P. R. O. (1938) Heil- und Giftpflanzen der Eingeborenen von Tanganyika. Dahlem b. Berlin. Selbstverlag. Repertorium specierum novarum regni vegetabilis Beihefte, Bd. 102

BANACK, S. A., COX, P. A. (1987) Ethnobotany of ocean-going canoues in Lau, Fiji. Economic Botany 41: 148–162

BARFORD, A., KVIST, L. P. (1997) Comparative Ethnobotanical Studies of the Amerindian Groups in Coastal Ecuador. Copenhagen. Det Kongelige Danske Videnskabernes Selskab/The Royal Danish Academy of Sciences & Letters. Biologiske Skrifter 47)

BARGATZKY, T. (1987) Einführung in die Kulturökologie. Umwelt, Kultur und Gesellschaft. Dietrich Reimer Verlag Berlin

BARRAU, J. (1983) Les Hommes et leurs Aliments. Paris, Temps Actuels

BAUER, R. (1998) The Echinaceae story. IN: Etkin, N. L., Harris, D. R., Prendergast, H. D. V., Houghton, P. J., eds. Plants for Food and Medicine. Royal Botanic Gardens, Kew, Richmond (UK). Pp. 317–332

BEGOSSI, A. (1996) Use of ecological methods in ethnobotany: Diversity Indices. Economic Botany 50: 280–289

BEHA, E. (1999) Wirkstoffe von zwei tansanischen Arzneipflanzen zur Behandlung der Malaria: *Harungana madagascariensis* Lam ex. Poir und *Abutilon grandiflorum* G. Don. Dissertation Univ. Freiburg

BERLIN, B. (1992) Ethnobiological Classification. Principles of Categorization of Plants and Animals in Traditional Societies. Princeton, NJ. Princeton University Pr.

BERLIN, B. BERLIN, E. A. (1997) Medical Ethnobiology of the Highland Maya of Chiapas, Mexico. Princeton, NJ. Princeton University Pr.

BERLIN, B., KAY, P. (1969) Basic color terms: their universality and evolution. Berkeley: Univ. of Calif. Pr. [1991, 1st paperback print]

BERLIN, E. A., JARA, V. M., BERLIN, B., BREEDLOVE, D. E., DUNCAN, T. O., LAUGHLIN, R. M. (1993) Me' winik: discovery of the biomedical equivalence for a Maya ethnomedical syndrome. Social Science & Medicine. 37(5): 671–678

BERNARD, C. (1966) Physiologische Untersuchungen über einige amerikanische Gifte. Das Curare. Bernard, C. und N. Mani (Übs.) Ausgewählte physiologische Schriften. Huber Verlag. Bern. (frz. orig. 1864). Pp. 84–133

BERNARD, H. R. (1988) Research Methods in Cultural Anthropology. Sage Publ. New York

BISSET, N. G. (1979) Arrow poisons in China. Pt. I. Journal of Ethnopharmacology 1: 325–384

BISSET, N. G. (1981) Arrow poisons in China. Pt. II. Aconitum – Botany, Chemistry, and Pharmacology. Journal of Ethnopharmacology 4: 247–337

BISSET, N. G. (1984) Arrow poisons in South Asia Pt. 1. Arrow Poisons in Ancient India. Journal of Ethnopharmacology 12: 1–24

BISSET, N. G. (1989) Arrow and dart poisons. Journal of Ethnopharmacology 25: 1–41

BISSET, N. G. (1991) One man's poison, another man's medicine. Journal of Ethnopharmacology 32: 71–81

BISSET, N. G. (1992) War and hunting poisons of the world. Pt. 1. Notes on the early history of curare. Journal of Ethnopharmacology 36: 1–26

BMUNR (Bundesminister für Umwelt, Naturschutz und Reaktorsicherheit) (1992), Konferenz der Vereinten Nationen für Umwelt und Entwicklung im Juni 1992 in Rio de Janeiro – Dokumente. Bonn. Bundesminister für Umwelt, Naturschutz und Reaktorsicherheit. (ca. 1992!)

BOAS, F. (1921) Ethnology of the Kwakiutl. 35th Annual Report of the Bureau of American Ethnology, pp. 57–794. Washington. Government Printing Office (USA)

BOMBARDELLI, E., MORAZZONI, P. (1997) *Prunus africana (Hook f.)* Kalkm. Fitoterapia 68 (3): 205–217

BOOM, B. M. (1986) A forest inventory in Amazonian Bolivia. Biotropica 18(4): 287–294

BOOM, B. M. (1987) Ethnobotany of the Chácobo Indians, Beni, Bolivia. Bronx: The New York Botanical Garden. Advances in Economic Botany No 4

BORK, P., BACHER, S., SCHMITZ, M. L., KASPERS, U., HEINRICH, M. (1999) Hypericin as an Non-anti-oxidant inhibitor of NF-κB. Planta medica 65: 297–300

BORK, P. M., SCHMITZ, M. L., KUHNT, M., ESCHER, C., HEINRICH, M. (1997) Sesquiterpene Lactone Containing Mexican Indian Medicinal Plants and pure Sesquiterpene Lactones as Potent Inhibitors of Transcription Factor κB (NF-jB). FEBS-Letters 402: 85–90

BRETT, J., HEINRICH, M. (1998) Culture perception and the environment. Journal of Applied Botany 72: 67–69

BREVOORT, P. (1997) Der Heilpflanzenmarkt der USA – ein Überblick. Zeitschrift für Phytotherapie 18: 155–162

BRIDSON, D., FORMAN, L. (1992) The Herbarium Handbook. Kew. Richmond (UK). Royal Botanic Gardens. Revised ed. (1st publ. 1989)

BROUGHTON, H. B., JONES, P. S., LEY, S. V., MORGAN, E. D., SLAWIN, A. M. Z., WILLIAMS, D. J. (1986) The chemical structure of azadirachtin. IN: Proc. 3rd Int. Neem Conference, Nairobi, Kenya, 10.–15. July 1986. Schmutterer, H. and K. R. S. Ascher (eds.) GTZ. Eschborn. Pp. 103–110

BROWNER, C. H. (1991) Gender politics in the distribution of therapeutic herbal knowledge. Medical Anthropology Quarterly (n.s.) 5 (2): 99–132

BRUHN, J. G., HOLMSTEDT, B. (1981) Ethnopharmacology: objectives, principles and perspectives. Natural Products as Medicinal Agents. J. L. Beal and E. Reinhard, eds. Stuttgart. Hippokrates Verl. Pp. 405–430

BURGESS, R. G. (1982) In the Field. An Introduction to Field Research. London. Allen & Unwin. Contemporary Social Research Series No. 8

BUSS, A. D., WAIGH, R. D. (1995) Natural products as leads for new pharmaceuticals. IN: Wolff, M. E. (ed.) Burger's Medicinal Chemistry and Drug Discovery. (5th ed.) Wiley and Sons. Pp. 984–1033

BYE, R. (1993) The role of humans in the diversification of plants in Mexico IN: Ramamoorthy, T. P., R. Bye, A. Lot and J. Fa, eds. (1993) Biological Diversity of Mexico: Origins and Distribution. New York. Oxford Univ. Pr. pp. 707–731

CAPASSO, L. (1998) 5300 years ago, the ice man used natural laxatives and antibiotics. The Lancet 352: 1894

CARTÉ, B. K., JOHNSON, R. K. (1996) Topotecan development: an example of the evolution of natural product drug discovery research. IN: Balick, M., Elisabetsky, E. Laird, S. A. Medicinal Resources of the Tropical Forest. Columbia University Press, New York. Pp. 78–93

COE, S. D. (1994) America's First Cuisine. Austin. University of Texas Press

COELHO de SOUZA, G. P., ELISABETSKY, E. (1998) Ethnobotany and anticonvulsant properties of Lamiaceae from Rio Grande do Sul (Brazil). Lamiales Newsletter (Royal Botanic Gardens Kew) 6: 10–13

COTTON, C. M. (1997) Ethnobotany. Chichester. Wiley and Sons

Cox, P. A. Balick, M. J. (1994) The ethnobotanical approach to drug discovery. Scientific American June 1994: 60–65

Cragg, G. M., Boyd, M. R. (1996) Drug Discovery at the National Cancer Institute. The Role of Natural Products of Plant Origin. Balick, M., Elisabetsky, E. Laird, S. A. Medicinal Resources of the Tropical Forest. Columbia University Press, New York. Pp. 101–136

Cruz, M. de la (Badiano, J. traductor). (1991) Libellus de Medicinalibis Indorum Herbis. México, D. F. Fondo de la Cultura Economica/Instituto Mexicano des Seguro Social. (MS. orig. 1552)

Cunningham, A. B., Mbenkum, F. T. (1993) Sustainability of harvesting *Prunus africana* bark in Cameroon. A medicinal plant in international trade. Paris. UNESCO. People and Plants Working papers No. 2

Cunningham, M., Cunningham, A. B., Schippmann, U. (1997) Trade in *Prunus africana* and the Implementation of CITES. Bonn. Federal Agency for Nature Conservation

Dab (2000) Deutsches Arzneibuch 2000. Amtliche Ausgabe. Deutscher Apotheker Verlag Stuttgart

Dab7 (1947) Deutsches Arzneibuch (Neudruck in der Fassung der beiden Nachträge etc.). Berlin. Arbeitsgemeinschaft Medizin. Verlage. 7. Ausgabe

Davis, W. (1996) One river: explorations and discoveries in the Amazon rain forest New York, NY: Simon & Schuster

Deil, U. (1996) Wirtschaftsstufe und Pflanzendecke – Geobotanische Differenzierung von Landschaften in Mittelmeerraum und in Chile. Erdkunde 50 (2): 81–99

Deil, U. (1997) Vegetation landscapes in Southern Spain and Northern Morocco – an ethnogeobotanical approach. Fitosociologica 32: 5–21

Deimel, C. (1996) *híkuri ba*. Peyoteriten der Tarahumara. Niedersächsisches Landesmuseum. Hannover (D). Ansichten der Ethnologie 1

Dhawan, B. N. (1996) A standardized *Commiphora wightii* preparation for management of hyperlipidemic disorders. IN: Balick, M., Elisabetsky, E., Laird, S. A. Medicinal Resources of the Tropical Forest. Columbia University Press, New York. Pp. 278–283

Dixon, A. R., McMillen, H., Etkin, N. L. (1999) Ferment this: The transformation of Noni, a traditional Polymesian medicine (*Morinada citrifolia,* Rubiaceae). Economic Botany 53 (1): 51–68

Dobkin de Rios, M. (1990) Hallucinogens: cross-cultural perspectives. Bridgeport: Prism.

Dragendorff, G. (1967) Die Heilpflanzen der verschiedenen Völker und Zeiten. München. W. Fritsch. (orig. 1898)

Efron, D., Farber, S. M., Holmstedt, B., Kline, N. L., Wilson, R. H. L. (1970) Ethnopharmacologic Search for Psychoactive Drugs. Washington, D.C. Government Printing Office. Public Health Service Publications No. 1645. (orig. 1967) Reprint

Eiden, F. (1998 & 1999) Ausflug in die Vergangenheit: Chinin und andere China-Alkaloide (in drei Teilen). Pharmazie in unserer Zeit 27 (6): 257–271, 28 (1): 11–20 und 28 (2): 67–73

Elisabetsky, E. (1996) Community Ethnobotany: Setting Foundations for an Informed Decision on Trading Rain Forest Resources. IN: Balick, M., Elisabetsky, E., Laird, S. A. Medicinal Resources of the Tropical Forest. Columbia University Press, New York. Pp. 402–407

Elisabetsky, E., Trajber, R., Chao Ming, L. (1996) Appendix: Manual for plant collections. IN: Balick, M., Elisabetsky, E. Laird, S. A. Medicinal Resources of the Tropical Forest. Columbia University Press, New York. Pp. 409–420

Ellen, R. F., Fukui, K, eds. (1996) Redefining Nature: Ecology, Culture and Domestication. Oxford: Berg. Explorations in anthropology

Emboden, W. A. (1982) Cannabis in Ostasien – Herkunft, Wanderung und Gebrauch. IN: Völger, Gisela und Karin von Welck (Hrsg.) Rausch und Realität. Drogen im Kulturvergleich. Reinbek bei Hamburg. rororo. S. 557–566

Enke, F., Buchheim, G., Seybold, S. (1994) Zander. Handwörterbuch der Pflanzennamen. Stuttgart. E. Ulmer. 15. Auflage

Erwin, T. L. (1983) Beetles and other insects of tropical forest canopies at Manaus, Brazil, sampled by insecticidal fogging. IN: Whitmore, T. C., Chadwick, A. C., eds. Tropical Rain Forests: Ecology and Management. Blackwell. Edinburgh. Pp. 59–75

Estrada, A. (1981) María Sabina. Her Life and Chants. Ross-Ericson Inc. Santa Barbara (CA) 1980. Maria Sabina: Botin der heiligen Pilze (Vorw. von Albert Hofmann) München: Trikont-Verlag

Etkin, N. (1988) Ethnopharmacology: biobehavioral approaches in the anthropological study of indigenous medicines. Annual Review of Anthropology 17: 23–42

Etkin, N. (1998) Indigenous patterns of conserving biodiversity: pharmacologic implications. Journal of Ethnopharmacology 63: 233–245

Etkin, N., ed. (1994) Eating on the Wild Side. The Pharmacologic, Ecologic and Social Implications of Using Noncultigens. Tucson. University of Arizona Pr.

Etkin, N., Ross, P. J. (1991) Should We Set a Place for Diet in Ethnopharmacology. Journal of Ethnopharmacology 32: 25–36

Etkin, N. L., Harris, D. R., Prendergast, H. D. V., Houghton, P. J., eds. (1998) Plants for Food and Medicine. Richmond (UK), Royal Botanic Gardens, Kew

EUL, J., HARRACH, T. (1998) Zauberpilze bei uns. 4. Auflage. Landesarbeitsgemeinschaft Drogen(politik)/Bündnis 90 – Die Grünen. Berlin

EVANS, F. J. (1997) The medicinal legacy of Cannabis: O'Shaughnessy's Legacy. Pharmaceutical Sciences 3: 533–537

FAO (1997) FAO Yearbook, Production. Rome, Food and Agricultural Organization of the United Nations. Vol. 49

FARNSWORTH, N. R. (1969) Drugs from higher plants. Tile and Till 55: 32–46

FARNSWORTH, N. R., AKERELE, O., BINGEL, A. S., SOEJARTO, D. D., Guo, Z. (1985) Medicinal plants in therapy. Bulletin of the World Health Organization. 63(6): 965–81

FARNSWORTH, N. R. (1992) Die Suche nach neuen Arzneistoffen in der Pflanzenwelt. Wilson, E. O. Ende der biologischen Vielfalt. Spektrum Akademischer Verlag. Heidelberg. (orig. Biodiversity. 1989. Nat. Academy of Sciences. Washington). Pp. 104–118

FARNSWORTH, N. R., BUNYAPRAPHATSARA, N. (1992) Thai Medicinal Plants Recommended for Primary Health Care System. Bangkok. Mahidol Univ., Medical Plant Information Center

FAUST, F. X. (1983) Medizinische Anschauungen und Praktiken der Landbevölkerung im andinen Kolumbien / Franz Xaver Faust Hohenschäftlarn: Renner, 1983 Münchner Beiträge zur Amerikanistik; Bd. 10 (Zugl.: München, Univ., Diss., 1983)

FAUST, F. X. (1989) Etnobotanica de Puracé: sistemas clasificatorios funcionales. Hohenschäftlarn. Renner

FAUST, F. X. (1992) Kultur und Naturschutz im kolumbianischen Zentralmassiv. München. Akademischer Verlag. Müchner Amerikanistik Beiträge 27

FEELEY-HARNIK, G. (1981, repr. 1994) The Lord's Table. The Meaning of Food in Early Judaism and Christianity. Washington and London. Smithonian Institution Press

FEWKES, J. W. (1896) A contribution to ethnobotany. American Anthropologist 9 (1): 14–21

FONT QUER, P. (1995) Plantas medicinales. El Dioscorides renovado. Barcelona. Editorial Labor. 15 a edición

FORD, R. I. (1978) Ethnobotany: historical diversity and synthesis. IN: R. I. Ford. The Nature and Status of Ethnobotany. Ann Arbor (MI). Museum of Anthropology, Univ. of Michigan Anthropological Papers No. 67: 33–49

FRANKE, W. (1997) Nutzpflanzenkunde. Nutzbare Gewächse der gemäßigten Breiten, Subtropen und Tropen. Thieme Verl. Stuttgart. 7., überarbeitete und erweiterte Auflage

FRANZ, C. (1999) Züchtung und Anbau von Arzneipflanzen. IN: Rimpler, H. Biogene Arzneistoffe. 2. Auflage. Pp. 1–19

FREI, B. (1997) Medical Ethnobotany of the Isthmus-Sierra Zapotecs (Oaxaca, Mexico) and Biological-phytochemical Investigation of Selected Medicinal Plants. Zürich. Dissertation. ETH Zürich. Diss. (ETH No. 12 324)

FREI, B., BALTISBERGER, M., STICHER, O., HEINRICH, M. (1998) Medical ethnobotany of the Zapotecs of the Isthmus-Sierra (Oaxaca, Mexico): documentation and assessment of indigenous uses. Journal of Ethnopharmacology 62 (2): 149–165

FRIEDBERG, C. (1999) Diversity, order, unity. Different Levels in Folk Knowledge about the living. Social Anthropology 7 (1): 1–16

FUCHS, L. (1964) New Kreüterbuch. München. Kölbl. (Reprograph. Nachdr. der Ausg. Basel, Isingrin, 1543)

FURST, P. T. (1982) Pflanzenhalluzinogene in frühen amerikanischen Kulturen – Mesoamerika und die Anden. IN: Völger, Gisela und Karin von Welck (Hrsg.) Rausch und Realität. Drogen im Kulturvergleich. Reinbek bei Hamburg. rororo. Pp. 567–583

GESSLER, M. (1995) The Antimalarial Potential of Medicinal Plants Traditionally Used in Tanzania, and their Use in the Treatment of Malaria by Traditional Healers. Basel. Dissertation Univ. Basel

GESSLER, M., NKUNYA, M. H. H., MWASUMBI, L. B., HEINRICH, M., TANNER, M. (1994) Screening Tanzanian medicinal plants for antimalarial activity. Acta Tropica 56: 65–77

GILMORE, M. (1932) Importance of ethnobotanical investigation. American Anthropologist 34: 320–326

GILS, C. VAN, COX, P. A. (1994) Ethnobotany of nutmeg in the Spice Islands. Journal of Ethnopharmacology 42: 117–124

GIVEN, D. R., HARRIS, W. (1994) Techniques and Methods of Ethnobotany. London. Commonwealth Secretariat

GOLDE, P. (1987) Women in the Field. Berkeley. Univ. California Pr. 2nd ed.

GRIFFITH, P., GOSSOP, M., WICKENDEN, S., DUNWORTH, J., HARRIS, K., LLOYED, CH (1997) A transcultural pattern of drug use: qat (khat) in the UK. British Journal of Psychiatry 170: 281–284

GOODENOUGH, W. H. (1957) Cultural anthropology and linguistics. IN: P. Garvin (ed.) Report of the 17th Annual Round Table Meeting on Linguistics and Language Studies. Washington, D.C. Pp. 167–173

HAERDI, F. (1964) Die Eingeborenen-Heilpflanzen des Ulanga-Distriktes Tanganjikas (Ostafrika). Basel. Verlag für Recht und Gesellschaft. Acta Tropica Supplementum 8

HANDA, S. S. (1988) The integration of food and medicine in India. IN: Etkin, N. L., Harris, D. R., Prendergast, H. D. V., Houghton, P. J., eds. for Food and Medicine, Royal Botanic Gardens, Kew, UK. Pp. 57–68

HÄNSEL, R., KELLER, K., RIMPLER, H. UND SCHNEIDER, G. (1992–1994) Hagers Handbuch der Pharmazeutischen Praxis. Drogen. 3 Bände. Springer Verlag Heidelberg.

HÄNSEL, R., STICHER, O., STEINEGGER, E. (1999) Pharmakognosie, Phytopharmazie. Springer Verlag Berlin. 7. Aufl.

HARDIN, C. L., MAFFI, L. (1997) Color Categories in Thought and Language. Cambridge. Cambridge University Press.

HARDMAN, J. G., LIMBIRD, L. E. (1997) Goodman and Gilman's the Pharmacological Basis of Therapeutics. New York. McGraw-Hill. 9th edition

HARSHBERGER, J. W. (1896) The purposes of ethno-botany. Botanical Gazette. 21(3): 146–154

HARTWICH, C. (1892) Die Bedeutung der Entdeckung von Amerika für die Drogenkunde. Berlin. J. Springer

HEDBERG, I., HEDBERG, O. (1982) Inventory of plants used in traditional medicine in Tanzania. I. plants of the families Acanthaceae – Cucurbitaceae. Journal of Ethnopharmacology 6; 29–60

HEGNAUER, R. (1962–1996). Chemotaxonomie der Pflanzen. (11 Vols.). Birkhäuser Verlag, Basel

HEINRICH, M. (1989) Ethnobotanik der Tieflandmixe und phytochemische Untersuchung von *Capraria biflora*. Kramer. Stuttgart. Dissertationes Botanicae 144

HEINRICH, M. (1996) Arzneipflanzen Mexikos. Ethnobotanik, Phytochemie, Pharmakologie. Deutsche Apotheker Zeitung. 136: 1739–1752

HEINRICH, M. (1997) Herbal and symbolic forms of treatment of the Lowland Mixe (Oaxaca, Mexico). IN: The Anthropology of Medicine. From Culture to Method. L. Romanucci-Ross, D. E. Moerman and L. R. Tancredi (eds). Westport. Bergin and Garvey. Pp. 71–95

HEINRICH, M. (1998) Plants as antidiarrhoeals in medicine and diet. IN: Etkin, N. L., Harris, D. R., Prendergast, H. D. V., Houghton, P. J., eds. Plants for Food and Medicine. Royal Botanic Gardens, Kew, Richmond (UK). Pp. 17–30

HEINRICH, M. (2001) Ethnobotany, Phytochemistry and Biological/Pharmacological activities of *Artemisia ludoviciana* ssp. *mexicana* (Estafiate). IN: Wright, C. (ed.) Medicinal and Aromatic Plants: Artemisia. Chur (CH). Harwood Academic Publ. In press

HEINRICH, M., ANKLI, A., FREI, B., WEIMANN, C., STICHER, O. (1998a) Medicinal plants in Mexico: healers' consensus and cultural importance. Social Science and Medicine 47: 1863–1875

HEINRICH, M., ROBLES, WEST, J. E., ORTIZ DE MONTELLANO, B. R. and RODRIGUEZ, E. (1998b) Ethnopharmacology of Mexican Asteraceae (Compositae). Annual Review of Pharmacology and Toxicolgy 38: 539–565

HEINRICH, M. und J. LEIMKUGEL (1999) Arzneidrogen im deutschen und europäischen Arzneibuch: Ein Vergleich der Herkünfte Zeitschrift für Phytotherapie 20 (4): 264–267

HERSCH-MARTÍNEZ, P. (1997) Medicinal plants and regional trades in Mexico: Physiographic differences and conservational challenges. Economic Botany. 51: 107–120

HOCKING, G. M. (1997) A Dictionary of Natural Products. Medford (NJ). Plexus Pr.

HOLMGREEN, P. K., HOLMGREEN, N. H., BARNETT, L. C. (1990) Index Herbariorum Pt. 1: The Herbaria of the World. Bronx (N.Y.). New York Botanical Garden. Regnum Vegetabile Vol. 120

HOLMSTEDT, B. (1972) The ordeal bean of Old Calabar. IN: Swain, T. (ed.) Plants in the Development of Modern Medicine. Cambridge (MA). Harvard Univ. Pr. Pp. 303–360

HUFFMAN, M. A. (1997) Current evidence for self-medication in Primates: A multidisciplinary perspective. Yearbook of Physical Anthropology 40: 171–200

HUMBOLDT, A. VON (Hrsg. H. Beck). (1997) Die Forschungsreise in den Tropen Amerikas. Wissenschaftliche Buchgesellschaft Darmstadt, Studienausgabe Bd. 2, Teilband 3

ICHIKAWA, M. (1992) Traditional use of tropical rainforest by the Mbuti hunter-gatherers in Africa. IN: Itoigama, N. et al. Topics in Primatology: Behaviour, Ecology and Conservation Tokyo. Univ. of Tokyo Pr. Pp. 305–317

INHORN, M. C., BROWN, P. J. (1997) The Anthropology of Infectious Disease. International Health Perspectives. Amsterdam. Gordon and Breach/Overseas Publishers Association. Theory and Practice in Medical Anthropology and Int. Health

IWU, M. M. (1993) Handbook of African Medicinal Plants. Boca Raton. CRC Press

JÄGER, A. (1997) Traditionelle Medizin in Südafrika. Zeitschrift für Phytotherapie 18: 277–281

JEFFRIES, M. J. (1997) Biodiversity and Conservation. London. Routledge (Routledge Introductions to Environment Series)

JOHNS, T., KOKWAR, J. O., KIMANANI, E. K. (1990) Herbal remedies of Luo of Siaya District, Kenya: establishing quantitative criteria for consensus. Economic Botany 44: 369–381

JOHNS, T. (1990) With Bitter Herbs They Shall Eat It. Tucson. University of Arizona Pr.

JOHNSON, T. M., SARGENT, C. F., eds. (1990) Medical Anthropology. Contemporary Theory and Method. Westport (CT)/London. Praeger

JONES, V. H. (1941) The nature and status of ethnobotany. Chronica Botanica 6 (10): 219–221

KADIDA, S. (1998) United States patent prior art rules and the neem controversy: a case of subject-matter imperialism. Biodiversity and Conservation 7: 27–39

KELLER, H., GREAVES, M. (1988) Karibisch kochen. St. Gallen. Edition Diá

KLEIBER, D., KOVAR, K.-A. (1998) Auswirkungen des Cannabiskonsums. Wissenschaftliche Verlagsgesellschaft Stuttgart

KOCHER SCHMID, C. (1991) Of people and plants: a botanical ethnography of Nokopo village, Madang and Morobe provinces, Papua New. Basel. Wepf. Basler Beiträge zur Ethnologie; 33

KOKOT, W. (1993) Kognition als Gegenstand der Ethnologie. IN: T. Schweizer, M. Schweizer und W. Kokot (Hrsg.) Handbuch der Ethnologie. D. Reimer Verl. Berlin. S. 331–344

KÖRBER-GROHNE, U. (1988) Nutzpflanzen in Deutschland. Kulturgeschichte und Biologie. Stuttgart. Theiss Verl. 2. Auflage

KUHNT M., PRÖBSTLE, A., RIMPLER, H., BAUER, R., HEINRICH, M. (1995) Biological and pharmacological activities and further constituents of *Hyptis verticillata*. Planta Medica 61 (3): 227–232

LA BARRE, W. (1975) The Peyote Cult. New York. Schocken Books. 4th enlarged edition

LANGE, D. (1997) Untersuchungen zum Heilpflanzenhandel in Deutschland. Bonn. Bundesamt für Naturschutz (BfN Deutschland)

LEE, R. B., DEVORE, I. (1968) Man the Hunter. Chicago. Aldine

LEIBROCK-PLEHN, L. (1992) Hexenkräuter oder Arznei: die Abtreibungsmittel im 16. und 17. Jahrhundert. Wissenschaftliche Verlagsgesellschaft Stuttgart. Heidelberger Schriften zur Pharmazie- und Naturwissenschaftsgeschichte; Bd. 6

LEROI-GOURHAN, A. (1975) The flowers found with Shanidar IV, a Neanderthal burial in Iraq. Science 190: 562–564

LEWIN, L. (1924) Phantastica. Die betäubenden und erregenden Genussmittel. Berlin. G. Stilke

LEWIN, L. (1984) Die Pfeilgifte. Hildesheim. Gerstenberg. (1. Aufl. 1923)

LEWIS, W. H., ELVIN-LEWIS, M. (1977) Medical Botany. Plants Affecting Man's Health. New York. J. Wiley & Sons

LIETAVA, J. (1992) Medicinal plants in a Middle Paleolithic grave Shanidar IV. Journal of Ethnopharmacology 35: 263–266

LINARES, E., BYE, Jr. R. A. (1987) A study of four medicinal plant complexes of Mexiko and adjacent United States. Journal of Ethnopharmacology 19: 153–183

LIPP, F. (1989) Methods for ethnopharmacological field work. Journal of Ethnopharmacology 25: 139–50

LONG-SOLÍS, J. (1987) Capsicum y Cultura. La Historia del Chilli. México, D. F. Fondo de la Cultura Económica

LÓPEZ AUSTIN, A. (1971) De las plantas medicinales y otras cosas medicinales. Estudios de la Cultura Nahuatl 9: 125–230

LUO, J., FORT, D. M., CARLSON, T. J., NOAMESI, B. K., NII-AMON-KOTEI, D., King, S. R., et al. (1998) *Cryptolepis sanguinolenta:* An ethnobotanical approach to drug discovery and the isolation of a potentially useful new antihyperglycaemic agent. Diabetic Medicine 15: 367–274

MABBERLY, D. J. (1990) The Plant Book. Cambridge. Cambridge Univ. Pr.

MALDONADO POLA, J. L. (1996) „Flora de Guatemala" de José Mociño. Aranjuez. Ed. Doce Calles. Theatrum Naturae

MARTIN, G. M. (1995) Ethnobotany. London. Chapman and Hall

MARTÍNEZ, H., RYAN, G. W., GUISCAFRE, H. GUTIERREZ, G. (1998) An intercultural comparison of home case management of acute diarrhea in Mexico: implications for program planers. Archives of Medical Research (México, D.F.) 29: 351–360

MARZELL, H. (1967) Geschichte und Volkskunde der deutschen Heilpflanzen. Darmstadt . Wissenschaftliche Buchgesellschaft. 2. verm. u. verb. Aufl. von „Unsere Heilpflanzen

MATTHEWS, W. (1886) Navajo names for plants. American Naturalist 20 (9): 767–777

MATTHIES, F. (1999) Traditional Herbal Antimalarials – Their Role and their Effects in the Treatment of Malaria Patients in Rural Tanzania. Universität Basel (CH). Dissertation

MAZAR, G. (1998) Ayurvedische Phytotherapie in Indien. Zeitschrift für Phytotherapie 19: 269–274

MCELROY, A. P., TOWNSEND, K. (1985) Medical Anthropology in Ecological Perspective. Boulder/London. Westview Press

MILLIKEN W., Bruce A. (1997) The use of medicinal plants by the Yanomami Indians of Brazil, Part II. Economic Botany. 51(3). 264–278

MINTZ, S. (1985) Sweetness and Power. New York, Viking Penguin

MINTZ, S. (1996) Tasting Food, Tasting Freedom. Boston, Beacon Press

MOERMAN, D. E. (1979) The anthropology of symbolic healing. Current Anthropology 20: 59–80

MOERMAN, D. E. (1996) An analysis of the food plants and drug plants of native North America. Journal of Ethnopharmacology 52: 1–22

MOERMAN, D. E. (1997) Heilpflanzen aus Nordamerika. Zeitschrift für Phytotherapie 18: 20–33

MOERMAN, D. E. (1998a) Native American Ethnobotany. Portland, Or. Timber Pr.

MOERMAN, D. E. (1998b) Native North American food and medicinal plants: Epistemological considerations. IN: Etkin, N. L., Harris, D. R., Prendergast, H. D. V., Houghton, P. J., eds. Plants for Food and Medicine. Royal Botanic Gardens, Kew, Richmond (UK). 69–74

MOERMAN, D. E, PEMBERTON, R. W, KIEFER, D., BERLIN, B. (1999) A Comparative analysis of fire medicinal floras Journal of Ethnology 19: 49–67

MORTEN, J. F. (1981) Atlas of Medicinal Plants of Middle America, Bahamas to Yucatan. Springfield (IL). C. Thomas

NAZAREA, V. D. (1999) Ethnoecology. Situated Knowledge/ Located Lives. Tucson. University of Arizonia Pr

NEUWINGER, H. D. (1996) African Ethnobotany. Poisons and Drugs. London. Chapman and Hall. (1st engl. ed.)

NEUWINGER, H. D. (1998a) Afrikanische Arzneipflanzen und Jagdgifte. Wissenschaftliche Verlagsgesellschaft Stuttgart. 2. dt. Aufl.

NEUWINGER, H. D. (1998b) Gift-Gottesurteile in Afrika. Deutsche Apotheker Zeitung 138: 1471–1484

NEWALL, C. A., Anderson, L. A., Phillipson, J. D. (1997) Herbal Medicines. A Guide for Health-care Professionals. The Pharmaceutical Press. London

OLDFIELD, M. L., ALCORN, J. B. (1991) Biodiversity: Culture, Conservation, and Ecodevelopment. Boulder. Westview Pr.

OLSEN, C. S. (1998) The trade in medicinal and aromatic plants from Central Nepal to Northern India. Economic Botany 52 (3): 279–292

ORTIZ DE MONTELLANO, B. (1975) Empirical Aztec medicine. Science 188: 215–220

ORTIZ DE MONTELLANO, B. (1990) Aztec Medicine, Health and Nutrition. New Brunswick. Rutgers Univ. Pr.

ORTIZ DE MONTELLANO, B., BROWNER, C. (1985) Chemical bases for medicinal plant use in Oaxaca, Mexico. Journal of Ethnopharmacology 13: 57–88

PALLENBACH, E. (1996) Die Männer mit der dicken Backe. Deutsche Apotheker Zeitung 136: 3399–3410

PERRY, L., METZGER, J., eds. (1980) Medicinal Plants of East and Southeast Asia: Attributes, properties and Uses. Cambridge. MIT Pr.

PETERS, C. M. GENTRY, A. H., REYNEL, C., WILKIN, P. AND Gálvez-DURAND, C. (1989) Valuation of an Amazonian rainforest. Nature 339: 655–656

PIERONI, A. (1999) Food Plants in the Upper Valey of the Serchio River (Garfagnana), Central Italy. Economic Botany 53 (3): 327–341

PIKE, K. (1954) Language in Relation to a Unified Theory of the Structure of Human Behavior. Voll. Glendale. Summer Institute of Linguistics

PLÜMPER, B. (1998) Der fliegende Tod. Merkur 25. 9. 1998; S. 37

POSEY, D. A. (1992) Indigenous knowledge and conservation: missing links and forgotten knowledge. Tokyo, Univ. of Tokyo Pr. Topics in Primatology Vol. 2 (Itoigawa, N. et al., eds). Pp. 329–343

POWERS, S. (1873–5) Aboriginal botany. California Academy of Sciences, Proceedings 5: 373–379

PRANCE, Gh.. T., BALEE, W., BOOM, B. M., CARNEIRO, R. L. (1987) Quantitative ethnobotany and the case for conservation in Amazonia, Conservation Biology 1 (4): 296–310

PRANCE Gh. (1999) The Poisons and Narcotics of the Amazonian Indians. Royal College of Physicians of London, Journal 33 (4): 348–376

PROKSCH, P. (1997) Jamu – traditionelle Heilkunde Indonesiens. Zeitschrift für Phytotherapie 18: 232–240

RÄTSCH, C. (1998) Enzyklopädie der psychoaktiven Pflanzen. Aarau (CH). AT-Verl.

REA, A. M. (1997) At the Desert's Green Edge: An Ethnobotany of the Gila River Pima. Tucson. Univ. of Arizona Pr

REDFORD, K. H., MANSOUR, J. A., eds. (1996) Traditional Peoples and Biodiversity Conservation in Large Tropical Landscapes. Arlington, Va. America Verde Publ.

REID, W. X., SITTENFELD, A., LAIRD, S. A., JANZEN, D. H., MEYER, C. A., GOLLIN, M. A., GáMEZ, R., JUMA, C. (1993) Biodiversity Prospecting. Using Genetic Resources for Sustainable Development. Baltimore, MD. World Resource Institute (USA)

REISFIELD, A. (1993) The botany of *Salvia divinorum* (Labiatae). Sida 15: 349–366

RENNER, E. (1983) Die Grundlinien kognitiver Forschung. H. Fischer, Hrsg. Ethnologie. Eine Einführung. D. Reimer Verl. Berlin. 391–425

RICKER, M., DALY, D. C. (1997) Botánica Económica en Bosques Tropicales. México, D.F. Ed. Diana

RIEDLINGER, T. J., ed. (1990) The Sacred Mushroom Seeker. Essays for R. Gordon Wasson. Portland, OR. Dioscorides Pr.

RIMPLER, H., Hrsg. (1999) Biogene Arzneistoffe. Wissenschaftliche Verlagsgesellschaft Stuttgart. 2. völlig neubearb. Aufl.

RIVERA, D., OBON DE C., C. (1995) The ethnopharmacology of Madeira and Porto Santo Islands, a review. Journal of Ethnopharmacology 46: 3–93

RIVERA, D., Obon de C., C. (1996) Phytotherapie in Spanien. Zeitschrift für Phytotherapie 17: 284–299

ROBBERS, J. E., SPEEDIE, M. K., TYLER, V. T. (1997) Pharmacognosy and Pharmacobiotechnology. Baltimore (USA). Williams and Wilkins. 9th ed.

ROBINEAU, L., SOEJARTO. D. D. (1996) TRAMIL: A research project on the medicinal plant resources of the Caribbean. IN: Balick, M. J., E. Elisabetsky and S. A. Laird. Medicinal Resources of the Tropical Forest. New York. Columbia University Pr. Pp. 317–325

ROMANUCCI-ROSS, L., MOERMAN, D. E. TANCREDI, L. R., eds. (1997) The Anthropology of Medicine. Westport (CT). Bergin and Garvey

RUBEL, A. J. (1960) Concepts of disease in Mexican-American culture. American Anthropologist 62: 795–814

RUBEL, A. J. (1964) The epidemiology of a folk illness: Susto in Hispanic America. Ethnology 3: 268–284

RUBEL, A. J., O'NEILL, C. W., COLLADO-ARDON, R. (1985) Susto, a Folk Illness. Berkeley. Univ. California Pr.

SAPIR, E. (1938) Why cultural anthropology needs a psychiatrist. Psychiatry 1: 7–12

SARGENT, C. F., JOHNSON, T. M., eds. (1997) Medical Anthropology. Contemporary Theory and Method. Westport (CT)/London. Praeger

SCHLAGE, C., MABULA, C., MAHUNNAH, R. L. A., HEINRICH, M. (2000) Medicinal Plants of the Washambaa (Tanzania): Documentation and Ethnopharmacological Evaluation. Plant Biology: 2: 83–92

SCHNEIDER, W. (1974) Lexikon zur Arzneimittelgeschichte Band V. 1–3. Pflanzliche Drogen. Frankfurt/M. Govi Verlag – Pharmazeutischer Verlag

SCHRÖDER, E. (1985) Ethnobotanik – ethnobotany : Beitr. u. Nachtr. zur 5. Internat. Fachkonferenz Ethnomedizin in Freiburg, 30. 11.– 3. 12. 1980. Braunschweig; Wiesbaden. Vieweg. Curare Sonderband No. 3

SCHULTES, R. E. (1939) Plantae Mexicanae II. Identification of Teonanacatl, a narcotic Basidomycete of the Aztecs. Botanical Museum Leaflets, Harvard University 7: 37–55

SCHULTES, R. E. (1962) The role of the ethnobotanist in the search for new medicinal plants. Lloydia 25: 257–266

SCHULTES, R. E. (1983) Richard Spruce: an early ethnobotanist and explorer of the Northwest Amazon and Northern Andes. Journal of Ethnobiology 3(2): 139–147

SCHULTES, R. E. (1993a) Plants in treating senile dementia in the Northwest Amazon. Journal of Ethnopharmacology 38: 129–135

SCHULTES, R. E. (1993b) The virgin field of psychoactive plant research. Ethnobotany (New Delhi, India) 5: 5–61

SCHULTES, R. E., HOFFMANN, A. (1979) Plants of the Gods. Origins of hallucigenic use. New York. McGraw Hill. (deutsch: Pflanzen der Götter. Die magischen Kräfte der Rausch- und Giftgewächse. (1980) Bern. Hallwag

SCHULTES, R. E., NEMRY von THENEN de JARAMILLO-ARANGO, M. J. (1998) The Journals of Hipólito Ruiz: Spanish Botanist in Peru and Chile 1777–1788. Portland (OR). Timber Press

SCHULTES, R. E., RAFFAUF, R. F. (1990) The Healing Forest. Portland, OR. Dioscorides Pr.

SHRESTHA, T., KOPP, B., BISSET, N. G. (1992) The Moraceae-based dart poisons of South America. Cardiac glycosides of Maquira and Naucleopsis species. Journal of Ethnopharmacology 37: 129–143

SITTE, P., ZIEGLER, H., EHRENDORFER, F., BRESINSKY, A. (1997) Lehrbuch der Botanik („Strasburger"). Stuttgart. G. Fischer Verlag. 34. Auflage.

SMET, P.A.G.M. (1985) Ritual Enemas and Snuffs in the Americas. Amsterdam. CEDLA (Centrum voor Studie en Documentatie van Latijns Amerika). Latin America Studies No 33

SNEADER, W. (1996) Drug Prototype and their Exploitation. John Wiley and Sons, Chichester (UK)

SOLECKI, R. S. (1975) Sanidar IV, a Neanderthal flower burial in Northern Iraq. Science 190: 880–881

SOUZA BRITO, A. R. M., SOUZA BRITO, A. A. (1996) Medicinal plant research in Brazil: data from regional and national meetings. IN: Balick, M., Elisabetsky, E., Laird, S. A. Medicinal Resources of the Tropical Forest. Columbia University Press, New York. Pp. 386–401

STEINEGGER, E., HÄNSEL, R. (1992) Pharmakognosie. Springer Verlag Berlin. 5. Auflage (korr. Neuauflage der 4. Auflage von 1988).

STERLY, J. (1972) Arzneipflanzen der Polynesier. Berlin. D. Reimer

STEVENSON, M.C. (1993) The Zuñi Indians and their Use of Plants. New York. Dover Publ. [orig. 1915]

STURTEVANT, W. C. (1964) Studies in ethnoscience. American Anthropologist 66 (3): 99–131

SUFFNESS, M. (1995) Taxol: Science and Application. Boca Raton. CRC Pr.

TANAKA, K. (1992) Traditional use of tropical rain forests: shifting cultivation of Southeast Asia. Topics in Primatology Vol. 2 (Itoigawa, N. et al., eds). Tokyo. Univ. of Tokyo Pr. Pp. 319–328

TROTTER, R. (1981) Remedios caseros: Mexican-American home remedies and community health problems. Social Science and Medicine 15 B: 107–114

TSCHIRCH, A. (1910) Handbuch der Pharmakognosie. 2. Abteilung (Die Hilfswissenschaften der Pharmakognosie). Leipzig. C. H. Tachnitz. 1. Auflage

TURNER, N. J., THOMPSON, L. C., THOMPSON, M. T., YORK, A. Z. (1990) Thompson Ethnobotany. Knowledge and Usage of Plants by the Thompson Indians of British Columbia. Victoria, BC (Canada). Royal British Columbia Museum. Memoir No. 3

VIESCA TREVIÑO, C. (1992) El libellus y su contexto historico. IN: Kumate, J. et al. Estudios actuales sobre el Libellus de medicinalibus Indorum herbis. Secretaría de Salud, México, D.F. Pp. 49–84

VOGT, D. D. (1981) Absinthium: a nineteenth-century drug of abuse. Journal of Ethnopharmacology 4: 337–342

VÖLGER, G., WELCK, K. v. (Hrsg.). (1982) Rausch und Realität. Drogen im Kulturvergleich. Reinbek bei Hamburg. Rowohlt. 3. Bände

WALLER, F. (1998) Phytotherapie der traditionellen chinesischen Medizin. Zeitschrift für Phytotherapie 19: 77–89

WASON, R. G. (1962) A new Mexican psychotropic drug from the mint family. Botanical Museum Leaflets, Harvard University 20: 77–84

WASSON, G. R. (1957) Seeking the sacred mushrooms. Life Magazine 42 (19) 100–120

Wasson, R. G. (1983) El hongo maravilloso: Teonanácatl. Micolatría en Mesoamérica. México, D. F. Fondo de la Cultura Económica

Wasson, V. P., Wasson, R. G. (1957) Mushrooms, Russia and History. New York. Patheon Books

Weimann, C. (2000) Ethnobotanik der Nahua der Sierra de Zongolica (Mexiko) und phytochemisch-pharmakologische Untersuchung von *Baccharis conferta*. Freiburg. Dissertation. Universität Freiburg

Weimann, C., Heinrich, M. (1996) Phytotherapie der Nahua der Sierra de Zongolica (Mexiko). Zeitschrift für Phytotherapie.17: 367–381

Weimann, C., Heinrich, M. (1997) Indigenous medicinal plants in Mexico: The Example of the Nahua (Sierra de Zonglicia). Botanica Acta 110: 62–72

Weiss, C. (1997) Ethnobotanische und pharmakologische Studien zu Arzneipflanzen der traditionellen Medizin der Elfenbeinküste. Basel. Dissertation. Universität Basel

Werner, O. (1987) Systematic Fieldwork. Vol. I: Foundations of Ethnography and Interviewing; Vol. II Ethnographic Analysis and Data Management. New York. Sage Publ.

Who (1999) WHO Monographs on Selected Medicinal Plants. Volume 1. World Health Organization. Geneva (Switzerland)

Wichtl, M. (1998) Quality control and efficacy evaluation of phytopharmaceuticals. IN: Etkin, N. L., Harris, D. R., Prendergast, H. D. V., Houghton, P. J., eds. Plants for Food and Medicine. Royal Botanic Gardens, Kew, Richmond (UK). Pp. 309–316

Wilbert, J. (1987) Tobacco and Shamanism in South America. New Haven and London. Yale University Press. (Psychoactive Plants of the World Series)

Wilbert, W. (1997) Fitoterpia Warao. Caracas. Fundación La Salle de Ciencias Naturales

Wilbert, W. (2000) Phytotherapie und Epidemiologie der Warao. Zeitschrift für Phytotherapie 21: 78–86

Williamson, E. M., Okpako, D. P., Evans, F. J. (1997) Selection, Preparation and Pharmacological Evaluation of Plant Material. Chichester, J. Wiley & Sons. Pharmacological Methods in Phytotherapy research, Vol. 1

Wilson, E. O. (1992) Der gegenwärtige Stand der biologischen Vielfalt. Wilson, E. O. Ende der biologischen Vielfalt. Spektrum Akademischer Verlag. Heidelberg. (orig. Biodiversity. 1989. Nat. Academy of Sciences. Washington). Pp. 19–36

Wolters, B. (1994) Drogen, Pfeilgift und Indianermedizin. Arzneipflanzen aus Südamerika. Greifenberg. Freund Verl.

Wolters, B. (1996) Agave bis Zaubernuss: Heilpflanzen der Indianer Nord- und Mittelamerikas. Greifenberg: Freund Verl.

Wolters, B. (1999) Die ältesten Arzneipflanzen. Phytotherapie der Altsteinzeit. Deutsche Apotheker Zeitung 39: 3675–3682

Woodham-Smith, C. (1962) The Great Hunger: Ireland 1845–1849. London. Hamish Hamilton

Yazaki, K. (1998) Phytotherapie in Japan. Zeitschrift für Phytotherapie 19: 13–21

Zepernick, B. (1970) Heilpflanzen der Einwohner Melanesiens. Beiträge zur Ethnobotanik des südwestlichen Pazifiks. Hamburg. Arbeitsstelle für Ethnomedizin. Hamburger Reihe zur Literatur und Sprachwissenschaft Bd. 7

Anhang 1: Grundlegende Fachbegriffe der für das Gebiet wichtigen Disziplinen

Alkaloide – Naturstoffe, die in ihrer Grundstruktur mindestens ein Stickstoffatom enthalten und meist basisch sind. Es sind zahlreiche chemisch sehr unterschiedliche Typen dieser sehr großen Gruppe von Naturstoffen bekannt.

Alter Ego – (weltweit) verbreiteter Glaube an ein „anderes Ich", das meist in einem Tier oder auch einer Pflanze lebt (Nagualismus) oder auch unabhängig existieren kann. Das Alter Ego kann auch als Schutzgeist eingreifen, indem es den Körper eines Heilers (→ Schamanismus) verlässt und sich auf die Suche nach der Krankheitsursache und Therapie macht.

Anthropologie – die Wissenschaft vom Menschen, in Englisch sprachigen Ländern als „Cultural Anthropology" oder „Social Anthropology" ein Überbegriff für Forschungen über → Kulturen, d. h. der Gesamtheit des menschlichen Lebens und der von Menschen produzierten Artefakte, seiner Sprache und seiner Weltanschauung

Anthropologie, Kognitive – eigenständige Forschungsrichtung innerhalb der Anthropologie (und als Kognitive Ethnologie innerhalb der deutschsprachigen Ethnologie) zur Untersuchung von kulturell bestimmten Mustern von Wissen und Denken, insbesondere die Gesamtheit der kulturell tradierten Überzeugungen, Regeln und Wertvorstellungen (→ Ethnoscience).

Ätherisches Öl – heterogene Stoffgemische flüssiger, leicht flüchtiger, lipophiler Naturstoffe mit einem charakteristischen Geruch und aromatisch, bitterem Geschmack, die von Pflanzen primär zur Verteidigung (z. B. gegen Schadinsekten) gebildet werden und die vom Menschen als Arznei, Gewürz und für verschiedene andere Zwecke eingesetzt werden. In der Regel sind bestimmte Zusammensetzungen dieses Öls für eine Art (oder Unterart oder Varietät) charakteristisch. Sie variiert jedoch auch je nach Region, Klima, Standort, Jahreszeit und der Art der Extraktion.

autochthon – aus der eigenen (indigenen) Tradition stammend, „alteingesessen" (d. h. nicht eingeführt).

Biodiversität – ein in den letzten Jahren verbreiteter Begriff zur Kennzeichnung der Artenvielfalt einer Region, eines Staates oder der gesamten Welt.

cyanogen – Blausäure freisetzend, dieser Begriff wird insbesondere in Bezug auf cyanogene Verbindungen verwendet.

DAB – Deutsches Arzneibuch – Vorschriftensammlung für Arzneimittel, in welcher Bezeichnung, Zubereitung, Qualität, Analytik, Lagerung und Abgabe von Arzneimitteln rechtsverbindlich festgeschrieben ist und die für den Bereich der Bundesrepublik Deutschland gültig ist. Die erste reichseinheitliche Pharmakopöe erschien 1872, 1926 trat die 6. Ausgabe in Kraft, die auch nach dem Krieg bis 1964 (DDR) bzw. 1968 (BRD) galt. Derzeit wird dieses Arzneibuch nach und nach durch das Europäische Arzneibuch ersetzt (bzw. mit ihm kombiniert).

Dekokt – Heißaufguss: Extraktion von (wirksamen) Inhaltsstoffen durch Aufguss in kochendem oder heißem Wasser (Tee).

Droge – Rohmaterial für die Herstellung pflanzlicher Arzneimittel (→ Pharmakognosie), auch umgangssprachlicher Begriff für halluzinogen wirkende Pflanzen.

emisch/etisch (Engl.: Emic/etic) – dieses von K. Pike (1954) in Anlehnung an die Terminologie der linguistischen Phenomanalyse (phon**emisch**/phon**etisch**) gebildete Begriffspaar dient der Unterscheidung der verschiedenen Formen der Untersuchung von kulturellem Wissen. Emische Merkmale sind unter Umständen nur in einer einzigen Kultur relevant. Diese Merkmale und Konzepte unterscheiden diese Kultur von anderen („Bedeutungs-unterscheidend"). Als etisch werden Merkmale und Konzepte bezeichnet, die von kulturübergreifender, u. U. sogar universeller Bedeutung sind und die insbesondere von Wissenschaftlern für eine Untersuchung von Kulturen gebildet werden (→ Ethnoscience, → Anthropologie, Kognitive).

Ethnie – (meist → indigene) Volksgruppe.

Ethnobotanik – Studium der in einer Soziokultur z.B. als Nahrung, Arzneimittel, Baumaterial oder Färbemittel genutzten Pflanzen.

Ethnologie – wissenschaftliche Disziplin, die sich mit den Lebensweisen (→ Kultur) von Völkern (→ Ethnie) befasst. Bezeichnung für eine im deutschsprachigen Raum bedeutsame Kulturwissenschaft (→ siehe auch Anthropologie), die sich mit außereuropäischen (Ethnologie – Völkerkunde) oder/und europäischen (Europäische Ethnologie – Volkskunde) Ethnien befasst. Im englischen Sprachgebrauch (ethnology) in der Regel eine Teilgebiet der Anthropologie.

Ethnomedizin (→ Medizinanthropologie).

Ethnopharmakologie – die interdisziplinäre wissenschaftliche Erforschung von biologisch-pharmakologisch wirksamen Pflanzen, Tieren und anderen Naturprodukten, die in – meist indigenen – Gesellschaften eine Rolle spielen und insbesondere als Arznei- oder Nahrungsmittel verwendet werden oder die als Gifte bekannt sind (und ggf. als solche verwendet werden).

Ethnopharmazie – alle Gebiete der pharmazeutischen Wissenschaften umfassende Forschungsrichtung mit dem Ziel einer umfassenden Evaluierung indigener Arzneipflanzen.

Ethnoscience – in der Frühphase der Entwicklung der Kognitiven Anthropologie (fünfziger bis frühe siebziger Jahre) verwendeter Begriff, mit welchen die Untersuchung von kulturspezifischen Klassifikationssystemen, die sich überwiegend auf die natürliche Umwelt (Farben, Pflanzen, Tiere) beziehen, bezeichnet wurden. Ziel ist die Entdeckung von kognitiven Ordnungsprinzipien, die mit Hilfe emischer Kategorien erhoben und dargestellt werden.

etisch → emisch/etisch.

Folk taxonomy – ein aus der englischsprachigen → Ethnoscience stammender Begriff mit welchem die Gliederungsebenen einer indigenen Klassifizierung der Natur (z. B. Pflanzen oder Tiere) bezeichnet werden.

Gerbstoffe, pflanzliche – früher in der Ledererzeugung eingesetzte Naturstoffe, die arzneilich aufgrund ihrer Fähigkeit Proteine auszufällen, eingesetzt werden und die im Wesentlichen in zwei Gruppen eingeteilt werden: hydrolisierbare G. (aufgebaut aus mehreren Gallussäuremolekulen und Zucker) und nicht-hydrolysierbare G. (oder Proanthocyanidine, aufgebaut Catechineinheiten oder anderen Proanthocyanidinen. Zahlreiche Übergänge zwischen den beiden Gruppen sind bekannt.

Halluzinogene – Psychosomimetika; Stoffe, die im weiteren Sinne Stimmungslage, intellektuelle Leistungen und Verhalten von Mensch und Tier beeinflussen können. Im engeren (medizinischen) Sinne bezieht sich dieser Begriff auf Stoffe, die Sinnestäuschungen verursachen oder Sinneseindrücke verändern. Bei Halluzinationen treten Trugwahrnehmungen auf, d. h. Wahrnehmungen, die nicht durch reale Objekte oder einen adäquaten Sinnesreiz ausgelöst werden.

Heiß/kalt-System – Klassifikationssystem für die belebte und unbelebte Umwelt, welches die Elemente der Umwelt nach ihren symbolischen Eigenschaften als „heiß" bzw. „kalt" klassifiziert (d. h. nicht nach ihren thermischen Eigenschaften). Die Therapie einer symbolisch kalten Krankheit erfordert daher ein symbolisch kaltes Heilmittel. Dieses Klassifikationssystem ist z. B. im Mesoamerika und Teilen von Asien verbreitet.

indigen – einheimisch, einer lokalen Kultur zugehörig, oft auch in Bezug auf die ursprünglichen Siedler im Sinne von einheimisch verwendet.

Indikation – medizinischer oder psychologischer Grund für die Anwendung eines spezifischen Heilverfahrens oder eines diagnostischen Vorgehens, hier in der Regel in Bezug auf die medizinischen Begründungen für den Einsatz einer bestimmten Therapie verwendet.

Initiation – Übergangsriten, wichtige Rituale, die den Übergang in einen neuen Lebensabschnitt markieren, z. B. vom Kindesalter zum Erwachsensein, welcher mit dem Übergang der entsprechenden Geschlechterrollen einhergeht.

Kultur – ein mehrdeutiger Begriff, der in diesem Buch insbesondere auf die Gesamtheit der Handlungs- und Denkweisen, in denen die Mitglieder einer Gesellschaft übereinstimmen, verwendet wird. In der Regel wird der Begriff hierbei in Bezug auf bestimmte Ethnien verwendet. In der anthropologischen Diskussion kann er sich aber auch auf bestimmte Berufs- oder Altersgruppen oder sonstige durch gemeinsame Erfahrungen geprägte Gruppen beziehen.

Mazerat – Kaltaufguss: Extraktion von (wirksamen) Inhaltsstoffen durch Einweichen in kaltem Wasser.

Medizinanthropologie (im deutschsprachigen Raum auch als Ethnomedizin und mitunter als Medizinethnologie bezeichnet) – interdisziplinäre Forschungsrichtung, die die Medizinsysteme der Kulturen der Welt (einschließlich der Biomedizin) mit anthropologisch-ethnologischen Methoden erforscht und insbesondere über Fragen zur soziokulturellen Stellung der Medizin in Gesellschaften arbeitet. Die Methoden und Konzepte sind auch für Ethnobotanik und Ethnomedizin wichtig.

Moxibustion – Moxabrennen, Heilverfahren bei welchem trockene (Arznei-)Pflanzen an bestimmten Körperstellen (z. B. Akupunkturstellen) angezündet werden. Oft wird hierbei ein dicht schließendes Gefäß über die brennenden Pflanzen gestülpt, womit die Haut durch den entstehenden Unterdruck angesaugt wird.

Pharmakognosie – Drogenkunde, d. h. die Lehre von den biogenen (meist pflanzlichen) Arznei- und Giftstoffen und deren Erkennung und Charakterisierung (Drogenanalyse, Wirkstoffsuche), in der Bundesrepublik heute in der Regel ein Teilgebiet der Pharmazeutischen Biologie.

Pharmakopöe – Arzneibuch, das für das Gebiet eines oder mehrerer Staaten Gültigkeit hat, z. B. Österreichisches Arzneibuch, Pharmacopoea Helvetica, Deutsches Arzneibuch, (siehe auch DAB – Deutsches Arzneibuch).

Phytochemie – die Wissenschaft von den Pflanzeninhaltsstoffen und deren Biosynthese.

Phytopharmaka – Arzneimittel auf pflanzlicher Grundlage, die ein Gemisch von Naturstoffen einer oder mehrere Pflanzen enthalten.

Phytotherapie – die Behandlung von Krankheiten mit pflanzlichen Arzneimitteln, insbesondere solchen, die auf einen oder mehrere Wirkstoffe standardisiert sind. Mit „indigener Phytotherapie" wird die Gesamtheit der Nutzung von Arzneipflanzen als Teil des Medizinsystems einer Kultur bezeichnet.

Rezeptor – Empfangs- bzw. Aufnahmeeinrichtung des Organismus, die an spezialisierten Zellen lokalisiert sind und für bestimmte (spezifische) Signale zuständig sind. An diese binden Effektoren (die Wirkungen auslösende Stoffe) und induzieren Veränderungen des Rezeptors. Die Signale werden dann innerhalb des Organismus an andere Organe (einschließlich der Erfolgsorgane) weitergeleitet und führen zu spezifischen physiologischen Effekten.

Saponine – Zuckerhaltige Verbindungen, deren Grundkörper aus 27 oder 30 Kohlenstoffatomen aufgebaut ist (→ Steroide bzw. Triterpene → Terpene) und wirken im Wasser u. a. schaumbildend, einige der S. sind auch oral stark toxisch (Hämolyse – Zerstörung der roten Blutkörperchen), viele wirken als Fischgifte.

Schamanismus – eine Form der Religion, die sich durch den Glauben an eine vom Körper lösbare Seele (Alter Ego) auszeichnet. Bei schamanistischen Ritualen verlässt die Seele des Heilers oder der Heilerin den Körper, um sich auf die Suche nach der Krankheitsursache oder die verlorene Seele des Kranken zu machen (rituelle Ekstase).

Serotonin – biogene, stickstoffhaltige Verbindung, die unterschiedliche Wirkungen in tierischen wie auch pflanzlichen Organismen auslöst. Wichtig ist vor allem die Wirkung als zentralnervöse Übertragungssubstanz (Transmitter).

Soziokultur – Begriff, der die Gleichwertigkeit des Sozialen mit den kulturellen Aspekten von menschlichen Gesellschaften darlegen soll; siehe auch Kultur.

Steroide – eine pharmazeutisch wichtige Gruppe von Triterpenen (→ Terpene), die jedoch biochemisch modifiziert sind und denen bestimmte Kohlenstoffatome fehlen. Zahlreiche Subtypen dieser Gruppe sind bekannt (→ Steroidglykoside, herzwirksame).

Steroidglykoside, herzwirksame – eine chemisch heterogene Gruppe von Naturstoffen mit einem Steroidgrundgerüst, welches je nach Pflanzenart variiert. Stoffe dieser Gruppe bewirken eine Förderung der Kontraktionskraft des Herzens. Naturstoffe aus dieser Gruppe werden traditionell oft als Gifte eingesetzt und besitzen Bedeutung in der Therapie verschiedener Erkrankungen des Herzens.

Sympathielehre – Lehre nach der eine Krankheit von einem Heilmittel, welches das gleiche Aussehen oder die gleichen Eigenschaften besitzt, geheilt werden kann; z. B. Leberkrankheiten (die zu einer Gelbfärbung der Haut führen) können durch eine Pflanze mit einem gelben Milchsaft geheilt werden.

Synergie – **Synergismus** – Zusammenwirken von mehreren Arzneimitteln/Naturstoffen, welches zu einer Wirkungssteigerung des Gemisches im Vergleich zu den Einzelverbindungen führt (auch in der Physiologie in Bezug auf das Zusammenwirken verschiedener Elemente des Körpers verwendet), Gegensatz: Antagonismus.

Synkretismus – Begriff für die Vermischung mehrerer kultureller Traditionen, der insbesondere in Bezug auf Religionen und Weltanschauungen verwendet wird.

Taxa – siehe Taxon.

Taxon – jede systematische Kategorie (Art, Gattung, Familie, etc.), die der Klassifizierung von Lebewesen im Linnéschen System dient, in diesem Buch meist in Bezug auf die nach botanischer Nomenklatur benannten Organismen oder höheren Gruppierungen verwendet (→ siehe auch: folk taxonomy).

Terpene – eine umfangreiche Gruppe von Naturstoffen, die eine große strukturelle Vielfalt aufweisen. Sie sind aus Einheiten, die aus jeweils 5 Kohlenstoffatomen (C_5-Isopreneinheiten) bestehen, aufgebaut und es sind je nach Anzahl dieser Untereinheiten verschiedene Gruppen bekannt: Monoterpene (2-mal C_5, z. B. Iridoide), Sesquiterpene (3-mal C_5, z. B. Sesquiterpenlactone), Diterpene (4-mal C_5), Triterpene (6-mal C_5, z. B. → Steroide).

Anhang 2: Ausgewählte Ressourcen für ethnobiologische und ethnopharmakologische Forschungen

Die folgenden Zusammenstellungen sollen keinen vollständigen Überblick über die auf dem Gebiet der Ethnopharmakologie wichtigen Ressourcen geben. Vielmehr soll dies eine erste Orientierung ermöglichen.

Zeitschriften

1) Ausgewählte Zeitschriften, in welchen regelmäßig Beiträge zur Ethnobotanik und Ethnopharmakologie erscheinen:
   - Economic Botany (Society for Economic Botany, USA)
   - Journal of Ethnobiology (Society for Ethnobiology, USA)
   - Journal of Ethnopharmacology (Elsevier, Irland)

sowie das unregelmäßig erscheinende Periodikum
   - Advances in Economic Botany (New York Botanical Garden, Branx, New York, USA)

2) Ausgewählte Zeitschriften, die mitunter hierzu relevante Beiträge liefern:
   - Ambio (Swedish Academy of Sciences, Schweden)
   - American Anthropologist (American Anthropologica Association, USA)
   - Annals of the Missouri Botanical Garden (USA)
   - Fitoterapia (Indena, Italien)
   - HerbalGram (American Botanical Council, Austin, TX)
   - Journal of Applied Botany/Angewandte Botanik (Blackwell, Deutschland)
   - People and Plants Handbook (UNESCO, Paris, Frankreich)
   - Pharmaceutical Biology (früher Journal of Pharmacognosy, sweb)
   - Planta medica (Thieme, Deutschland)
   - Social Science and Medicine (Pergamon)
   - Zeitschrift für Phytotherapie (Hippokrates Verlag, Deutschland)

Einige neuere Übersichtsarbeiten und wissenschaftliche Standardwerke

ALEXIADES, MIGUEL (1996) Seleted Guidelines for Ethnobotanical Research: A Field Manual. York Botanical Garden, Bronx, New York. Advances in Economic Botany 10

BALICK, M.J., COX, P.A. (1996) Drogen, Kräuter und Kulturen. Spektrum Akademischer Verl. Heidelberg, D (orig.: Plants, People and Culture, 1996, Scientific American Library, W.H. Freeman and Co. New York, USA)

BALICK, M.J., ELISABETSKY, E., LAIRD, S.A., eds. (1996) Medicinal Resources of the Tropical Forest. Biodiversity and its Importance to the Human Welfare. Columbia Univ. Pr. New York, USA.

BERLIN, B. (1992) Ethnobiological Classification. Principles of Categorization of Plants and Animals in Traditional Societies. Princeton (NJ). Princeton University Pr., USA

BMUNR (Bundesminister für Umwelt, Naturschutz und Reaktorsicherheit ca. 1992!) Konferenz der Vereinten Nationen für Umwelt und Entwicklung im Juni 1992 in Rio de Janeiro. Dokumente. Bundesminister für Umwelt, Naturschutz und Reaktorsicherheit. Bonn, D

CHADWICK, D.J., MARSH, J., (1990) Bioactive compounds from plants. Wiley,

Chichester, GB (Ciba Foundation Symposium 154)

COTTON, C.M. (1996) Ethnobotany. Chichester. Wiley and Sons, GB

ETKIN, NINA, ed. (1994) Eating on the Wild Side. The Pharmacologic, Ecologic and Social Implications of Using Noncultigens. Tucson. University of Arizona Pr., USA

ETKIN, NINA L. (1985) Ethnopharmacology: Biobehavioral Approaches in the Anthropological Study of Indigenous Medicines. Annual Review of Anthropology 17: 23–42

GIVEN, D.R. und HARRIS, W. (1994) Techniques and Methods of Ethnobotany Commonwealth Secretariat. London, UK

HEINRICH, M. (1996) Arzneipflanzen Mexikos: Ethnobotanik, Phytochemie, Pharmakologie. Deutsche Apotheker Zeitung 136 (21): 1739–1754

MARTIN, GARY. M. (1995) Ethnobotany. Chapman and Hall. London, UK

PRANCE, GH. T., CHADWICK, D.J., MARSH, J. (1994) Ethnobotany and the search for new drugs. Wiley, Chichester, GB (Ciba Foundation Symposium 185)

SCHULTES, R.E., RAFFAUF, R.F. (1990) The Healing Forest. Dioscorides Pr. Portland (OR)

WOLTERS, B. (1994) Drogen, Pfeilgift und Indianermedizin. Urs Freund Verlag. Greifenberg, D

WOLTERS, B. (1996) Agave bis Zaubernuss. Urs Freund Verlag. Greifenberg, D

Einige international bedeutende wissenschaftliche Gesellschaften

International Society for Ethnopharmacology: http://www.ethnopharmacolog.org

People and Plants Initiative: http://www.rbgkew.org.uk/peopleplant/manual/index.html

Society for Economic Botany (USA): http://www.econbot.org/

Society for Ethnobiology (USA): http://www.coyote.rain.org/~anthro/ethno.htm

Societé Française d'ethnopharmacologie:

European Society for Ethnopharmacology:

Gesellschaft für Arzneipflanzenforschung – Society for Medicinal Plant Research http://www.uni-duesseldorf.de/WWW/GA/

The American Society of Pharmacognosy (USA): http://www.phcog.org/

The Phytochemical Society of Europe: http://www.dmu.ac.uk/ln/pse/

NAPRECA (Natural Product Research Network for Eastern and Central Africa): http://napreca.udsm.ac.tz/napreca/index.html

Sonstiges

Kasparek. M., Gröger, A. und Schippmann, U. (1996) Directory for Medicinal Plant Conservation. Networks, Organizations, Projects, Information Sources. Bundesamt für Naturschutz (BfN – Deutschland) Bonn (Auflistung von über 200 Arbeitsgruppen, Organisationen und Projekten, die über Arzneipflanzen und die hiermit zusammenhängenden Fragen des Naturschutzes arbeiten).

Internetseite des Royal Botanic Gardens, Kew (UK) u.a. mit Hinweisen auf aktuelle Tagungen, Kurse, Stellenausschreibungen: http://www.rbgkew.org.uk/ceb/ebconf.html

Internetseite der University of Kent http://lucy/ukc.ac.uk/

Working Group on Traditional Resource Rights:
http://users.ox.ac.uk/~wgtrr/index.html
Über diese Internetseite sind verschiedene Informationsschriften, die die Rechte indigener Gesellschaften und lokaler Organisationen in Bezug auf ihre traditionelle Lebensweise darstellen, und aktuelle Informationen zu indigenen Rechten an Ressourcen abrufbar. Hierzu gehört unter anderem die Deklaration von Belem (1988) des International Congress of Ethnobiology, die Chang Mai Deklaration (1988) von WHO, IUCN und WWF und verschiedene Stellungnahme indigener Völker.

Anhang 3: Konvention über Biologische Vielfalt (Auszüge)

Auszüge (nach BUNR ca. 1992) aus der Konvention über Biologische Vielfalt (Konvention von Rio de Janeiro vom 5. 6. 1992).

Die Konvention von Rio regelt den Zugang zu genetischen Ressourcen und soll einerseits deren Schutz gewährleisten, jedoch gleichzeitig deren nachhaltige Nutzung ermöglichen. Hierfür sind insbesondere Teile der Artikel 3, 15 und 16 von Bedeutung. Diese Bestimmungen betreffen alle Projekte, die genetische Ressourcen aus sogenannten Geberländern beinhalten, unabhängig davon, ob diese Ressourcen für wirtschaftliche, wissenschaftliche oder sonstige Zwecke genutzt werden. Artikel 8 j ist von besonderer Bedeutung, da hier die Rechte indigener Gruppen in Bezug auf ihre Ressourcen und deren Nutzung festgelegt werden.

Artikel 3
Grundsatz

Die Staaten haben nach der Charta der Vereinten Nationen und den Grundsätzen des Völkerrechts das souveräne Recht, ihre eigenen Ressourcen gemäß ihrer eigenen Umweltpolitik zu nutzen, sowie die Pflicht, dafür zu sorgen, dass durch Tätigkeiten, die innerhalb ihres Hoheitsbereichs oder unter ihrer Kontrolle ausgeübt werden, der Umwelt in anderen Staaten oder in Gebieten außerhalb der nationalen Hoheitsreiche kein Schaden zugefügt wird.

Artikel 8
In situ Erhaltung

Bestimmungen zur Erhaltung der Ressourcen in situ: Aufbau eines Systems von Schutzgebieten, Schutz der biologischen Ressourcen innerhalb und außerhalb der Schutzgebiete, Schutz der Ökosysteme und natürlichen Lebensräume, Sanierung und Wiederherstellung von beeinträchtigten Ökosystemen, Regeneration gefährdeter Arten, Kontrolle des Einbringens nicht-einheimischer Arten, Rechtsvorschriften zum Erhalt bedrohter Arten, Bereitstellung finanzieller und sonstiger Voraussetzung zum Erreichen dieser Ziele.

und

Artikel 8

Im Rahmen ihrer innerstaatlichen Rechtsvorschriften Kenntnisse, Innovationen und Gebräuche eingeborener und ortsansässiger Gemeinschaften mit traditionellen Lebensformen, die für die Erhaltung und nachhaltige Nutzung der biologischen Vielfalt von Belang sind, achten, bewahren und erhalten, ihre breitere Anwendung mit Billigung und unter Beteiligung der Träger dieser Kenntnisse, Innovationen und Gebräuche begünstigen und die gerechte Teilung der aus der Nutzung dieser Kenntnisse, Innovationen und Gebräuche entstehenden Vorteile fördern.

Artikel 9
Ex situ Erhaltung

Bestimmungen zur Erhaltung der Ressourcen ex situ: Aufbau von Einrichtungen, die die Erhaltung der Biodiversität außerhalb ihrer natürlichen Lebensräume sichern.

Artikel 10

Bestimmungen zur nachhaltigen Nutzung von Bestandteilen der biologischen Vielfalt.

Artikel 12

Förderung von Forschung und Ausbildung unter besonderer Berücksichtigung der Bedürfnisse der Entwicklungsländer.

Artikel 13

Aufklärung und Bewusstseinsbildung in der Öffentlichkeit.

Artikel 15
Zugang zu genetischen Ressourcen

(1) In Anbetracht der souveränen Rechte der Staaten in Bezug auf ihre natürlichen Ressourcen liegt die Befugnis den Zugang zu genetischen Ressourcen zu bestimmen bei den Regierungen der einzelnen Staaten und unterliegt den innerstaatlichen Vorschriften.

(2) Jede Vertragspartei bemüht sich, Voraussetzungen zu schaffen, um den Zugang zu genetischen Ressourcen für eine umweltverträgliche Nutzung durch andere Vertragsparteien zu erleichtern .....

(5) Der Zugang zu genetischen Ressourcen bedarf der auf Kenntnis der Sachlage begründeten vorherigen Zustimmung der Vertragspartei, die diese Ressourcen zur Verfügung stellt, sofern diese Vertragspartei nichts anderes bestimmt hat.

(6) Jede Vertragspartei bemüht sich, wissenschaftliche Forschung auf der Grundlage genetischer Ressourcen, die von anderen Vertragsparteien zur Verfügung gestellt wurden, unter voller Beteiligung dieser Vertragsparteien und nach Möglichkeit in den Hoheitsgebieten zu planen und durchzuführen.

(7) Jede Vertragspartei ergreift .... Gesetzgebungs-, Verwaltungs- oder politische Massnahmen ... mit dem Ziel die Ergebnisse der Forschung und Entwicklung und die Vorteile, die sich aus der kommerziellen und sonstigen Nutzung der genetischen Ressourcen ergeben, mit der Vertragspartei, die diese Ressourcen zur Verfügung gestellt hat, ausgewogen und gerecht zu teilen .....

Artikel 16
Zugang zur Technologie und Weitergabe von Technologie

(1) ... verpflichtet sich jede Vertragspartei, (Technologien inkl. Biotechnologie)...., die für die Erhaltung und nachhaltige Nutzung der biologischen Vielfalt von Belang sind oder die genetische Ressourcen nutzen, ohne der Umwelt erhebliche Schäden zuzufügen, für andere Vertragsparteien, sowie die Weitergabe solcher Technologien an andere Vertragsparteien zu gewährleisten oder zu erleichtern.

Artikel 20
Finanzielle Mittel

(1) Jede Vertragspartei verpflichtet sich, im Rahmen ihrer Möglichkeiten finanzielle Unterstützung und Anreize im Hinblick auf diejenigen innerstaatlichen Tätigkeiten, die zur Verwirklichung der Ziele dieses Übereinkommens durchgeführt werden sollen, im Einklang mit ihren innerstaatlichen Plänen, Prioritäten und Programmen bereitzustellen.

......

Sachregister

A

Abelmoschus esculentus 106
Abführmittel 92f.
Aboriginal Botany 10
Abortivum 89
Abuta 20, 56
Acentrocneme hesperiaris Kirby
 107
Acetylsäure 91
Achillea 1
Acokanthera schimperi 56ff.
Aconitin 57f.
Aconitum 55, 57
– carmichaelii 57f.
Adenium obesum 58
Adhatoda vasica 89, 95
Aescin 89
Aesculus hippocastanum 89
Ajmalin 93
Akha 17
Alkaloide 51, 69, 144
–, Pfeilgifte 55
Aloe 14
– vera 14
Alter Ego 144, 147
Alzheimer 97f.
Amanita muscaria 68, 72
Ambroxol 94f.
Amerikanischer Stechapfel
 69
Aminosäuren, nicht-proteino-
 gene, Pfeilgifte 55
Ammi visnaga 89
Amoebiasis 89
Amok 29, 39
Anadenanthera peregrina 72
Analgesie 78
Ananas 89
– comosus 89
Anopheles 82
Antalaea azadirachta 60f.
Antarktis 86
Anthrachinone 93
Anthropologie 21, 144
–, kognitive 21f., 144f.
Antiaris 55
– toxicaria 58
Antiarrhythmikum 82
Antiasthmatikum 89
Antibiotika 39

Antidiarrhoikum 93
–, Morphin 74
antihelmintisch 89
Antirheumatikum 90
antiseptisch 89
antispasmodisch 89
Apêtê, Waldinseln 121
Aphrodisiaka, indigene 70
Arachis hypogaea 106
Arctostaphylos uvae-ursi 86
Artemisia absinthium 52
– ludoviciana ssp. mexicana 46,
 48, 130
–, Fallbeispiel 52
Artenvielfalt 129
Artenzahl, weltweit 117
Artocarpus altilis 106
Arzneibuch 84
–, europäisches 85
Arzneidrogen, Biomedizin 88
–, Import/Export 83
Arzneipflanzen, Asien 10
–, Auswahlkriterien 130
–, Bedeutung 48
–, Beurteilung der indigenen
 Anwendungen 50
–, Biodiversität 117, 126
–, biologisch-pharmakologische
 Wirkungen 50
–, Biomedizin 97
–, Definition 2
–, Ethnologie 21
–, Europa 12, 44
–, geographische Herkünfte 84
–, Geruch 46f., 130
–, Gesamtzahl 3
–, Geschmack 46f., 131
–, Hauptinhaltsstoffe 50
–, Herkünfte drogenliefernder
 86
– in der Biomedizin 88
–, indigene, Potential 97
–, – Medizinsysteme 88, 97
–, interkultureller Austausch
 130
–, – Vergleich 48f.
–, Japan 41
–, klinische Studien 50
–, Mexiko 14f.
–, morphologische Auffälligkeit
 47

–, Neuspanien 16
–, Nordamerika 3
–, Pharmakokinetik 50
–, Quantifizierung ethno-
 botanischer Informationen 31
–, Stellenwert 131
–, Tansania 41
–, Teil der Medizinsysteme 40
–, toxikologisches Potenzial 50
–, Transformation 20
–, Überblick 2
–, westliche Industrieländer 97f.
–, Wirksamkeit 131
–, Wirkstoffgehalt 131
–, wirtschaftlicher Nutzen 117
–, Zubereitungsweisen 131
Arzneistoffe, Bedeutung in der
 Pharmazie 83
–, Biomedizin 97
–, Entwicklung 97
–, Modellierung 99
Arzneitaxe 82
Asteraceae 46
Asthma 91
Atemwegserkrankungen, akute
 94
–, chronische 94
ätherische Öle 83, 90, 144
Ätherisch-Öl-Drogen 62
Atriplex canescens 11
Atropa belladonna 72, 89, 96
auca-Kinder 119
Aufwertung der traditionellen
 Medizin 2
Augen-Ordale 59
Auslegerboot 30
Australis 86
autochthon 144
Avena sativa 108
Ayahuasca 67f., 71
Ayurveda 114
Ayutia 38
Azadirachtin 61
Azteken 14, 70f.

B

Badiano, J. 14
Bambus 17, 104
Bambusa 104

Ricinodendron rautanenii 109
Rio-Konvention 151
Riten, Mixe 46
Rivea corymbosa 71
Rohrzucker 105
Roldana sessilifolia 44
Rosa 88
Rosaceae 46
Rosmarinsäure 47
Rosskastanie 89
Rotenon 62
Rotwasser 60
Rotwasserbaum 58, 60
Ruhr 89
Rum 105
Ruta 14
– chalepensis 45, 48

S

Saccharum edule 104
– officinarum 104
Sahagún, B. de 14, 30, 70
Sake 115
Salbei 88
Salicylsäure 81, 93
Salix 93
Salvia 88
– divinorum 79
– officinalis 45
Sambucus nigra 113
Sammelgenehmigung 25
Sammler 120
Samtblatt 51
San Pedro-Kaktus 69
Saponine 147
–, Pfeilgifte 55
Sarmentogenin 59
Satureja hortensis 113
Schamanismus 64, 144, 147
Scharfstoffpflaster 111
Schlafbeere 69
Schlafmohn 69, 72f., 92
Schlangenbisse 90
Schlangenwurzel 93
Schmerzen 74, 91, 93
Schmerzmittel 84, 91
–, Morphin 74
Schnabelkerfe 107
Schultes, R.E., 16
Schuppenflechte 93
Scopolamin 68f., 90
Screenen 99
Screening-Programme 128
Secale cereale 108
Sedation 75
Seetang 107
Senecio 1
Senna 89
– Anthranoide 89

Serotonin 67, 147
– Rezeptoren 68, 71
Sesquiterpenlaktone 52
Setting 75
Shanidar IV, Irak 1
Shen nong ben cao jing 11f.
Shifting cultivation 123
Shimaba Hill 126
Sida 79
Sideritoflavon 47
Sitosterol 92
Smartshops 79
Smilax 127
Social Anthropology 144
Solanum tuberosum 104, 106, 108
Soni 40
Sonnenhut 91
Sonnenhutwurzel 84
Sorghum biscolor 108
Soziokultur 147
Spanien 44
Spasmolytikum 74
St. Antoniusfeuer 54
Stechapfel 72, 90
Steroide 147
Steroidglykoside 90
–, herzwirksame 147
–, –, Pfeilgifte 55
Stevenson, M.C. 11
Stimmungsaufhellung 92
Stoffe, biogene 88
Stomachika 90, 93, 112
Stomachikum 90, 93
Strophanthidin 59
Strophanthin 56, 93
Strophanthus 55f.
– gratus 56, 93
– hispidus 56, 59
– kombe 59
Stropharia 72
Strychnin 56, 59
Strychninbaum 59
Strychnos 55
– icaja 59
– nux-vomica 59
– toxifera 59
Stuhlgang 38
Subsistenzsicherung 122
Süßkartoffel 104
susto 29, 39
Sympathielehre 44, 147
Synergie 147
Synergismus 147
Synkretismus 105, 147
synthetische Arzneimittel 88
Syzygium aromaticum 93, 111

T

Tabak 92
Tabernanthe iboga 67ff., 72
Tabus, kulturelle 31
Tachykardie 78
Tansania, Arzneipflanzen 41
Tarahumara 70
Taxol 93ff.
–, Formel 94
Taxon 147
Taxus brevifolia 93ff.
Telteken 112
Tembé 125
Teonanancatl 66, 69
Terminologie für (Arznei-) Pflanzen, indigene 41
Terpene 147
Tetanus 96
Tetrahydrocannabinol, pharmakologische Wirkungen 75
Tetrahydroharman 71
Teufelskralle, afrikanische 91, 128
Thailand 17
Theobromin 114
Thompson Indianer 103
Thymian 88, 112
Thymus 88
– vulgaris 112
Tieflandmixe, Mexiko 46
Tobinambour 106
Tollkirsche 72, 89
Toloache 69
Tonikum 90, 92
Toxizität, Cissampelos 51
TRAMIL 50, 100
Trichocereus 79
– pachanol 69
Trigonella foenum-graecum 112
Trink-Ordale 59
Tristan, N. 56
Triterpene 147
Triterpenglykoside, Pfeilgifte 55
Triticum aestivum 108
Trockenschrank 31f.
Tropan-Alkaloide 69
Tropen 86
Tsimshian 93f.
Tubocurarin 20, 56, 58, 90, 94
Tukonoa 76
Tupi 71
Turbina corymbosa 67, 69, 71f.
Turner, N. 103
Tzeltal 23, 48f.
Tzotzil 23, 48f.